民航飞机航电设备故障检测与诊断

张德银　包　勇　钱　伟　王有跃　编著

西南交通大学出版社
·成　都·

图书在版编目（CIP）数据
民航飞机航电设备故障检测与诊断 / 张德银等编著.
—成都：西南交通大学出版社，2017.5
ISBN 978-7-5643-5444-2

Ⅰ. ①民… Ⅱ. ①张… Ⅲ. ①民用飞机－航空电气设备－故障检测②民用飞机－航空电气设备－故障诊断
Ⅳ. ①V242

中国版本图书馆 CIP 数据核字（2017）第 095427 号

民航飞机航电设备故障检测与诊断

张德银　包　勇
钱　伟　王有跃　/ 编著

责任编辑 / 宋彦博
助理编辑 / 梁志敏
封面设计 / 何东琳设计工作室

西南交通大学出版社出版发行
（四川省成都市二环路北一段 111 号西南交通大学创新大厦 21 楼　610031）
发行部电话：028-87600564
网址：http://www.xnjdcbs.com
印刷：四川森林印务有限责任公司

成品尺寸　185 mm × 260 mm
印张　15　字数　372 千
版次　2017 年 5 月第 1 版
印次　2017 年 5 月第 1 次

书号　ISBN 978-7-5643-5444-2
定价　48.00 元

课件咨询电话：028-87600533

前　言 / Prefaces

《民航飞机航电设备故障检测与诊断》是一部涉及民用航空器电子电气设备故障检测与故障诊断维修的技术专著，也可作为民航高等院校民用航空器维修理论与技术、航空工程专业的研究生、本科生教材。本书在民航机务维修标准线路施工、飞机维修手册查询、传统的航空电子电气设备故障人工检测方法和常规维修技术基础之上，深入研究了在航空电子电气设备故障检测与故障诊断中如何运用专家系统、神经网络方法、模糊系统方法、遗传算法、多传感器信息融合等人工智能方法与技术，旨在解决大型航电设备自动化测试与故障诊断等涉及深度故障检测、快速故障定位与复杂航电设备维修的技术问题。

本书第 1 章介绍了故障诊断基本概念、航电设备故障分布规律、故障检测基本任务和基本方法、航电设备故障测试设备工具和航电设备维修基本程序；第 2 章介绍了航电设备中插接件、开关、电阻器、电感器、电容器、二极管、三极管、变压器、集成块、陀螺等电子电气元器件故障检测与维修问题；第 3 章描述了组合逻辑与时序逻辑数字电路故障测试代码生成方法和基本检测技术；第 4 章研究了模拟电路故障字典诊断法和结合退火算法、模糊技术的故障字典诊断方法；第 5 章说明了电气线路故障诊断的机务手册查询方法和从现象到本质的故障倒推法，以及电气导线短路、断路故障的脉冲反射诊断法；第 6 章分析了故障树定性与定量分析方法，并对磁电机和镉镍蓄电池进行了严格故障树分析；第 7 章介绍了故障诊断专家系统方法，并以某飞机电气系统查询专家系统为例进行了说明；第 8 章研究了神经网络基本概念，重点介绍了 BP 神经网络算法及其改进算法和径向基神经网在航电设备故障诊断中的应用；第 9 章介绍了模糊技术和信息融合技术在航电设备故障诊断中的应用;第 10 章研究了复杂航电设备的自动化测试方法和测试标准问题，以飞行管理计算机和集成数字电路板卡为故障诊断目标说明自动化测试系统构建、测试流程、故障诊断标准和故障诊断实例；第 11 章介绍了机载甚高频通信导航系统故障诊断与设备维修方法；第 12 章介绍了新型多扫描机载气象雷达的功能、原理、结构、基本参数、BITE、雷达自动化测试需求、测试流程和测试标准判定，以及空管用地面气象雷达的结构、基本参数、故障诊断与维修实例。

本书编写团队由资深机务维修专业教授和一线机务维修工程师组成，分工如下：第 1 章由张德银、黄选红、王有跃、钱伟、李首庆编写；第 2 章由罗英、王有跃、张德银、李首庆编写；第 3 章由罗英、罗文田、王有跃、刘佳嘉编写；第 4 章由张德银、黄选红、钱伟，李首庆、许将军编写；第 5 章由许将军、王悠、谢军、孟超编写；第 6 章由张德银、钱伟、包勇、高峰、王有跃编写；第 7 章由包勇、张德银、黄选红编写；第 8 章由张德银、包勇、钱伟编写；第 9 章由张德银、钱伟、包勇、张熙编写；第 10 章由包勇、张德银、钱伟、邱斌、何志祥编写；第 11 章由张德银、钱伟、黄选红、王有跃、刘佳嘉编写；第 12 章由张德银、王有跃、黄选红、钱伟、包勇、刘建华、刘佳嘉编写。本书由彭卫东教授担任主审。梁威鹏、邓位、袁也、杨凡鑫、代运鹏、刘国绅、崔浩、于梁、尹高磊、谢继峰等参与了资料整理、文字编辑和绘图工作。

需要特别说明的是，鉴于航空领域的特殊性，为便于读者将书中知识与实际工作相联系，书中的单位均采用习惯用法，未全部转换成 SI 单位。同时，书中电路图也尽量保持与民航机务维修手册中一致，未严格按照国家标准绘制。

限于时间和水平，书中难免有不足之处，敬请广大读者批评指正。

编　者

2017 年 3 月

目　录 / Contents

1 航电设备故障诊断与维修基础

1.1 航电设备概述

1. 航电设备的发展历程

航电（Avionics，Aviation Electronics）设备，是将电子电气技术用于飞机通信、导航、监视、信息处理、电气系统等设备与系统的总称。本书中所述航电设备还包括部分航空电气设备。

航电设备的历史久远。1903 年，莱特兄弟在自主研制的没有安装任何航电设备的飞机上完成了低速低空飞行试验。1910 年，加拿大飞行员麦柯迪利用“寇蒂斯”飞机所搭载的电台实现了无线电信号的收发。1920 年，第一个无线电罗盘（振幅式测向仪）开始服务于飞机导航。1928 年，短波无线电台在飞机上成功应用，飞机开始实现语音通信。1933 年，飞机首次利用自动驾驶仪完成了单人环球飞行。1937 年，第一部米波雷达装备在飞机上，用于对海面下潜艇进行搜索并协助领航着陆。1940 年，罗兰系统导航设备正式在飞机上装备使用。1946 年，甚高频全向信标机（VOR）成为美国的标准导航系统。1948 年，国际民航组织（ICAO）指定仪表着陆系统（ILS）为标准着陆系统。1950 年，自主式惯性导航系统在一架道格拉斯 DC-3 飞机上试用。1958 年，第一颗通信卫星“斯科尔”的成功发射标志着卫星通信进入了试验阶段。1960 年，阴极射线管（CRT）电子显示仪表在 A-6A 飞机上装备使用。1964 年，“子午仪系统”卫星导航正式投入使用。1985 年，电子飞行仪表系统（EFIS-85）成功取得适航证。1990 年，在美国空军莱特实验室提出的“宝石台（Pave Pace）”计划中，“先进的综合”的概念被广泛认同。1995 年，首次在 B777 飞机上采用了有源液晶显示器（AMLCD）。2003—2016 年，中国北斗卫星导航系统正立足于区域导航并向着全球导航的目标迈进；多电飞机（MEA）在 B787 上得到广泛实现；第三代综合模块化航电（IMA）在 A380、A350、B787 上得到应用。

2. 对航电设备的要求

航电设备是飞机必不可少的组成部分，对飞行安全起着十分重要的作用。民航飞机对航电设备在安全性、适航性、舒适性、环保性、经济性等方面都有严格要求。

（1）安全性要求：

① 提高飞机健康管理能力，能对飞机健康状况进行诊断和预测，以便于缩短维修时间和提高飞机周转效率；② 航电设备的故障将会影响继续安全飞行和着落，其结果可能是一个难以挽回的损失，所以飞行控制系统的失效率必须满足小于 10^{-9}/fh（flight hour）的可靠性要

求；③ 提高气象雷达的探测能力和预警能力；④ 采用 TCAS 对空监视和预测可能发生的碰撞；⑤ 采用 GPWS 在飞机起飞、复飞、着陆阶段对复杂地形进行近地警告；⑥ 提高网络安全防护能力，防止黑客入侵。

（2）适航性要求：

航电设备需要满足诸多技术标准，比如：

① 航空无线电技术委员会（RTCA）技术标准：最低运行标准（MOPS）、机载系统和设备软件认证考虑（DO178B）、机载电子硬件设计保证指南（DO254）、综合模块化航空电子系统开发指南和认证考虑（DO297）、机载设备的环境条件和测试程序（DO160F）。

② 航空无线电公司（ARINC）技术标准：飞机航空电子设备机箱、机壳、机架、冷却和连接器标准（ARINC 404），综合模块化航空电子设备封装和接口标准（ARINC 650），综合模块化航空电子系统设计指南规范（ARINC 651），模拟电路设备标准（ARINC 500），数字电路设备标准（ARINC 700）。

③ 美国汽车工程师协会（SAE）技术标准：高度集成或复杂飞机系统认证指南（ARP 4754）、民用机载系统和设备安全评估过程的指导原则和方法（ARP 4761）。

④ 中国民航技术标准规定（CTSO）和中国民航局适航司颁发的中国民航技术标准规定批准书（CTSOA）。

（3）舒适性要求：先进舒适的电动座椅和机载电子娱乐系统等。

（4）环保性要求：采用新能源技术减少飞机燃油碳排放，减少飞机对机场和航路的电磁辐射。

（5）经济性要求：航电设备的成本目前占飞机总成本的 20% 左右，且随着航电设备复杂度的提高，设备成本正呈上升趋势，所以缩短航电设备研发周期，减少设备采购成本和软件更新费用是必须解决的难题。

1.2 故障的基本概念

故障（Failure），笼统地讲就是设备的工作状态出现异常，或性能参数偏离了正常范围，导致出现了不期望的状况。具体来讲，就是设备在规定的工作条件下，其一个或多个性能参数超限，即不能保持在规定的下、上限之内；或设备的结构、元器件、组件、子系统等出现破损、断裂、老化、腐蚀、烧焦、击穿等现象，使设备丧失了由工作环境和技术条件等决定的所必须具有的功能。

航电设备故障通过可靠性来描述。根据美军标 MIL-STD-785B《系统与设备研制的可靠性大纲》，可靠性可分为任务可靠性和基本可靠性。任务可靠性，指设备在规定条件下和规定时间内完成规定任务的能力，它只对会影响到任务完成的致命故障进行统计，说明设备执行任务成功的概率。基本可靠性，指在规定条件下，设备能持续无故障运行的时间和概率，它包含了全寿命单位时间内所出现的全部故障。由于航电设备故障的发生具有一定的偶然性和随机性，所以常用概率和随机变量对可靠性进行量化描述。在工程上，一般是采用可靠度、故障分布函数、故障密度函数、故障率、平均寿命和可靠寿命等指标来描述航电设备故障。

可靠度（Reliability）指航电设备在规定条件下和规定时间内持续无故障工作的概率，记为 $R(t)$。$R(t)$ 也表示持续无故障工作的设备占全部设备的百分数，应满足式（1.1）。

$$0 \leqslant R(t) \leqslant 1 \tag{1.1}$$

故障分布函数（Failure Distribution Function），指航电设备在规定条件下和规定时间内发生故障的概率，记为 $F(t)$。$F(t)$ 也被称为不可靠度或累积故障概率，可用式（1.2）表示。

$$F(t) = P(T \leqslant t) \tag{1.2}$$

由于航电设备故障或不故障是两个不相容的事件，故存在 $R(t)+F(t)=1$。航电设备的可靠度与不可靠度，可以根据大量实验结果来确定：如果 N 个设备中有 $n(t)$ 个设备在规定条件下和规定时间 t 内出现故障，则可靠度和不可靠度可以分别用式（1.3）、式（1.4）表示。

$$R(t) = \frac{N-n(t)}{N} \tag{1.3}$$

$$F(t) = 1-R(t) = \frac{n(t)}{N} \tag{1.4}$$

故障密度函数（Failure Density Function）$f(t)$ 是故障分布函数（不可靠度）$F(t)$ 的导数。如果有 N 个受试设备，在时刻 t 到时刻 $t+\Delta t$ 内有 $\Delta N(t)$ 个设备故障，则当 Δt 足够小而 N 足够大时，$f(t)$ 可用式（1.5）表示。

$$f(t) = \frac{\mathrm{d}F(t)}{\mathrm{d}t} = -\frac{\mathrm{d}R(t)}{\mathrm{d}t} = \frac{\Delta N(t)}{N \cdot \Delta t} = \frac{1}{N}\frac{\mathrm{d}N}{\mathrm{d}t} \tag{1.5}$$

航电设备的故障率（Failure Rate），又称为失效率，可以从平均故障率和瞬时故障率两个方面来进行描述。平均故障率可以用设备故障总数与设备寿命单位总数之比 λ 来表示。寿命单位是航电设备最大可使用时间的度量单位，用次、工作小时、月、年等来描述。而瞬时故障率是在时刻 t 正常工作着的航电设备到时刻 $t+\Delta t$ 内发生故障的条件概率，$\lambda(t)$ 记为

$$\lambda(t) = \frac{\Delta n}{[N-N_f(t)]\Delta t} \tag{1.6}$$

式（1.6）中，N 为航电设备总数，$N_{\mathrm{f}}(t)$ 为工作到 t 时刻已故障的设备数，Δn 为 t 时刻后的 Δt 时间内发生故障的设备数。瞬时故障率 $\lambda(t)$ 也可用式（1.7）计算。

$$\lambda(t) = f(t)\frac{1}{1-F(t)} = \frac{f(t)}{R(t)} \tag{1.7}$$

对不可修复设备，平均寿命就是指航电设备从投入使用到发生故障的正常工作时间的平均值，记为平均失效前时间（Mean Time To Failure，MTTF）。$MTTF$ 是一个使用广泛的可靠性参数，用式（1.8）表示。

$$MTTF \approx \frac{1}{N}\sum_{i=1}^{N} t_i \tag{1.8}$$

对可修复设备，平均寿命是指设备相邻的两次故障之间的平均工作时间，记为平均故障

间隔时间（Mean Time Between Failure，MTBF），用式（1.9）表示。

$$MTBF \approx \frac{1}{\sum_{i=1}^{N} n_i} \sum_{i=1}^{N} \sum_{j=1}^{n_i} t_{ij} \tag{1.9}$$

式（1.9）中，N 为设备总数，n_i 为第 i 个设备的故障数，t_{ij} 为第 i 个设备从第 $j-1$ 次故障到第 j 次故障的时间间隔。一般来讲，*MTTF* 和 *MTBF* 所表达实际意义基本一致，都统称为平均寿命。

1.3 故障基本特性与模式分布

1. 故障基本特性

若航电设备发生故障，则至少会有一个参数或一项性能出现异常。故障诊断的目的就是要查清故障产生的原因，找出故障发生的位置并评估出故障的影响，以便维修人员及时进行测试与维修，使航电设备恢复到正常工作状态。根据故障产生的原因不同，航电设备故障的基本特性也不尽相同，呈现如下几类特点：

（1）故障的层次性（Failure Levels）。由于航电设备的结构可分为元器件级、组件级、子系统级和系统级，则其对应的故障，也可分为元器件级故障、组件级故障、子系统级故障和系统级故障。层级不同，故障特点也就不同。

（2）故障的传播性（Failure Propagation）。在一定条件下，故障会沿一定方向传播。当某一层次元器件失效产生故障，这一故障可能沿元器件→组件→子系统→系统进行纵向传播，同时也可能在各元器件之间、各组件之间进行横向传播，导致系统出现异常。

（3）故障的相关性（Failure Correlation）。同一故障现象可能是由完全不同的故障原因引起的，同一故障原因也可能导致不同的故障现象，所以故障原因与故障现象之间并非是简单的一一对应关系，而是具有复杂的相关性，需要在排故中加以分析和区分。

（4）故障的随机性（Failure Randomness）。航电设备中某些电路的电压变化范围非常宽，如从数字电路的几微伏特到点火电子线路的几万伏特。另外，频率变化范围非常宽，如从直流信号变化到卫星通信的 10^3 GHz；故障电路电压或频率在非常宽的范围内随机变动，具有很强的随机性，给故障测试与诊断带来巨大的不确定性和随机性。

（5）故障的模糊性（Failure Fuzziness）。多数航电设备中的元器件参数存在“容差”。“容差”就是轻微的“故障”。“容差”的普遍存在，导致实际故障的模糊性，使故障定位变得困难。

（6）故障的非线性（Failure Non-linearity）。很多航电设备的电路规模非常大，故障计算量以指数形式递增，电路中普遍存在反馈回路和非线性电路，使故障测试和计算非常复杂。

2. 故障模式分布

航电设备故障模式是指故障的表现形式。比较常见的故障表现形式有无法开机、无法关机、无输入、无输出、短路、开路、无法切换、显示错误、输出错误、指示错误、击穿、烧焦、氧化、腐蚀、断裂、变形等。从大量的航电设备故障诊断与维修统计数据中可发现一些典型的故障模式，通过对这些典型的故障模式及其概率进行仔细分析，从中获取经验，可以提高故障诊断效率和维修效率。

航电设备常见故障模式分布主要有：正态分布、威布尔分布、指数分布等。下面简要介绍这三种故障模式分布。

（1）正态分布（Normal Distribution）。正态分布又称为高斯分布（Gaussian Distribution），主要用于因振动磨损，电子元器件腐蚀、老化、过热烧蚀而出现的航电设备故障统计中。设航电设备的寿命为 t，则故障的正态密度函数 $f(t)$ 可用式（1.10）表示。

$$f(t)=\frac{1}{\sqrt{2\pi}\sigma}\exp\left[-\frac{1}{2}\left(\frac{t-\mu}{\sigma}\right)\right] \tag{1.10}$$

式（1.10）中，σ 为故障时间标准偏差，μ 为故障时间的均值。此时，故障的正态累积分布函数 $F(t)$ 可用式（1.11）表示。

$$F(t)=\frac{1}{\sqrt{2\pi}\sigma}\int_0^t\exp\left[-\frac{(t-\mu)^2}{2\sigma^2}\right]\mathrm{d}t \tag{1.11}$$

正态故障率函数 $\lambda(t)$ 可用式（1.12）表示。

$$\lambda(t)=\frac{\exp[-(t-\mu)^2/(2\sigma^2)]}{\int_t^\infty\exp[-(t-\mu)^2/(2\sigma^2)]\mathrm{d}t} \tag{1.12}$$

正态可靠度函数 $R(t)$ 可用式（1.13）表示。

$$R(t)=1-F(t)=\frac{1}{\sqrt{2\pi}\sigma}\int_t^\infty\exp\left[-\frac{(t-\mu)^2}{2\sigma^2}\right]\mathrm{d}t \tag{1.13}$$

（2）威布尔分布（Weibull Distribution）。威布尔分布又称为最薄弱环节模型分布，它能充分反映出应力集中源对材料疲劳寿命的影响，被广泛应用于各种寿命试验的数据处理中。航电设备中继电器、断路器、插接件、开关、磁控管等元器件的故障均服从于威布尔分布。设航电设备的寿命为 t，γ 为位置参数用于表征分布曲线的起始位置，t_0 为尺度参数用于表征坐标的尺度，m 为形状参数用于表征分布曲线形状，则航电设备威布尔分布故障密度函数 $f(t)$ 可用式（1.14）表示。

$$f(t)=\frac{m}{t_0}(t-\gamma)^{m-1}\exp\left[\frac{(t-\mu)^m}{t_0}\right] \tag{1.14}$$

此时，威布尔分布累积故障概率分布函数 $F(t)$ 可用式（1.15）表示。

$$F(t)=1-\exp\left[\frac{(t-\mu)^m}{t_0}\right] \tag{1.15}$$

威布尔分布故障率函数 $\lambda(t)$ 可用式（1.16）表示。

$$\lambda(t)=m\frac{(t-\mu)^{m-1}}{t_0} \tag{1.16}$$

威布尔分布可靠度函数 $R(t)$ 可用式（1.17）表示。

$$R(t)=1-F(t)=\exp\left[\frac{(t-\mu)^m}{t_0}\right] \tag{1.17}$$

（3）指数分布（Distribution）。指数分布是威布尔分布的一个特例，当故障率函数 $\lambda(t)$ 为常数时就得到指数分布。在航空电子设备中，电路的短路、开路、机械性损伤造成的设备故障都服从指数分布。指数分布无记忆性。指数分布故障概率密度函数 $f(t)$、故障概率分布函数 $F(t)$ 可分别用式（1.18）、式（1.19）表示。

$$f(t)=\lambda\exp(-\lambda t) \tag{1.18}$$

$$F(t)=1-\exp(-\lambda t) \tag{1.19}$$

1.4 故障诊断的基本任务及故障分类

故障诊断（Failure Diagnosis），本质上是模式识别理论与技术在航电设备故障诊断领域的拓展，即把航电设备的运行状态分为正常和异常两类。航电设备故障诊断技术主要包含故障检测、故障隔离、故障辨识三个方面。故障检测就是判断航电设备是否发生了故障以及故障发生的时刻。故障隔离就是在确定发生故障之后找出故障的位置和类型。故障辨识就是在分离出故障后确定出故障的大小以及预估故障的影响。近几十年来，国内外学者对故障诊断技术开展了大量研究，提出了众多可行的故障诊断方法。

1. 故障诊断的基本任务

航电设备故障诊断的基本任务主要体现在以下几个方面：

（1）故障建模。根据先验信息、输入/输出关系和实测数据之间的关系，建立故障的数学模型，作为故障诊断的依据。然而这种数学建模方法仅对有明确的输入/输出解析关系的故障有效，当有些故障的输入/输出数量关系不具有很明显的确定性时，这种方法是失效的。

（2）故障检测。对航电设备，需要利用模拟万用表、数字万用表、兆欧表、脉冲电压表、视频毫伏表、双踪示波器、脉冲示波器、FFT 信号分析仪、频谱分析仪、功率测量仪、失真度测量仪、噪声测量仪、调制度测量仪、场强计等对设备进行检测，观察可能故障设备或可能故障部件的技术参数是否偏离正常范围，以判断航电设备是否故障。

（3）故障隔离。对检测出故障的航电设备，需要进一步对故障源进行定位分析，判断故障位置是在元器件、组件、子系统、系统，还是在它们之间。飞机维修有专门的故障隔离手册（Fault Isolation Manual，FIM）和飞机维护手册（Airplane Maintenance Manual，AMM），用于指导对航电设备的故障隔离与维修。

（4）故障辨识。在隔离出故障后，需利用各种技术手段确认故障大小、发生时刻及其时变特性。故障辨识可采用的方法很多，包括基于解析的方法、基于知识的方法和基于信号处理的方法等。故障辨识能力表现为对故障的识别能力，这种能力的强弱与被检测故障的物理特性、故障大小、噪声、干扰、故障建模误差以及设计的智能故障诊断算法有关。故障辨识越清楚，故障识别越明确，则对故障的定位准确性就越高。

（5）故障评价。对检测出的故障特性进行判断，需要确认是固定故障还是暂态故障、恒定故障还是时变故障，如果是时变故障的话还需要找到时变规律；对故障的严重程度进行甄别，确认是一般性故障、严重性故障甚至是致命性故障；确认故障对整个飞机其他部分的影响，以及故障本身可能的发展趋势及对飞机安全可能造成的影响。针对不同故障情况和发展态势，采取相应的技术手段进行维修。可修复设备在修复后需要进行严格的测试，测试合格则可重新投入使用，如果测试不合格或确认故障不可修复，则采用换新件的方法，更换发生故障的航电设备部件。

2. 故障分类

设备故障分类有很多种分法。根据故障程度，故障可以分为暂态性故障和固定性故障。暂态性故障往往表现为一定条件下的功能性故障，多是由器件本身容限太小而引起的，当调整设备系统参数或某些运行参数后，设备又恢复正常工作，所以暂态性故障又被称为软故障。固定性故障表现为由于某些元器件或组件损坏而导致其不能正常工作的故障，需要检测出故障元器件或组件并进行更换才能排除此类故障。然而由于暂态故障具有随机性和偶发性，所以暂态故障的诊断比固定性故障更为困难。在数字电路中，固定性故障表现为设备永远固定在某一个数值上，如果信号固定在逻辑高电平上，则称为固定 1 故障（记为 s-a-1）；如果信号固定在逻辑低电平上，则称为固定 0 故障（记为 s-a-0）。根据固定性故障的数目，可以把固定性故障分为两大类：如果一个数字电路中有且只有一个固定性故障，则称之为单固定性故障；如果一个电路中有两个或两个以上的固定型故障，则称之为多固定型故障。统计显示，固定性故障占故障总数的 90% 以上，而通常情况下，又以单固定性故障居多。

根据故障发生的时间特性，故障可分为突变性故障、缓变性故障、间歇性故障。突变性故障是指突然出现，并且事先无法预知不可监测的故障。缓变性故障指元器件的性能参数随使用时间推移和环境的变化而缓慢变化所导致的故障。间歇性故障是指由于电子元器件老化、容差不足、搭铁接触不良、保险不够紧所引起的间歇出现的故障。多数间歇性故障最终会发展成为固定性故障。

1.5 故障诊断的基本方法

航电设备故障具有的诸多特性加大了故障检测与维修的难度，使得对航电设备进行故障诊断成为一项十分复杂和困难的工作。虽然航电设备故障诊断技术与电子技术几乎同时起步，可是故障诊断方面的发展明显滞后。在航电设备故障诊断技术发展初期，基本上是依靠一些测试仪表，依照跟踪信号逐点寻迹的思路，依赖人的逻辑判断确定设备的故障所在。这种沿用至今的传统诊断技术在很大程度上与维修人员的实践经验和专业水平相关，缺乏一套可靠的、科学的、成熟的办法来指导航电设备的故障诊断工作。随着电子工业的蓬勃发展，对故障诊断问题进行重新研究势在必行，我们必须站在坚实的理论基础上，将以往的经验进行汇总整理，并结合先进的科学技术手段，系统地发展和完善一套严谨的现代化航电设备故障诊断方法，以实现航电设备故障诊断的自动检测、定位及故障预测。

航电设备故障诊断的方法可分为传统的人工诊断方法和近年发展起来的新型故障诊断方法。

传统人工检测方法包括：

（1）敲击手压法。设备经常出现接触不良、固定不牢的情况，对此可采用敲击与手压法。所谓的“敲击”就是对可能的故障部位用小橡皮榔头或其他敲击物有目的地依次敲击或振动有关元件、接插件等，看看是否会引起出错或停机故障。所谓“手压”就是当故障出现时，在关上电源后用手压牢插件板或插头插座，重新开机后观察故障是否消除。

（2）观察法。利用眼看、耳听、手摸的方式对电子设备进行观察。当某些电子设备或部件烧伤或烧毁时，用眼睛观察其元件或部件会看到变色、起泡、烧焦的斑点；用鼻子也可以闻到焦煳气味；如果发生了短路现象，用手可以感受到其温度的剧烈变化；部分元器件管脚虚焊或脱焊也可以用眼睛直接观察到。

（3）排除法。排除法就是通过拔、插设备的一些插件板、器件来找到故障原因的方法。

（4）替换法。在有足够的同型号元件备件的情况下，将一个好的备件与故障机上的同一位置同型号的元器件进行替换，看故障是否消除，逐个找出故障部件或元器件。

（5）对比法。要求具有至少两台同型号的设备，且其中一台可正常运行。使用这种方法还必须配备必要的测试设备，如万用表、示波器等。按比较的性质分有：电流比较法、电压比较法、输出结果比较法、波形比较法、静态阻抗比较法等。

（6）隔离法。故障隔离法不需要使用相同型号的设备或备件作比较，而且安全可靠。根据故障检测流程图，逐步缩小故障范围，再配合其他检测手段，一般会很快查到故障所在。传统的航电设备维修，有专门的故障隔离手册（Fault Isolation Manual，FIM），按手册中的故障检查步骤，逐步缩小故障范围，直至找到最后的故障点。另外，每个航电设备部件维修都有对应的部件维修手册，手册上明确给出了某些部件具体参数的典型值、最大值和最小值。在实际维修中，通过使用检测工具对这些参数进行测量并与手册参数值进行比对，可判断设备部件是否已出现故障。

航电设备故障诊断技术领域近年发展起来的新型故障诊断方法如图 1.1 所示。这些方法大致可分为基于知识的方法、基于解析模型的方法、基于信号处理的方法、基于离散事件的方法等。其中基于知识的方法包括基于症状的方法和基于定性模型的方法。而基于症状的方法将人工智能（Artificial Intelligence）理论和方法用于故障诊断，包括专家系统、模糊推理、神经网路和模式识别等方法。基于定性模型的方法包括定性观测、定性仿真和知识观测器方法。基于解析模型的方法包括参数估计、状态估计和等价空间方法。参数估计方法包括滤波器法和最小二乘法。状态估计方法包括观测器法和滤波器法。基于信号处理的方法包括 FFT 和小波变换法、谱分析法和相关分析法。

传统的模拟电路故障诊断有测前模拟诊断法和测后模拟诊断法，数字电路故障诊断与定位有穷举测试法、伪穷举测试法和测试码生成法。虽然模拟电路和数字电路故障诊断技术发展至今已经取得了不少进展，尤其在数字电路故障诊断方面已有较为成熟的理论和方法，但仍存在着诸多不足，特别是在复杂的非线性系统故障诊断方法的研究上还有所欠缺，有待更深入地探索。近年来开发的不同等级和各种类型的故障诊断装置，也仅能完成故障诊断工作的基本需求，与实际需求相比还存在着相当大的距离。其主要的不足如下所述。

故障分辨率不高。现代的大多数故障诊断系统虽然能以很高的速度对被测对象自动地进行故障诊断，但是由于设备本身电路的非线性问题，并且检测点和施加的测试信号也受到了一些限制，在实际工作中严重影响了设备的可操控性和可测性。信息来源不充分。这可分为两方面：一是现有的诊断系统一般只考虑被测件的当前状态，而对历史状态及和做过的维修以及诊断系统本身的状态未做考虑；二是主要通过电信号对被测件进行测试，而很少使用如图像、温度、磁场信号等对被测件其他参数进行测试，因此有时给出的诊断结果以及提出的诊断方案并不准确。无推理机制，扩展性差。现有的故障诊断系统大部分都是针对典型故障而设计的，不具备推理学习的机制，可扩展性较差。

人工智能的诊断方法克服了对系统数学模型的过度依赖，它是根据人们长期的实践经验与大量的故障信息设计出来的，能够模拟人类专家完成对复杂系统的故障诊断工作，因此成为故障监测和隔离的有效办法，已在很多领域得到了应用。

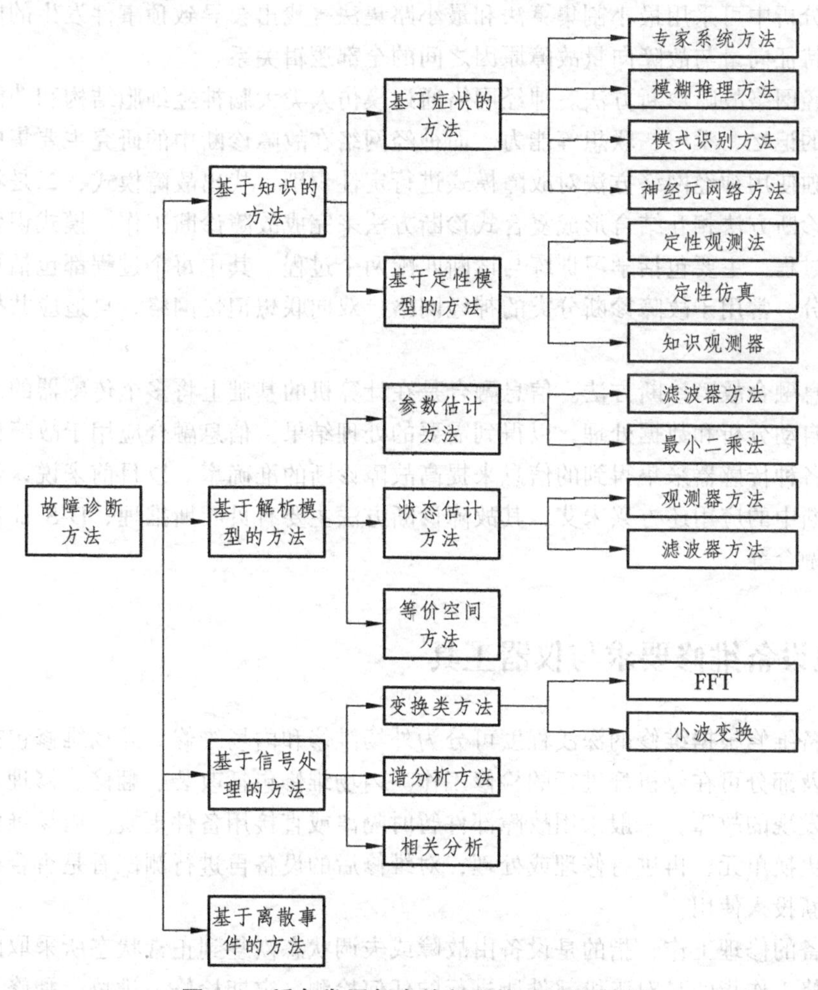

图 1.1　近年发展起来的新型故障诊断方法

（1）专家系统故障诊断方法。专家系统是一种智能计算机程序，这种计算机程序运用知识与推理过程，用于求解那些需要人类专家才能解决的复杂问题。专家系统故障诊断的目的在于利用领域专家的知识与经验为故障诊断工作服务。领域专家与资深工程师可通过人机接口对知识库进行操作。在系统诊断阶段，用户通过人机界面或者信息采集模块将征兆信息传送给推理机，推理机根据诊断过程的需要，通过人机界面或者信息采集模块收集征兆信息，然后检索知识库中的各条知识并进一步向用户索取新的征兆信息直至诊断结束，最终诊断结果与解释信息将通过人机接口返回给用户。

（2）模糊故障诊断方法。这种方法是通过模仿人类思维的模糊综合来解决复杂困难问题从而判断设备状态。由于实际问题的复杂性，故障与征兆之间的并非是一一对应关系，很难用精确的数学模型来表示。由于这种模糊性的出现，单纯用“是否有故障”来表达很容易产生漏报和误诊。因此，一般将模糊方法与神经网络、小波分析、专家系统等技术方法相互结合起来使用。

（3）故障树故障诊断方法。这是一种以将故障形成的原因类似于树枝状的形式逐级细化的分析方法，顶事件为最不希望发生的事件，可能导致顶事件发生的其他事件为中间事件和底事件，在分析中可采用最小割集算法和最小路集法等找出会导致顶事件发生的所有的故障模式，以及特征向量与故障向量故障原因之间的全部逻辑关系。

（4）神经网络故障诊断方法。神经网络通过模仿人类大脑神经细胞结构和功能，具有与人脑相类似的记忆、学习、联想等能力。而神经网络在故障诊断中的研究主要集中在两个方面：一是单独使用神经网络方法对故障模式进行定性识别，找出故障模式；二是将神经网络方法与其他诊断方法相互结合形成复合式诊断方法来完成故障诊断工作。模式识别的神经网络故障诊断过程，主要包括学习训练与诊断匹配两个过程。其中每个过程都包括预处理和特征提取两部分。常用于故障诊断分类的神经网络、双向联想记忆网络、自适应共振理论和样条网络等。

（5）信息融合故障诊断方法。信息融合是在计算机的基础上将多个传感器的采集信息综合，并加以自动分析和数据处理，以得到需要的处理结果。信息融合应用于故障诊断的目标是综合利用各种传感器采集得到的信息来提高故障诊断的准确率。以目前来说，信息融合在设备故障诊断中的应用还方兴未艾，其故障诊断方法主要有贝叶斯推理、D-S 证据推理及神经网络信息融合等。

1.6 航电设备维修要求与仪器工具

航电设备维修根据维修的深浅程度可分为外场维修和内场维修。外场维修包括航前、航后、短停以及部分可在停机坪进行的检修工作。内场维修包括改装、翻修、修理、校验等。外场维修中发现的故障，一般采用故障部件暂时隔离或直接用备件更换。内场维修将故障定位到内场可更换单元，再进行修理或处理，对维修后的设备再进行测试看是否合格，测试合格后方可重新投入使用。

航电设备的修理工作，指的是设备由故障或失调状态恢复到正常状态所采取的全部措施和活动。维修工作指的是对飞机部件所进行的任何检测、定期检修、排故、翻修、修理。重要改装（MDA）指在航空器部件制造厂家的设计规范之外，没有按照设备制造厂商的建议，也没有根据适航指令，而对设备的基本设计进行更改，可能导致其适航性因素产生较大变化的改装。此外，对规定已批准的无线电通信和导航设备所进行的更改，如果会对设备的工作性能产生较大影响，也属于重要改装。所以无线电设备的校准及仪表的校验和修理都属于设备的重要修理。

航空器部件进行维修或改装必须遵守的准则：当使用航空器部件制造厂的现行有效的维修手册或持续适航文件中的方法、技术要求或实施准则之外的其他方法、实施准则时，应当获得中国民航局的批准，并且必须符合航空器持续适航文件中的适航性规定。使用的工具和设备必须能够保证维修和改装工作能按照可接受的工业准则完成；工作中应当优先使用制造厂推荐的专用设备，当使用制造厂的替代设备时，应当获得相关部门的等效批准。使用的合格航材要能保证航空器部件达到至少保持其初始状态或者适当的改装状态。当使用航材的替代品时，应当获得相关部门的等效批准。工作环境应当满足维修或者改装工作任务的要求。

航电设备维修需要通用的测试仪表和测量仪器，也需要与设备配套使用的专用测试台。在维修实践中，通常使用部件维护手册推荐的专用测试设备和工具进行维修。

航电设备测试维修所需仪器设备：

（1）数字式万用表，常用来测量直流电压、直流电流、交流电压、电阻和晶体管等。

（2）电压表，分为超高频电压表、视频毫伏表、脉冲电压表等，常用于各种电压测量。

（3）兆欧表，用于测量电路的漏电程度以检查其电气绝缘程度。

（4）电子示波器，包括通用示波器、双踪示波器、脉冲示波器等，用于观察电信号的频率、幅度、波形、周期，以及检测电路动态功能和电子设备的调幅度、频偏等。

（5）信号源，包括高频信号源、音频信号源、扫频信号源、脉冲信号源、微波信号源等，为航电设备维修提供测试用信号源。

（6）频谱分析仪，用于观察等幅波、调频波、脉冲调制信号的频谱。通过频谱可精确测量发射功率、发射脉冲宽度，可检查各种振荡器的质量。频谱分析仪还可作为高灵敏度的高频接收机。

（7）FFT 信号分析仪，即快速傅里叶频谱分析仪。

（8）失真度测量仪，主要用于测量电子放大设备的频率失真、非线性谐波失真，以及检查相位失真的特征等，还可独立地作为平衡和不平衡式音频电压表。

（9）调幅度测量仪，主要用于测量无线电发射机和其他调幅信号的调幅度，还可测量发射机的寄生调幅或交流声电平。

（10）调制度测量仪，主要用于测量调频信号的调制系数和频偏。

（11）噪声测量仪，用于测量接收机噪声系数。

（12）各型功率计，主要用于测量各种发射机和信号源的平均功率、峰值功率或脉冲功率。

（13）电子干扰/场强计，主要用于测量连续波、脉冲波干扰端电压和场强，配上传感器还可测量导线上的高频干扰电流以及通过电源线上的辐射干扰功率等。

航电设备维修中可能用到一些辅助设备，比如电阻箱、滑线变阻器、自耦调压变压器、恒温箱、电炉等设备。

航电设备维修所需工具包括电气装配工具、机械安装工具、仪表修理工具和量具等。电气装配工具包括常用的各型电烙铁、镊子、剥线钳、尖嘴钳、斜口钳等。机械安装工具用于打开机壳盖板和拆卸、装配各种旋钮、开关、电位器、表头、插座、变压器等，需要配备各种型号的十字螺丝刀、一字螺丝刀、套筒扳手、什锦锉、手电钻等。仪表修理工具包括仪表螺丝刀、放大镜、镊子、轴芯夹具、长毛刷、千分尺等。

航电设备维修对工作环境的温度、湿度、振动、灰尘、电磁干扰和电源有严格要求。航电设备运送与维修需要远离振动源，并与机加工、喷漆、清洗等设施隔离。航电维修检测车间温度应控制在 20～24 °C，湿度应控制在 40%～65%。高频航电设备维修需建立专用屏蔽室保证严格电磁屏蔽。航电设备维修用电源有严格要求：中频单相交流电源稳压范围是 112～118 V，中频三相电源最大偏差电压不超过 1 V，稳态平均频率必须稳定在 390～400 Hz 内，频率变化量不超过 ± 5 Hz，频率漂移不超过 15 Hz/min，交流供电功率不小于 1 500 W；另外还需要配备 26 V（36 V）、400 Hz 的单相交流电源，电压稳定范围为（26 ± 0.26）V [（36 ± 0.36）V]，频率稳定要求与 115 V/400 Hz 交流电相同；直流电源为 28 V、双线制电源，电压需要稳定在 27～30 V，直流电压峰值脉动与平均电压偏差不超过 2 V，供电容量不小于 1 500 W；220 V 单相制市电的电压稳定在 198～242 V，频率保持在 45～55 Hz。380 V、50 Hz 三相制采用市电供电时，必须配备 UPS 电源防止市电突然掉电。

航电设备维修应由具有合格维修执照的修理人员，使用合格的修理设备和仪器，在符合规定的修理场所进行，应按照现行有效的部件修理手册所规定的程序与步骤进行修理，并保证修理件与修理文件、履历本、工作单相符，且修理内容与修理文件一致。检查并正确标记设备面板上的修理标记。检验人员在完成全面检查后，应及时填写检验记录并签字，签注检验日期。

1.7　航电设备维修基本程序

航电设备维修是保证航电设备可靠运行的重要技术手段，维修基本程序和方法如下。

1. 修理前的准备

修理前应准备：修理项目许可证；现行有效的 CMM 和有效的维修服务通告；完好且经审定的修理工具与经过校准的测试仪器，接地完好的防静电工作台；适用并且数量够用的测试仪器与专业维修工具；具备符合资质规定的修理人员和检测人员；电压种类、电压值及频率适用的维修用电源；设备所需要的修理环境条件满足要求。

对维修手册和技术文件的使用是航电设备维修的基础。维修中涉及 OEM 厂家的技术手册主要有：部件维修手册（Component Maintenance Manual，CMM）、翻修手册（Overhaul Manual，OHM）、标准施工手册（Standard Practice Manual，SPM）、服务通告（Service Bulletin，SB）和服务信函（Service Information Letters，SL/SIL）等。航空公司工程指令（Engineering Order，EO）是根据机队零部件的相关技术文件编写的作业指导文件，用于对零部件实施专门检查、改装更换与维修等非例行维修工作的指令。

在相关技术手册中三类提醒信息必须严格遵守：警告（WARNING）：提醒维修人员必须严格遵守手册的方法和步骤以免伤及人员；警告（CAUTION）：提醒维修人员必须严格遵守手册的方法和步骤以免损坏设备；注意（NOTE）：提醒维修人员必须严格遵守手册的方法以提高工作效率。

维修中的工卡（Job Card，JC）是根据维修任务下发的工作依据文件，包含的内容有：工卡编号、工作项目名称、施工内容及程序、所需器材专用工具及设备、编写或修订日期、待修件的件号、送修原因、客户信息、维修工作依据文件及版次、执行者签名或盖章、待修件序号、合同号、工时记录和完成时间，还根据有效受控的 CMM/OHM/SPM/SB/SL/EO 等技术文件列出了维修人员在维修工作中的须采用的方法和步骤，同时留出位置以便维修人员填写故障检测结果、所采取的维修措施、功能测试的结果以及更换件信息等。

2. 待修件的接收

接收待修件应注意：检查待修件包装及标记是否完好，检查防静电敏感部件（ESDS）的防静电包装袋及标记是否完好；检查待修件的外形是否完好；检查待修件上的标签与履历本填写情况是否正常；检查送修文件与工作单是否完整。

3. 航电设备修理的基本程序

航电设备修理的基本方法是观察故障现象、分析故障原因、压缩故障范围、确定维修方案、故障排除、检测与调试、组装、填写维修单据注明维修日期、运输。航电设备修理的基本程序是：设备检查，参数测试，故障隔离，设备分解，必要的调节与修理，清洁，组装，存储，填写维修工作单等环节。应特别注意待修件在手册中的适用范围和有效性等问题。

1）维修手册查阅

维修开始，首先应该对部件维修手册（CMM）对应的说明与操作部分进行阅读，理解电子设备的工作方式和注意事项，了解待修设备元器件的失效模式、失效机理以及设备的故障机理，要尤其注意警告（WARNING）提示。

2）预测试

设备的排故预测试，首先对设备进行参数测试，详细记录测试数据，通过初步分析找到维修大致范围和部附件，然后进行周密的故障隔离与故障分析，确定必要的修理措施，再对待修设备进行分解。

3）分解

为了避免造成不必要的设备损坏，不应随便分解设备，分解之前应该认真阅读部件维修手册（CMM），并严格按照手册规定的程序、步骤和图解零件目录进行。分解之前，应切断所有电源和射频供给接头的连接。在对有静电敏感器件（ESDS）标记的部件或电路板进行分解之前，应切实遵守防静电措施，分解工作必须在防静电工作台上进行，并戴上腕带。在对电缆和电线束进行分解前应注意各导线的颜色，做好必要的标记。对组件外壳进行分解时，应先查阅 CMM 图解零件清单，然后选用适当的螺丝刀拆下固定组件外壳。接头的分解要注意选择正确的插钉拆除工具。通过用力按压每块电路板两侧的手柄可以迅速地沿滑轨取出电路板，完成电路板的分解。对于有些固定在壳体结构上的电路板，则需要把所有螺钉拆下后才能取出电路板。分解元器件时，要参考焊接与拆焊工艺并活用电烙铁，不仅可以焊接及拆焊电路板，也可以通过电烙铁加热的方式将卡住的小五金件取出。

4）清洁

电路板和电子元器件有水、油、尘土、积碳和锈蚀时，以及各种转动部件（如环型变阻器和电位计）的润滑油脏污变质时都会影响电路板和电子元器件的正常工作，甚至造成损坏。所以，在完成对部件分解工作之后，必须对其进行清洁。其中，清洁剂的选择和清洗顺序应该按照手册要求进行。

5）外部检查

对航电设备清洗之后，首先是目视检查，主要检查组件结构外观是否缺损、凹陷、变形；接头插钉是否偏离、断裂、锈蚀和碳化，检查前面板名称、序号、铭牌是否存在，粘贴是否牢固；检查底盘是否松动、安装固定件是否丢失、变形、凹陷，紧固件是否损坏；检查接头是否破损、绝缘部分是否有裂缝，接头是否有损伤或出现移位情况。面板开关、按钮的检查，主要看标识是否清楚，安装是否稳固有无滑动现象，按压开关和按钮时是否能听到明显的开关作动声响，按压过程是否存在卡阻现象。检查电路板是否有松动、损坏、腐蚀、断裂、烧坏和碳化痕迹；电路板和元器件焊料是否不足或用万用表检查线路连接是否正确；检查电容是否有壳体破损、漏液现象，检查有无进水、烧毁和破损的二极管或三极管。检查壳体和线圈是否损坏和碳化，检查变压器是否表面过热或有损坏。

6）通电检查

外部检查完成后，进行通电检查。按照 CMM 中测试部分对航电设备部附件进行通电测试，初步判断部件是否有故障，对于测试步骤较多的设备可以依据经验只测试一些关键步骤。如果已经判断可能存在短路故障，则不建议进行通电测试检查，以免进一步损坏被测部件。

7）修理

修理之前，应该先切断电源，对于静电敏感器件，必须按照防静电要求进行操作。对于电路板和电子元器件外壳变形和掉漆，可通过机械办法来矫正，可采用电焊来处理表面的裂纹，用砂纸和酒精清洗掉漆部分，用胶带盖住未掉漆部分，然后用阿罗丁浸泡铝件表面，之后再根据 CMM 中提供的材料重新上底漆与面漆。

更换航电设备部附件中断裂的导线与排线时，要选择与原导线相同级别、线径、颜色的导线，两端套上绝缘套，再用热熔胶将导线或排线固定住。如果出现接头外壳变形、螺丝滑牙或绝缘性能下降，则需要更换整个接头；如果只是接头中的某个插钉锈蚀，则只需更换插钉即可。

电路板故障的维修，所需更换的元器件参数必须符合图解零件目录（IPL）的要求，并严格遵守厂方提供的标准线路施工手册（SPM）进行操作。需要拆除电路板上的电子元器件时，应先去掉覆盖在周围的防潮漆，如果多层电路板插脚难以拆下，可对两边同时加热来清除焊盘孔中的焊锡。故障排除后，应重新给电路板两面和新更换的元器件周围补上防潮漆。更换大功率晶体管，应先焊下导线并拆下散热螺母和垫片，然后拆下晶体管和硬涂层绝缘体；给硬涂层绝缘体的每一面都加上导热硅脂，再重新装上绝缘体；安装上替换的新的大功率晶体管，装上替换的绝缘垫片，重新装好拧紧散热螺母，用欧姆表检查金属安装片和安装了散热螺母的安装栓之间的开路电阻要大于 10 MΩ，最后焊接外部导线。某些电路板为不可修理部件，必须更换整个电路板。

8）测试

航电设备的测试分为分步测试、排故测试、循环测试和全功能测试等几类。维修预测试和放行前的测试，一般采用全功能测试；若只检查航电设备某部分功能，采用分步测试；当发现某部分测试不稳定或故障间歇性出现，则要针对某个或某几个测试步骤重复测试几次，做循环测试；如果在测试过程中需要提供排故指导，则做排故测试。故障排除后，为了确定故障是否成功排除，需要对维修部分进行循环测试，但在放行之前，只有再次通过全功能测试，才能放行。

9）组装

在航电设备及其部件完成测试后，根据 CMM 中图解零件目录清单（IPL）找出所有部件，然后严格按照部件修理手册的要求进行组装。组装过程为分解的逆过程。组装时，要参考厂方提供标准线路施工手册（SPM）正确使用适当的工具执行组装。对标有静电敏感器件（ESDS）标记的部件或电路板组装时，需要切实遵守防静电措施，在防静电工作台上进行，防止造成不必要的损失。对电缆插头进行组装时，注意先清除异物，并防止插钉错位损坏插头。组装集成电路模块时，应该使用 CMM 中推荐的专用工具并检查电安装座内的剩余焊锡。组装后，要根据 CMM 要求完成机械固定或其他方式固定。

10）封装存储

航电设备运输过程中要使用防尘罩；已经完成修理和检查的设备，应正确封装；对标有静电敏感器件（ESDS）标记的部件或电路板应该在电缆接头上加防静电盖，放置在专用的防静电容器或包装中运输，并要求贴有明显的防静电标签。运输时，需要在容器上要封好防潮的胶带后再搬运。待修件应该与已修件分开存放，并有明显标识，以防混淆。

11）记录填写维修放行

维修人员在维修过程中，应该在工卡（JC）上准确、详细填写各项测试参数；更换元器件应记录所更换元器件的电路符号、规格、件号，另外，换下的元器件应作报废处理。维修工作应有完整的记录，至少应包括已填写完整的工卡、部件故障及隔离措施记录、换件记录及合格证件、执行的适航指令和服务通告清单、试验记录、维修放行证明等。

1.8 本章小结

本章对航电设备发展进行了简要概述，给出了航电设备故障的基本概念和定义，给出航电设备故障基本特性和故障模式及分布，陈述航电设备故障诊断的基本内容、任务及分类，描述航电设备故障诊断的基本方法及基本技术，最后给出了航电设备故障维修基本概念和维修行业遵守基本技术规范。

参考文献

[1] 张黎娟. 民用航空器电子仪表设备维修技术与方法研究[J]. 电子质量，2016(1): 23-25.
[2] 朱大奇. 电子设备故障诊断原理与实践[M]. 北京：电子工业出版社，2004.
[3] 朱大奇. 航空电子设备故障诊断技术研究[D]. 南京航空航天大学，2002.
[4] 朱万年. 航空电子综合系统自检测、重构与故障监控技术综述[J]. 航空电子技术，1997(4): 42-47.
[5] 吴向阳. 航空仪表综合测试台设计[D]. 电子科技大学，2003.
[6] 闫迎军. 综合模块化航空电子设备结构设计[D]. 西安电子科技大学，2006.
[7] 许小武. 航空电子 ATE 综合集成与信号链路衰减分析[D]. 南昌航空大学，2015.
[8] 庄绪岩. 飞机航电系统故障分析方法与故障诊断系统研究[D]. 中国民用航空飞行学院，2015.

[9] 吴季宁. 在航空维修测试中使用 ARINC429 数字信息传输的设计和实现[D]. 电子科技大学，2005.
[10] 王力鹏. 通用航空总线自动测试系统的设计和开发[D]. 华南理工大学，2012.
[11] 张宏. 航空电子设备维修方法探析[J]. 中国新通信，2014（11）：4-4.
[12] 王越. 谈航空电子设备维修的静电防护措施[J]. 科学中国人，2015（5Z）.
[13] 陈文波. 航空电子测试设备维修保障方法探讨[EB/OL][J]. 科技创新导报，2013（15）：10-11.
[14] 韩富宁. 飞机通信系统控制板测试台设计[D]. 吉林大学，2015.
[15] Frank P M. Analytical and qualitative model-based fault diagnosis-a survey and some new results[EB/OL][J]. European J. Of Control, 1996, 2(1): 6-28.
[16] 朱大奇，于盛林. 基于知识的故障诊断方法综述[J]. 安徽工业大学学报，2002，19（3）：197-204.
[17] 虞和济，陈长征，张省. 基于神经网络的智能诊断[M]. 北京：冶金工业出版社，2000.
[18] Pazani M. J. Failure-driven learning of fault diagnosis heuristics[EB/OL][J]. IEEE Trans. on system,Man and Cybenetics, 1998, 17(3): 380-384.
[19] Gertler J. Diagnosing parametric faults: from parameter estimation to parity relations[C]. American Control Conference,Proceedings of the. IEEE, 1995，3：1615-1620.
[20] 朱新宇，胡焱，等. 民航飞机电气通信仪表系统[M]. 成都：西南交通大学出版社，2012.
[21] 朱新宇，胡焱，等. 民航飞机电子电气系统[M]. 成都：西南交通大学出版社，2016.
[22] 夏虹，刘永阔，谢春丽. 设备故障诊断技术[M]. 哈尔滨：哈尔滨工业大学出版社，2010.
[23] Frank P M, Ding X. Survey of robust residual generation and evaluation methods in observer-based fault detection systems[J]. Journal of Process Control, 1997, 7(6): 403-424.
[24] Sauter D,Hamelin F. Frequency-domain optimization for robust fault detection and isolation in dynamic systems[J]. 1999, 44(4): 878-882.
[25] Frisk E,Nyberg M. A minimal polynomial basis solution to residual generation for fault diagnosis in linear systems[J]. Automatica, 2001, 37(9): 1417-1424.
[26] Ding S X,Jeinsch T,Ding E L. An approach to analysis and design of observer and parity space relation based FDI systems[C]. Proc Ifac World Congress, 1999.
[27] 徐超群，闫国华. 航空维修管理[M]，北京：中国民航出版社，2012.
[28] 韩建群，石旭东. 基于 EMD 航空发电机定子绕组故障检测方法[J]. 国外电子测量技术，2016（10）：34-37＋49.
[29] 朱大奇，于盛林. 基于故障树最小割集的故障诊断方法研究[J]. 数据采集与处理，2002，17（3）：341-344.
[30] Ashton S. A., Shields D. N.. Design of a robust fault detection observer for polynomial nonlinearities[C]. Proc of 14th IFAC World Congress. Beijing, 1999: 49-54.
[31] Bakshi B R. Multiscale PCA with application to multivariate statistical process monitoring[J]. Aiche Journal, 1998, 44(7): 1596-1610.
[32] Satish L. Short-time Fourier and wavelet transforms for fault detection in power transformers during impulse tests[J]. IEE Proceedings-Science Measurement and

Technology, 1998, 145(2): 77-84.
[33] 左力. 基于 CPNN 的航空装备维修保障能力评估研究[J]. 电子设计工程，2016，24（23）：7-9.
[34] 金德琨，敬忠良，王国庆，等. 民用飞机航空电子系统[M]. 上海：上海交通大学出版社，2011.
[35] 朱大奇，于盛林. 基于故障树分析及虚拟仪器的电子部件故障诊断研究[J]. 仪器仪表学报，2002，23（1）：16-19.
[36] 陈文波. 航空电子测试设备维修保障方法探讨[J]. 科技创新导报，2013（15）：10-11.
[37] Mufti M,Vachtsevanos G. Automated fault detection and identification using a fuzzy-wavelet analysis technique[C]. Autotestcon '95. Systems Readiness: Test Technology for the, Century. Conference Record. IEEE Xplore, 1995: 169-175.
[38] 左洪福. 航空维修工程学[M]. 北京：科学出版社，2011.
[39] Akhmetov D F, Dote Y, Ovaska S J. Fuzzy neural network with general parameter adaptation for modeling of nonlinear time-series[J]. IEEE Transactions on Neural Networks, 2001, 12(1): 148-152.
[40] 杭正嵩. 浅谈航空电子设备维修方法[J]. 企业文化（下旬刊），2016（4）4：216.
[41] Tsukamoto Y, Terano T. Failure diagnosis by using fuzzy logic[C]. Proc. IEEE conference decision & control. New Orleans, 1987: 1390-1395.
[42] 李帅. 对航空电子保障装备研制的几点建议[J]. 信息通信，2016（11）：291-292.
[43] Buckley J J, Hayashi Y. Neural nets for fuzzy systems[J]. Fuzzy Sets & Systems, 1995, 71(3): 265-276.
[44] Sorsa T, Koivo H N, Koivisto H. Neural networks in process fault diagnosis[J]. IEEE Transactions on Systems Man & Cybernetics, 1991, 21(4): 815-825.
[45] 周鑫. 航空电子设备维修方法探析[J]. 中国科技信息，2013，19：115-116.
[46] 周东华，王桂增. 故障诊断技术综述[J]. 化工自动化及仪表，1998（1）：58-62.
[47] 中国民用航空飞行标准司. 民用航空器维修人员维修经历记录[M]. 咨询通告 AC-66-07，2016.
[48] 中国民用航空总局. 民用航空材料、零部件和机载设备技术标准规定[M]. CCAR37，1992.
[49] 藏和发，王金海，等. 航空电子装备维修技能[M]. 北京：北京航空航天大学出版社，2014.
[50] [英]伊恩·莫伊儿，阿伦·西布里奇，马尔科姆·朱克斯. 飞机航空电子系统[M]. 2 版. 北京：国防工业出版社，2015.

2 电子元器件的故障诊断与维修

航电设备由大量电路板和众多电子元器件组成，航电设备故障，特别是航电仪表中电子元器件故障占到设备整机故障的40%或以上，因此研究电子元器件故障原理、特性及其维修方法对航电设备维修有特别重要的工程意义。

检修故障的航空电子元器件，是航电设备维修的基本功，如何准确有效地检测电子元器件的相关参数、判断电子元器件的是否正常，必须根据不同的电子元器件采用不同的方法。

电子元器件检测识别最常用的仪器是万用表，分为指针式和数字式两种。指针式已逐步淘汰，目前多采用数字式万用表，其优点是测量准确度高、精度高、性能稳定、不易损坏。航空公司所用万用表都是数字式，因此本书涉及万用表检测方法时仅介绍数字万用表检测方法。

2.1 插接件检测与维修

1. 插接件的类型

航电设备中存在多种电子插接件，常见的有以下几种：

（1）圆形插接件。其插头具有圆筒状外形，插座焊接在印制电路板上或紧固在金属机箱上，插头与插座之间采用插接方式或螺接方式连接，广泛用于系统内各种设备之间的电气连接。插接方式的圆形插接件适用于插拔次数较多、连接点数少且电流不超过1 A的电路连接，常见的键盘、鼠标插头就属于这种连接。螺接方式的圆形插接件俗称航空插头、插座。它有标准的螺旋锁紧机构，特点是触点多、插拔力较大、连通电流大、连接较方便、抗震性极好，容易实现防水密封及电磁屏蔽等特殊要求。航空插头连接器的触点数目从两个到多达近百个，额定电流可从1 A到数百安培，工作电压均在300 V至500 V。

（2）矩形插接件。其体积较大，电流容量也较大，并且矩形排列能够充分利用空间，被广泛应用于印制电路板上安培级（10 A以下）电流信号的互相连接。有些矩形插接件带有金属外壳及锁紧装置，常用于机壳内外的电缆之间和电路板与面板之间的电气连接。

（3）印制电路板插接件。它用于印制电路板与印制电路板之间的直接连接。子集成电路板为印制电路板，边缘上有镀金的排状铜箔条，俗称金手指（如计算机中的内存条），而母集成电路板（如计算机主板）上有对应的插接座，直接焊接在母电路板上。子板插入母板插接座，就完成了两个集成电路板之间连接。

（4）带状电缆插接件。它与电缆的连接不用焊接，而是靠压力使连接端内的刀口刺破电缆的绝缘层实现电气连接，工艺简单可靠。带状电缆插接件的插座部分直接装配焊接在印制电路板上。带状电缆插接件用于低电压、小电流的场合，能够可靠地同时传输几路到几十路数字信号，但不适合用在高频电路中。

（5）条形插针式插接件。常见有针孔式插头与插座，插座焊接在印制电路板上，插头压接导线，连接外部的电路部件。条形插针式插接件广泛用于印制电路板与导线的连按，插接件的插针间距有 2.54 mm 和 3.96 mm 两种，工作电压为 250 V；插座直接焊接在印制电路板上，导线压接在插头上，能承受 30 次以上插拔。

（6）音频/视频插接件。也称为 AV 连接件，比如飞机上耳机/话筒插头、插座等，用于连接飞机上各种音响设备、录像设备、视频播放设备。插座也叫同心连接器，常被安装在声像设备的后面板上，一般使用屏蔽线作为音频信号线与插头连接，传输音频和视频信号。

2. 插接件的检测与维修

插接件的故障种类较多，如印制电路板插座簧片弹力不足、断电器触点表面氧化发黑，造成接触不良，使控制失灵。对电子插接件故障的检查、维修，一般采用更换插接件使之良好接触的方法。

对于插接件，一般采用“换元、测量、比较、分析”的方法来检查与维修。换元：就是一旦发现插接件故障，根据各种故障表现，粗略判断故障出于哪个单元、哪个插接件，然后再用备份插接件替换故障插接件，即可准确判断出故障插接件。测量：确定出故障插接件后，使用延伸插件使底面向上，分别测量故障插接件和好的备份插接件各种引脚的电压或波形，并做好记录。比较：将好的备份插接件记录的数据和故障插接件记录的数据进行比较，可发现故障插接件的哪根引脚与标准数据有差异。分析：找出有差异的电路引脚，顺藤摸瓜，一般较易判断出故障板中的损坏器件，但有时会有多根引脚的电压或波形存在差异，这就需要对电路进行分析，判断故障。

采用“换元、测量、比较、分析”的检查与维修方法，可把问题由大变小，把对整机的故障分析，变为对某一条电路的分析；可以做到有的放矢，避免盲目测试；容易检修，在遇到具体问题时，只需通过“换元、测量、比较”后，对所得到的有差异的引脚电路进行分析；可形成标准化检修插件，如我们事先做好各设备插件在正常情况的各板脚的标准电压或波形的记录，则在插件故障时，只需比较故障插件板脚的电压或波形，即插件板脚数的测试检查点，可大大方便检修，尤其对没有标准测试点或测试点标准值的设备和没有备份插件及两块插件同时故障的情况更方便检修。

插接件检查维修举例。现象：MARKⅡ型航空仪表着陆系统（Instrument Landing System，ILS）下滑台遥控显示正常，而飞机反映无下滑道信号，本地检查发现，在主机工作状态如果去掉发射机 90 Hz 调制信号，主机发射机关闭，但控制单元和遥控器仍维持原显示状态，即绿灯显示，无告警，发射机备机不开启。检修过程如下：

（1）换元，可判断出造成以上故障现象是由于下滑台信号发射机中 $2A_1$ 电路板故障所致；

（2）测量，可测试出 $2A_1$ 板脚 P_1、P_2 的标准电压和故障板脚 P_1、P_2 的电压，数据见表 2.1；

（3）比较，可发现故障板脚的 P_2 的第 1 号板脚在去掉 90 Hz 调制状态为高电位 8.1 V；P_1 第 13 和 14 号板脚在去掉 90 Hz 调制，发射机关闭状态下仍维持低电压；P_1 第 16 号板脚没有出现低电压，一直维持高电位 8.1 V；

表 2.1 航空仪表着陆系统 2A 电路板各板脚电压 /V

状态		板脚																						
		1	2	3	4	5	6	7	8	9	10	11	12	13	14	15	16	17	18	19	20	21	22	23
$2A_1$ 正常时测关机状态 P_1、P_2	P_1	0	7.9	7.9	0	0	0	0	0	11.5	11.5	27	27	8.3	8.1	4.05	8.3	8.3						
	P_2	0	8.3	0	8.3	8.3	0	7.8	0	0	0	0	0	0	0	27	27	0	27	27	27	27	27	0
$2A_1$ 正常时测关机状态 P_1、P_2（主机）	P_1	0	0.7	0.7	0	0	0	0	0	11.5	11.5	27	27	0		4.5	8.2	8.2						
	P_2	0	8.2	0	8.2	8.2	8.2	7.8	0	0	0	0	0	0		27	27	0	27	27	27	27	27	0
$2A_1$ 正常时去掉 90 Hz 瞬间	P_1																0							
$2A_1$ 故障时测关机状态 P_1、P_2	P_1	0	7.95	7.95	0	0	0	0	0	11.5	11.5	27	27	8.1	8.1	4.05	8.1	8.1						
	P_2	0	8.1	0	8.1	8.1	0	7.8	0	0	0	0	0	0	0	27	27	0	27	27	27	27	27	0
$2A_1$ 故障时测关机状态 P_1、P_2（主机）	P_1	0	0.7	0.7	0	0	0	0	0	11.5	11.5	27	27	0	0	4.05	8.1	8.1						
	P_2	0	8.1	0	8.1	8.1	8.1	7.8	0	0	0	0	0	0	0	27	27	0	27	27	23	27	27	0
$2A_1$ 故障时测去掉 90 Hz 调制状态 P_1、P_2	P_1	0	7.95	7.95	0	0	0	0	0	11.5	11.5	27	27	0	0	4.05	8.1	8.1						
	P_2	8.1	8.1	0	8.1	8.1	0	7.8	0	0	0	0	0	0	0	27	27	0	27	27	27	27	27	0
$2A_1$ 正常故障状态测试差异	P_1													*	*		*							
	P_2	*																						

（4）分析，P_2第一号板脚在去掉 90 Hz 调制后为 8.1 V 是关闭发射机的控制电压；P_1第 13 和 14 板脚在去掉 90 Hz 调制发射机关闭状态下，仍维持低电压，但由于此电位是由 $2A_2$ 送出，在此先不作分析；P_1 第 16 号板脚没有出现低电压，即 $2A_1$ 没有输出自动步进电压给 $2A_2$，而此板脚电路为自动步进（AUTOSTEP），即可视为初级电路，经过对此电路的由表及里的检测，可找到 U6A 与非门有故障（可查维修手册控制单元分册图 F0-4），更换 U6 集成块后，机器恢复正常，去掉 90 Hz 调制，监控系统告警，主机关，备机开，检测完成。

2.2 开关识别与检测

航电设备中电子元器件的开关种类较多，包括连动式组合开关、扳手开关、按钮开关、琴键开关、导电橡胶开关、轻触开关、薄膜开关、电子开关等。

检测开关的各种参数，一般考虑检测开关的外观尺寸、功能动作、耐压情况、开关行程、可焊接性、绝缘电阻、接触电阻、开关引脚强度等，通过测得的结果来判断开关性能的好坏。

（1）开关外观尺寸检查。开关的各组成部件应表面无锈蚀和油污、无各种可见损伤、引脚电镀良好、无锈迹、无氧化、无折断、无弯曲。开关的按键部分应光滑、无毛刺、无突起，与本体结合牢固、无松动。开关表面数字或字母标识应清晰、完整。开关的结构与外形尺寸应符合器件规格的要求。

（2）开关功能动作检查。在开关两端加载符合规格书要求的额定电压和额定电流，通过指示灯来检查电路的通断情况。对开关通断导电的检测，可采用数字万用表，把数字万用表调到电路通断（蜂鸣器）挡位，将黑、红表笔分别接入开关的两个接线端，并开、关各一次，如万用表蜂鸣器响表明开关工作正常；蜂鸣器不响，液晶屏显示溢出标志“1”，则说明开关损坏，注意手指不要碰到表笔或开关接线端，防止身体导电造成测试误差。开关的通断应该准确、清晰，操作循环开关动作应顺畅、无卡滞现象，电路转换正常。

（3）开关耐压检查。将 AC 220 V（50 Hz）的试验电压加在开关相邻而不相接的接点间以及接点与其他金属件之间，保持 1 min。试验期间应无击穿、飞弧、损伤、闪烁等现象，且漏电流不超过 0.5 mA。

（4）开关行程检查。在开关动作方向均匀地施加允许的最大按力，用游标卡尺测量行程，测量误差不大于 15%，开关行程应在元器件规格许可的范围内。

（5）开关可焊性检查。将焊接部位浸过助焊剂后，沿轴线方向浸入（235 ± 5）°C 的焊料的熔融焊锡槽中 2 至 3 秒，本体距熔融焊料 1.5 mm，然后用 3 至 10 倍放大镜观察，浸入部分应上锡明亮、光滑，只允许有少量分散缺陷（如针孔不浸润或弱浸润）。

（6）开关绝缘电阻检查。在开关相邻而不相接的接点间以及接点与其他金属件之间施加电压 DC（250 ± 15）V，测量误差应不大于 10%。开关的绝缘电阻一般应大于 100 MΩ。

（7）开关接触电阻检查。用毫欧表测量开关触点接通时的电阻值，加载 DC 20 mV（测试回路的开路电动势）、100 mA，测量引出端的压降，并计算出接触电阻。一般开关接触电阻要求小于 0.03 Ω。

（8）开关引脚强度检查。轻触开关，取开关一根引脚，使样品处于正常安装位置，沿引脚轴向方向加载 9.8 N 的拉力，加载时间为（10 ± 1）s。试验后，引脚应无脱落、破损、开关应能动作。

2.3 电阻识别与检测

1. 电阻器的基本概念

电阻器（Resistor）对电流具有阻滞作用并消耗电能；在频率不太高时，对直流和交流呈现相同的电阻；电阻器主要参数有标称电阻值、精度和功率。

常用电阻器有色环电阻、SMD 贴片电阻和排阻。常见的色环电阻有四环电阻器和五环电阻器（精密电阻），色环标识电阻值的方法如表 2.2、表 2.3 所示。表 2.2 中，若四色为黄紫橙金，表示 47 kΩ，误差为 ± 5%。表 2.3 中，若五色为黄紫黑黄红，表示 4.7 MΩ，误差为 ± 2%。

表 2.2 四色环电阻表示方法

色环颜色	第一环（第一位有效数字）	第二环（第二位有效数字）	第三环（倍乘数）（Ω）	第四环（允许偏差）
黑	0	0	$\times 10^0$	—
棕	1	1	$\times 10^1$	—
红	2	2	$\times 10^2$	—
橙	3	3	$\times 10^3$	—
黄	4	4	$\times 10^4$	—
绿	5	5	$\times 10^5$	—
蓝	6	6	$\times 10^6$	—
紫	7	7	$\times 10^7$	—
灰	8	8	—	—
白	9	9		—
金			$\times 10^{-1}$	± 5%
银			$\times 10^{-2}$	± 10%
本色				± 20%

表 2.3 五色环电阻表示方法

色环颜色	第一环（第一位有效数字）	第二环（第二位有效数字）	第三环（第三位有效数字）	第四环（倍乘数）（Ω）	第五环（允许偏差）
黑	0	0	0	$\times 10^0$	—
棕	1	1	1	$\times 10^1$	± 1%
红	2	2	2	$\times 10^2$	± 2%
橙	3	3	3	$\times 10^3$	—
黄	4	4	4	$\times 10^4$	—
绿	5	5	5	$\times 10^5$	± 0.5%
蓝	6	6	6	$\times 10^6$	± 0.25%
紫	7	7	7	$\times 10^7$	± 0.1%
灰	8	8	8	—	± 0.05%
白	9	9	9	—	—
金				$\times 10^{-1}$	—
银				$\times 10^{-2}$	—

SMD 贴片电阻，本体标识为三码（普通）和四码（精密），三码一般是黑底白字，误差为 ± 5%；四码一般是黑底黄字，误差为 ± 1%；SMD 贴片电阻值的参数标识方法与金属膜色环电阻标识方法相同，比如 102 为 10 × 100 = 1 kΩ。

排阻，又称网络电阻器，是把按一定规律排列的若干电阻封装在一起的组合元件，常见的有单列式（SIP）和双列直插式（DIP）两种。网络电阻器具有体积小、安装方便和一致性好的优点，其参数标识方法与 SMD 贴片电阻相同。并阻（RP）和串阻（RN）是两种常用的排列方式，串阻与并阻的区别是串阻的各个电阻彼此分离的。排阻通常有一个公共端，用一白色或黑色圆点表示。

熔断电阻器又叫保险电阻器，具有电阻器和熔丝的双重特性，主要作用是过流熔断，保护电路。在电路中以"RF"或"R"表示，阻值一般很小，参数的色环识别方法与普通电阻器一样，个别只有一道色环。0 Ω 电阻器常作为跨接电阻，其作用是抗电磁干扰，抗阻尼、辐射干扰。色环电阻类和贴片电阻类都有 0 Ω 电阻器。

另有各种各样的敏感电阻器，按照功能分类为：热敏电阻器、压敏电阻器、光敏电阻器、气敏电阻器、湿敏电阻器等。

2. 电阻器损坏的特点

电阻器损坏以开路为最常见，阻值变大较少见，阻值变小十分常见。碳膜电阻器、金属膜电阻器损坏的特点一是低阻值（100 Ω 以下）和高阻值（100 kΩ 以上）的损坏率较高，中间阻值（如几百欧到几十千欧）的极少损坏；二是低阻值电阻器损坏时往往会烧焦发黑，容易发现，而高阻值电阻器损坏时很少有痕迹。线绕电阻器一般用作大电流限流，阻值不大，圆柱形线绕电阻器烧坏时，有的会发黑或表面爆皮、裂纹，有的没有痕迹。水泥电阻器也是线绕电阻的一种，烧坏时可能会断裂，否则也没有可见痕迹。保险电阻器烧坏时有的表面会炸掉开也可能无异常痕迹。

3. 电阻器的常见故障

电阻器的常见故障表现为短路、断路和阻值发生较大变化。断路，即电阻值无限大，电路不通。短路，即电阻值为零，直接接通。阻值变化，即由于温度、电压、电路的变化超过限定值，使电阻器阻值变大或变小。用万用表检查电阻器，有时可发现电阻器实际值与标称值相差很大，一般都是阻值变大，超过了允许的误差范围，阻值变化无法修复，则只能更换新电阻器。电阻断路故障有引脚折断、松动、脱落、内部断裂等。固定式电阻器多出现内部接触不良等故障，通电时会有微小跳火现象，给电子电器带来杂音、噪声、时通时断等故障。

4. 电阻器的检测方法

使用数字万用表检测前，首先要检查万用表电池。打开电源，液晶屏如显示"+ -"符号，表示电池电量不足，应先更换电池；如没有显示"+ -"符号，表示电池电量充足。测量某一电阻器的阻值时，根据电阻器的标称电阻值选择适当电阻档位，红黑表笔分别接电阻器两端，根据测量读数调整到能测出该电阻值的最小档位，此时测量值最为准确。万用表读数与标称阻值对比，二者之间误差符合误差标准者为合格。若显示为溢出标志"1"可判断电阻器断路，必须更换新电阻器。熔断电阻器的检测方法与普通电阻器相同，如果怀疑电路中的熔断电阻器损坏开路，可先从外观上辨别，若有烧焦现象，则可判断负载过重，轻度过载造成的损坏可能表面没有痕迹，需要借助万用表检测。用万用表测量判断各种敏感电阻器性能的思路与测量普通电阻器基本相同，可测量正常条件下的阻值和施加敏感源变量条件下的阻值，通过比较判断电阻器的好坏和特性。

注意事项：为防止人体电阻并入影响测量准确性，测量时手不要触及表笔或电阻器导电部分；电阻器不能在路测量，在路电阻器需焊开至少一个端头才能测量；使用 200 MΩ 量程测量前，先短接两表笔，读得读数约 1.0 MΩ，最后在测量的读数中减去该值才是实测值；测量时若显示“1”，表示量程太小，逐步增大量程至显示正常测量值即可，另外也有电阻器开路损坏的可能。在使用电阻器时最好先用万用表测量其阻值后再使用。

5. 接地电阻的检查

接地电阻阻值一般较小，比如飞机上搭接电阻，其电阻值就非常小，并且测试环境要求极其苛刻，所以测试与检修飞机搭接是否牢靠是一个非常难的技术活。经过大量极具挑战性的试验后，TEGAM 公司生产的本安防爆型微欧计/搭接电阻测试仪 R1L-E2A 被挑选出来作为美军战机 F-35 的标准配备搭接/接地电阻表。R1L-E2A 是用于在易燃易爆环境下测量低阻值的数字式可携微欧计，它采用了四线技术来消除连接电缆带来的误差，仪器读数在 3 1/2 位 LCD 显示器上显示出来，显示范围 1.999 至 199.9；在低亮度环境下可以按下前面板的 LCD 背灯开关；在电量低时，LCD 显示器上会显示“LO BAT”；在超过使用范围的情况下会在空白后显示 1；前面板上有电源开关和转动的全范围欧姆值选择开关；该仪器提供 5 个测量范围，通过 5 个彩色编码接线柱进行连接测量，在测试中接线柱既可以通过导线与电阻连接，也可以使用手柄式测试探头。

6. 电位器的检查

电位器是一种连续可调的电阻元件，按不同的标准可分为旋转式、直滑式、步进式、线绕多圈式、有触点式、无触点式、线性电位器、指数式电位器、普通型电位器和精密型电位器等。单联的一般有三个引脚：一个滑动端，两个固定端。带开关的外加两个引脚共五个引脚。电位器主要参数有标称阻值、允许偏差、额定功率和噪声等。电位器开关结构损坏故障一般有三种：关不断或开不通；开关部件脱落；接触不良，通断不灵。

检查电位器旋柄滑柄活动是否平滑流畅、阻尼适当；测量定触点两端电阻值，与标称值相比较，误差应在许可范围内；万用表一表笔接滑动端，另一表笔接任一固定端，转动旋柄或滑柄，观察万用表示数，应在 0 到标称阻值之间均匀变化（线性电位器），若示数有较大的跳动，表明触点有接触不良故障。

若是带开关的电位器，则要先检查开关是否正常，万用表置电路通断挡位，两表笔分别接两个开关引脚上，旋柄拧到“开”位时，蜂鸣器响，表示开关接通良好；旋柄拧到“关”位时，蜂鸣器不响，液晶屏显示溢出标志“1”，表示开关关断可靠。

2.4 电容识别与检测

1. 电容器的基本概念

电容器（Capacitance）是一种存储电荷的器件，理论上不耗电，实际上对信号存在各种损耗。电容器的主要特点是隔直流通交流，对交流也存在一定的阻滞作用，阻滞能力大小用容抗 X_c 表示，X_c 与交流电频率 f 和电容器本身容量 C 成反比，在信号频率不变时，容量越大，容抗就越小；在电容量不变时，一定频率范围内，信号的频率越高，容抗越小。电容的充电和放电都需要一个过程，电容器两端电压 V 是不能突变的，它与电容器所存储的电荷量 Q 成正比，而与电容器容量 C 成反比。

电容器的主要参数有标称容量、容量误差、额定工作电压（耐压）、频率特性等。电容器的作用主要有：信号耦合、隔直通交、旁路、退耦、滤波、谐振、保护、自举、补偿等。

电容器按电容量是否可调分为固定电容器和可变电容器两大类；按极性也可分为有极性电容器和无极性电容器；或者分为普通电容器和 SMT 电容器。固定电容器按介质材料不同，又可分为金属化纸介质电容器、聚苯乙烯电容器、涤纶电容器、玻璃釉电容器、云母电容器、瓷片电容器、独石电容器、铝电解电容器、钽电解电容器等。

电容器容量基本单位是法拉（F），实际应用中常用微法（μF）、毫微法（nF）和皮法（pF）作单位；它们之间的换算关系是：$1\ \text{F} = 10^6\ \mu\text{F}$，$1\ \mu\text{F} = 1\ 000\ \text{nF}$，$1\ \text{nF} = 1\ 000\ \text{pF}$。电容器容量标识方法有两种：一种是直标法，如 100 pF 的电容器上印有“100”字样；2.2 μF 的电容器上印有“2.2 μ”或“2μ2”字样。另一种是三位数码表示法，单位为 pF；三位数字中，前两位是有效数字；第三位是倍乘数，即表示有效数字后有多少个“0”。第三位为 0 ~ 8 时分别表示 $10^0 \sim 10^8$，而 9 则是表示 10^{-1}。例如：103 表示 $10 \times 10^3 = 10\ 000\ \text{pF} = 0.01\ \mu\text{F}$；229 表示 $22 \times 10^{-1} = 2.2\ \text{pF}$。没有合适容量值的电容器可用时，可将若干电容器并联或串联使用，最好采用同型号容量的电容器进行串并联。若干电容器并联后，其总容量值等于各电容器容量之和。若干电容器串联后，其总容量值的倒数等于各电容器容量倒数之和。

2. 电容器的检测

电容器的好坏识别可用万用表的电阻档检测。万用表置适当电阻档，电解电容器先放电，然后红黑表笔各接一引脚，如果液晶屏示数从“0”开始逐渐增大至溢出标志“1”出现，说明电容器是好的；若显示始终为“0”，说明电容器内部短路损坏；若显示始终为溢出标志“1”，说明电容器内部开路损坏，或者所选电阻档过小，导致几乎观察不到充电过程，应更换更大的量程进行测量。同一档位，显示从“0”到溢出标志“1”的时间越长容量越大。电阻档大小的选择应遵循容量小档位大、容量大档位小的原则，以便有足够时间观察电容器充电过程，而又不至于等待太长时间。

电容器的耐压值是选用电容器的重要依据之一。以电解电容器为例，同样容量有点耐压值就很低，耐压值的大小关系到电路能否安全工作。如果在实际应用中，电容器端电压超过了耐压值，很可能会击穿、爆炸。

电容器安装注意事项：安装有极性电容器特别是电解电容器时，注意极性不能接反，否则很容易击穿、爆炸，高温电解液炸裂出来会对人造成伤害。电容器引线不要过长或过短。

需要折弯引线时，不可齐根部折弯，以防折断。在电路板上可以采用卧式安装，也可以采用立式安装，同时应注意使电容器标识面朝向便于观察的方向，以便检测与维修。

可变电容器由两组金属片组成电极，其中一组固定不动为定片，另一组安装在旋轴上可以旋转为动片。定片与动片之间的介质有空气介质和固体介质两类。常见的可变电容器有：空气单连可变电容器、空气双连可变电容器、小型密封单连可变电容器、小型密封双连可变电容器、瓷介微调电容器等。可变电容器动片的旋转角度通常为 180°，动片全部旋入定片时容量最大，全部旋出时容量最小。按容量随动片旋转角度变化的特性，可变电容器可分为直线式、对数式等。双连可变电容器的两连容量可以相等（等容式），也可以不等（差容式）。可用数字万用表低阻档检测可变电容器是否存在短路故障：万用表置 200 Ω 或 2 kΩ 档位，红黑表笔分别接可变电容器的两端引线，来回旋动可变电容器的旋柄，万用表显示始终为溢出标志“1”，说明电容器两端没有短路。如旋转到某处万用表出现示数，说明可变电容器有短路现象，不能使用。对于双连可变电容器，应对每一连分别进行检测。可变电容器（包括微调电容器）在使用中必须将其动片接地，以避免调节时的人体感应，提高电路的抗干扰能力和工作稳定度。

2.5 电感器和变压器的识别与检测

1. 电感器和变压器的基本概念

电感器是一种储能元件，由漆包导线绕制而成，有的还加上铁芯或磁芯、骨架等共同组成，具有阻交流通直流的特点。电感器在电路中主要有以下作用：滤波、耦合、谐振选频、阻抗变换、抗干扰（扼流圈）等。 电感器的种类特别多样化，按不同标准分有空心、铁芯、磁芯、固定、微调、贴片、微带线、带抽头电感等类型电感器，一般都是两根引脚，无正负极性之分，带抽头电感器（自耦变压器）有三根引脚。变压器也是电感类器件，主要作用是变压、阻抗变换等。由铁芯、初级次级线圈、骨架以及静电屏蔽层组成，至少有四根引脚。

电感器参数主要有电感量、品质因数 Q、额定电流、允许偏差、固有电容等。变压器参数主要有电压比、效率、额定电压、额定功率、工作频率等。

标称电感量的几种标识方法：

（1）直标法。直标法是将电感量以数字直接标注在电感器外壳上，固定电感器除了电感量外，还标出允许偏差和额定电流。

（2）色标法。色环电感器通常有四个色环，第一、第二条为有效数字，第三条为倍率，最后一条表示允许偏差，色环含义均与色环电阻器一样，默认单位为微亨（μH）。色环电感器与色环电阻器外观很相似，使用时注意区分：一般而言，色环电感器较粗短，色环电阻器较细长。

（3）其他方法。有的将标称电感量标注在电感器上，如 221，其识别方法与电容器的三位数识别方法一样，单位默认为微亨（μH），识别为 22×10^1 μH = 220 μH；有的采用三位数字加一位字母，字母表示允许误差，单位默认为皮亨（pH），如 221 J，识别为 220 pH，误差 ± 5%；有标为 2R7J 的，识别为 2.7 pH，误差 ± 5%。

选用电感器时，若工作电流较大，应重点关注额定电流参数，防止电感器过流损坏；如果用于振荡电路，则主要应关注电感量的偏差和品质因数 Q 值，因为它们关系到振荡频率的准确度和电路的品质因数。另外，如果电感中电流发生突变，电感器会产生相反的感应电动势试图维持原电流，突变越大，感生电动势越大，这一特性会对有些电路造成危害，所以必须设计合理的保护电路来泄放感应电流，消除不利影响。

2. 电感器和变压器的检测

电感器检测，数字万用表置电阻 200 Ω 档位，测电感线圈阻值，色环电感一般应有几十欧姆。

变压器检测，首先是检查外观：绕组引线是否脱焊连接不牢靠、铁芯是否松动、硅钢片有无锈蚀情况、绝缘材料是否烧焦、漆包线圈有无漆皮脱落现象等。其次数字万用表检测绝缘性能，万用表置电阻 20 MΩ 或 200 MΩ 档位，测不同绕组之间电阻值、铁芯与各个绕组之间电阻值，万用表显示始终为溢出标志“1”，说明各部分之间绝缘良好，若示数小于 10 MΩ，表明绝缘性能变坏。最后，测量各绕组线圈阻值，初级线圈阻值在几十到几百欧姆、次级线圈阻值在几欧到几十欧姆之间为正常。

2.6 二极管识别与检测

1. 二极管的基本概念

二极管（Diode）是由单一 PN 结构成的半导体器件，主要分为整流二极管、稳压二极管、快恢复二极管、肖特基二极管、发光二极管、光敏二极管等数种。普通二极管的主要特性是单向导电性，即电流只能从二极管正极流向负极。二极管在正向导通时有一个门槛导通电压，当正向电压小于此值时二极管几乎不导通，硅管的门坎电压为 0.5 ~ 0.7 V，锗管为 0.1 ~ 0.3 V。二极管一旦导通后，其管压降基本不变；正向电流增大，管压降也随着增大；工作温度增高，管压降有所减小。发光二极管的工作电压，按不同颜色分在 1.5 ~ 3 V。

二极管参数主要有额定正向工作电流、最高反向工作电压（耐压）、反向击穿电压、功率等。二极管主要应用于整流、检波、隔离、保护、限幅、简易的稳压、温度补偿、偏置等。

二极管的标识举例：国产 2AP9：2 表示是二极管，A 表示二极管的半导体材料（A 为 N 型 Ge，B 为 P 型 Ge，C 为 N 型 Si，D 为 P 型 Si），P 表示器件类型型号（P 为普通）。

二极管的极性识别比较简单，小功率二极管的 N 极（负极）端大多数有一个银色或黑色的色环，也有二极管采用标识“P”“N”来确定极性。发光二极管的正负极可从引脚长短来识别，长脚为正，短脚为负。点接触二极管的外壳上通常有极性色点（白色或红色），一般标示有色点的一端即为正极。高频变阻二极管的色标与普通二极管负极端为银色黑色色环不同，高频变阻二极管的色标颜色一般为绿色，即带绿色色环的一端为负极，二不带绿色色环的一端为正极。常见的红外接收二极管的外观颜色为黑色，在管体上顶端有一个小斜切面，带此小斜切面的一端管脚为负极，另一端为正极。

2. 二极管的检测

可用数字万用表测试判别二极管正负极、管型和好坏，万用表置于二极管/电路通断档位，需要测两次：红黑表笔分别接二极管两引脚测一次，交换方向再测一次。

（1）若测得示数为几百到一千、两千多（正向导通电压值，普通硅二极管为 500 ~ 700 mV，普通锗二极管为 100 ~ 300 mV。对于 LED 则为 1 500 ~ 3 000 mV），如果是 LED 同时还会发光，则接红笔端为二极管的正极，接黑笔端端为二极管的负极；

（2）在前面测量的基础上，交换方向再测时显示溢出标志“1”，如果是 LED 此时不发光。同时得出结果 1 和 2，表示二极管是好的，并可根据导通电压判断是硅管还是锗管。若两次测量都显示溢出标志“1”，表示二极管内部断路；若测量听到发出蜂鸣声，则表示二极管内部击穿短路了。

2.7 三极管识别与检测

1. 三极管的基本概念

三极管是一种由两个 PN 结构成的半导体器件，它有三个电极，分别是基极 B，集电极 C，发射极 E。三极管有三个工作区：截止区、放大区、饱和区。放大区具有电流放大作用，是线性变化的；截止区和饱和区特性是非线性的，处于开关特性状态。当三极管处于截止状态时，集电极与发射极之间内阻很大，相当于断开状态。当三极管处于饱和状态时，集电极与发射极之间内阻很小，相当于接通状态。三极管分为 NPN 和 PNP 两种。三极管放大电路有共基极、共集电极、共发射极三种电路连接方式。三极管主要应用于信号放大、开关电路、控制电路中。三极管主要可分为普通三极管、达林顿管、带阻尼三极管、带阻三极管等种类。

三极管的封装形式有金属封装和塑料封装两大类。对于金属封装三极管，底视图如图 2.1 所示，使三个引脚构成等腰三角形的顶点，从左向右依次为 E、B、C；对于塑料封装三极管使其平面朝向自己，三个引脚从左到右依次为 E、B、C。

图 2.1 三极管

2. 普通三极管的类型和极性判别测试

可用数字万用表二极管挡位判别：判断基极 B 和管型时，万用表置电阻档，先将红表笔接某一假定基极 B，黑表笔分别接另两个极，如果电阻均很小（或很大），则假定的基极是正确的。基极 B 确定后，红笔接基极，黑笔分别接另外两个电极时测得的电阻均较小，则此管为 NPN 型三极管，反之为 PNP 型。若被测管为 PNP 型三极管，假定红笔接的是 C 极，黑笔接的是 E 极。用手指捏住 B、C 两极（或在 B、C 间串接一个 100 kΩ 电阻，但不要使 B、C 直接接触），若测得电阻较小，则红笔接的是集电极 C，黑笔接的是发射极 E。如果两次测得的电阻相差不大说明管子的性能较差。按照同样方法可以判别 NPN 型三极管的极性。

利用数字万用表测量三极管的电流放大倍数 β，将数字万用表置于 hFE 档，对 NPN 三极管，将发射极 E、基极 B 和集电极 C，分别插入管插座 NPN 边的 e、b 和 c 孔中，显示器显示的数字即是三极管的电流放大倍数 β。对 PNP 三极管，同样将发射极 E、基极 B 和集电极 C，分别插入管插座 PNP 边对应的 e、b 和 c 孔中，显示器显示的数字即为电流放大倍数 β。

三极管故障主要表现为开路、短路、噪声变大、放大倍数变小、穿透电流变大、反向耐压变小等。

（1）三极管开路故障，是指 B-E 极、B-C 极、C-E 极之间断开不能导通电流。三种极间开路后的具体故障现象不同，但电路中有关点的直流电压大小发生了改变是相同，测试直流电压变化可以做出判断。

（2）三极管击穿短路故障表现为 C-E 极短路、B-E 或 B-C 极间短路三种，最常见最主要还是 C-E 极间击穿短路。三极管发生击穿短路故障后，电路中有关点的直流电压发生改变，简单测试可判断。

（3）三极管工作时正常情况下噪声很小，一旦发现三极管本身噪声增大，发出“咔咔”或“嘶嘶”声时，即出现噪声大故障。双极型晶体管的噪声来源主要有三种，即热噪声（Johnson 噪声）、散粒噪声和闪变噪声（1/*f* 噪声），其中热噪声和散粒噪声都是与频率无关的白噪声，而 1/*f* 噪声只有在低频下才起重要作用。JFET 型三极管的噪声来源有三种，即沟道热噪声（它属于与频率无关的白噪声）、诱生栅极噪声（属于热噪声，在高频时比较重要）、扩散噪声（在微波 MOSFET 中可起主要作用）。MOSFET 型三极管的噪声来源有三种：沟道热噪声、诱生栅极噪声、1/*f* 噪声。在不同频段，MOSFET 型三极管的噪声成分不同；在低频段，主要是 1/*f* 噪声；在高频段，主要是诱生栅极噪声和热噪声；在中间频段，则主要是热噪声。

（4）三极管放大系数变小。在长期使用中，放大系数都会自然变小，极易导致三极管发热，造成高温烧毁，出现此情后，应立即更换三极管，特别是大功率三极管更容易出现这种情况。

（5）三极管穿透电流变大。三极管内粒子长期运动，会使掺杂物质发生慢性变化，引起穿过 PN 结阻挡层的载流子数量增多，形成穿透电流变大，这属于三极管变质情况，将直接导致三极管工作稳定性差，总电流变大，甚至形成高温烧毁。故应选用穿透电流较小的三极管。穿透电流变大后，极间电阻明显变小，出现极间反向耐压变小。反向耐压参数一旦变小，该三极管就不能再用了。

2.8 集成电路模块识别与检测

集成电路模块，就是将所需的二极管、三极管、电阻、电容和电感等元件及布线互连一起，制作在一个半导体硅基片上封装在一个管壳内，集成为具有一定功能的微型电子部件。它具有功耗小、性能稳定、体积小、方便批量生产、成本低、应用广泛等特点。集成电路内部各级电路之间一般采用直接耦合，内部不制造较大的电容与电感，需要时采用外引脚外接。

1. 集成电路的故障表现

集成电路的故障主要表现为烧坏、引脚折断或引脚虚焊、增益严重下降、噪声大、内部局部电路损坏。

（1）集成电路烧坏一般是过电压或过电流引起的。集成电路模块烧毁或烧坏，情况严重可以闻到焦糊味或器件表面烧黑，情况较轻，器件模块可能会烧出一个小洞或一条小裂纹；对于烧毁或烧坏故障，一般只能采用更换同型号新器件维修。

（2）如果集成电路的引脚过细，容易在维修中不小心折断；另外由于焊接质量问题，虚焊也很常见，需要用放大镜仔细检查才能发现，或通电测试也可以发现问题。

（3）增益严重下降，通过加载输入激励信号并同时比对测量输入/输出信号幅度，或某些引脚的直流电压会发生显著变化，可发现增益严重下降，这时需要更换器件来实现维修。对于轻微的增益下降软故障，一般检查仪器难以发现，可以采用减小负反馈量的办法补救。

（4）如果集成电路噪声过大，会影响信号的正常放大和处理。如果出现噪声过大故障，某些引脚的直流电压会与正常时有较大差异。

（5）如果出现内部局部电路损坏，相关引脚的直流电压与正常时相比有显著变化，经过测试容易发现。对于内部电路故障，需要更换同型号器件完成维修。

2. 集成电路的检测方法

集成电路模块常用检测方法有在线测量法、非在线测量法和替换法。

（1）在线测量法是利用电压测量法、电阻测量法及电流测量法等，通过在电路上测量集成电路的各引脚电压值、电阻值和电流值是否正常，来判断该集成电路是否损坏。在实际修理集成电路模块中，通常先采用在线测量，先测量其引脚电压，如果电压异常，可断开引脚连线测接线端电压，以判断电压变化是外围元件引起，还是集成块内部引起。也可以采用测外部电路到地之间的直流等效电阻（$R_{外}$）来判断，通常在电路中测得的集成块某引脚与接地脚之间的在路直流电阻，实际是$R_{内}$与$R_{外}$并联的总直流等效电阻。在修理中常将在路电压与在路电阻的测量方法结合使用。有时在路电压和在路电阻偏离标准值，并不一定是集成块损坏，而是有关外围元件损坏，使$R_{外}$不正常，从而造成在路电压和在路电阻的异常。这时便只能测量集成块内部直流等效电阻，才能判定集成块是否损坏。

（2）非在线测量是在集成电路未焊入电路时，通过测量其各引脚之间的直流电阻值与已知正常同型号集成电路各引脚之间的直流电阻值进行对比，以确定其是否正常。

（3）替换法是用已知完好的同型号、同规格集成电路来代换被测集成电路，可以判断出该集成电路是否损坏。

3. 集成电路模块维修

集成电路模块维修中，可以通过测试集成电路模块的最基本的参数确定是否超界判断集成电路模块是否损坏，其中，静态电流对集成电路故障检测有重要意义。静态电流是指集成电路信号输入引脚不加输入信号的情况下，电源引脚回路中的直流电流，每一个集成电路模块静态电流都有典型值、最小值和最大值。如果测得集成电路模块的直流工作电压正常，且集成电路模块的接地引脚已经可靠接地，当测得静态电流大于最大值或小于最小值，则说明集成电路发生故障。运算放大器类的集成电路模块有开环增益和闭环增益指标，也存在典型值、最小值和最大值。在加载输入激励信号情况下，检查运算放大器类的集成电路模块的开环增益和闭环增益，只要用数字示波器查看激励信号与输出信号的增益是否超界，即可发现运放类集成块是否损坏。功放类集成电路模块存在最大输出功率指标，也存在典型值、最大值和最小值。当用平均功率计和峰值功率计测试集成块输出的最大输出功率不足，可以顺藤摸瓜测得集成电路模块某些引脚的直流工作电压发生异常变化，循迹可能找到故障部位。

对于集成电路模块内部故障，需要专门测试人员和专用测试台和测试工具完成。国内的宜特科技公司具有集成电路模块内部故障检查与修复能力。宜特科技采用聚焦式离子束（FIB）显微镜用于集成电路检查与修改技术。FIB 利用液相镓金属的离子源，照射于样品表面以取得影像或去除物质。此种功能与 FESEM（场放射性扫描电子显微镜）相似，但 FIB 利用镓离子撞击样品表面。搭配有机气体有效的选择性蚀刻与沉积导体或非导体。其主要应用于集成电路线路修改、局部横切面、晶粒相差特性分析等。FIB 在集成电路模块表面使用 FIB 形成导电孔及导电垫子，再利用特殊接合方式使导电垫子连接金属导线，以形成导电路径，此种连接方式应用的范围很广，最常用者分成下列三项：① 低电阻联机：使用宜特 N-FIB 在集成电路模块表面上联机的电阻小于 100 Ω，这是传统 FIB 无法做到的。这样小的电阻，相对于联机两端的导电孔洞的电阻是几乎不重要的，因此在估算整个联机的电阻时，以孔洞阻值为主要因子，孔洞的电阻依金属沉积质、金属层布局图可挖开的大小及深度有关，可依样品的状况先推算出预估的阻值；② 信号引出：凭借由金属银线将目标点信号引出进行验证测试。因为整个联机路径的电阻、电感较使用探针小而且稳定度较高，因此有不少集成电路设计者采用此方法替代传统的探针测量；③ 可加入被动组件：利用宜特 N-FIB 可以直接在集成电路表面放入多种规格的电阻、电容，集成电路设计者使用此种应用，在设计除错的工作上更加得心应手或在集成电路维修检查过程中得心应手。

2.9 陀螺的检测与排故

1. 陀螺的基本概念

陀螺（Gyroscope）分类为刚体转子陀螺、激光陀螺、光纤陀螺、低温超导陀螺等。陀螺仪主要用于测定姿态角度，角速度，航向方位等。根据其用处不同，陀螺仪又可分为速率陀螺仪、陀螺方向仪、陀螺姿态仪；速率陀螺仪主要用来测量被测物体转动的速度以此推算出相应的数据；陀螺方向仪用来测量飞机的航向方位；陀螺姿态仪通过陀螺建立人工地垂线来测量飞机的倾斜与俯仰姿态。

飞机上使用的新型陀螺有激光陀螺、光纤陀螺、微机电系统（MEMS）陀螺。集成微机电系统（iMEMS）陀螺仪是军用飞机上使用的最新一代的陀螺仪。美国 ADI 公司研制的 iMEMS 陀螺仪在严苛的工作条件下比其他陀螺仪的可靠性高、功耗低、易于使用、尺寸小、成本低；iMEMS 陀螺仪内核采用独特的表面微机械加工工艺，通过在同一硅片上集成微机械单元和电子单元电路，提高了传感器的性能，使陀螺尺寸和重量达到更小数量级。

小飞机上常使用刚体转子陀螺如图 2.2 所示，它由外壳、外环、内环、外环轴、内框轴、转子、转子轴等构成。刚体转子陀螺的主要特性有进动性（Precession）和稳定性（Rigidity），这两种特性都是建立在角动量守恒的基础之上的。陀螺进动角速度 ω 大小，取决于陀螺自转角速度 Ω、外力矩 M 和转子对自转轴的转动惯量 J 的大小，以及陀螺自转轴偏离外框轴垂直面的夹角 θ 的大小。

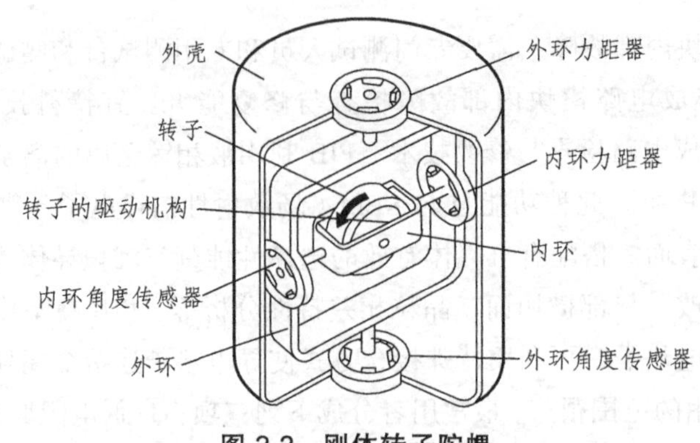

图 2.2 刚体转子陀螺

$$\omega=\frac{M}{J\Omega\cos\theta} \tag{2.1}$$

从式（2.1）来讲，陀螺转子转动角速度 Ω 和转动惯量 J 越大、外力矩 M 和夹角 θ 的越小，陀螺进动角速度 ω 越小，陀螺的稳定性越好，进动性就越小；反过来，陀螺自转角速度 Ω 和转动惯量 J 越小、外力矩 M 和夹角 θ 的越大，陀螺进动角速度 ω 越大，陀螺的稳定性越差，进动性就好。

2. 陀螺的检测与排故

刚体转子陀螺可用 36 V 或 24 V、400 Hz 交流电驱动，电动陀螺地平仪如图 2.3 所示，其转子转动速度 Ω 可达到 20 000 ~ 24 000 r/min。该型陀螺上电前要用仪表右下角的控制手柄“Pull To Cage”给电动陀螺上锁使陀螺转子轴、内框轴、外框轴三轴垂直达到最好的稳定状态，当电动陀螺转速达到额定转速，仪表右上角的红色条状警告收起，则松开手柄“Pull To Cage”，使陀螺处于稳定状态。当转子轴偏离当地地垂线后，利用电动陀螺自身的进动性修正，可使电动陀螺转子轴重新回到当地地垂线，使仪表指示的俯仰角度和倾斜角度正常；在停电停止使用电动陀螺，需要给手柄“Pull To Cage”上锁，等电动陀螺完全停转再开锁。如果电动陀螺出现故障，听其转动的声音可以明显感觉到电动陀螺转速下降；另外配合眼睛观察，当转速下降到一定程度，图 2.3 所示电动地平仪仪表表面右上角将会出现红色警告旗，表明该仪表姿态指示不正常，电动陀螺工作不正常。拆下电动陀螺检查前，在线检查是否供应的交流电源电压不足或频率发生改变；如果排除交流供电电源问题，则拆下电动陀螺查看三相电气线路中是否有一相或多相断线或接触不良；如果排除三相电气线路问题，则查找转子电动机电枢转子绕组和励磁定子绕组电气线路是否有接触不良或断线，找到可能的定子绕组励磁电压下降问题或转子绕组的电阻改变等问题；对应器件予以更换同型号航空用器件，保证电动陀螺恢复正常，经过测试，电动陀螺各项工作参数符合维修手册要

图 2.3 交流电驱动的刚体转子陀螺姿态仪

求后，须请有经验和资质的机务放行人员判断是否可以放行，之后再将维修后电动陀螺重新装上飞机使用。

气动地平仪和气动方向仪（也称气动陀螺半罗盘）中的刚体转子陀螺是用高速气流驱动的，如图 2.4 所示，其气动转子转动速度 Ω 可达到 17 000 ~ 20 000 r/min。气动陀螺在小飞机上有广泛应用，陀螺包装在一个封闭的容器内，陀螺转子上开有顺风槽，一般由飞机发动机驱动真空泵为陀螺转子提供 4.5 ~ 5.5 inHg（英寸汞柱）（真空度计上标识为绿色区）的真空气压源。座舱的大气通过中央过滤器经过管路进入转子室，吹向陀螺转子上的顺风槽，使陀螺转子高速转动。气动陀螺转子是一个"月牙"形涡轮，仪表壳体是密封的，通过管路与真空泵（真空系统）相连。转子室的前后左右有四个修正器气门与仪表壳体内相通。在真空泵提供的真空气压源作用下，转子室的空气入口与仪表壳体内的空气压力之间存在一个差值，从而使转子室内的空气产生高速流动，形成一个可三自由度旋转的气动陀螺。

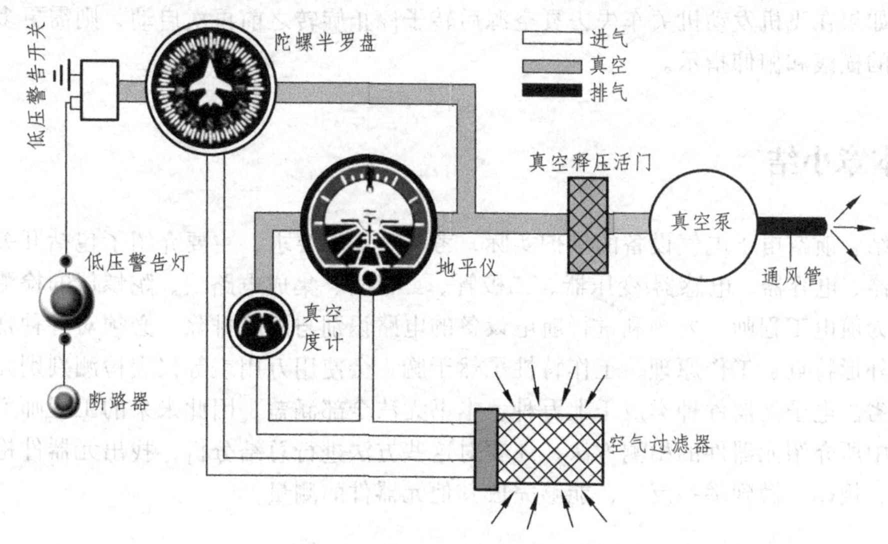

图 2.4　高速气流驱动的刚体转子陀螺姿态与航向系统

气动地平仪的地垂修正器采用的是气流修正器。修正原理是利用了三自由度陀螺进动性，即：转动方向（角速度矢量方向）与外力矩矢量方向相互垂直的基本特性。当自转轴偏离地垂线时，会在气流的作用下产生一个使陀螺转子自转轴恢复到地垂线上的修正力矩。

在对气动地平仪的工作性能有所怀疑时，或在对其进行修理前、修复后，可使用陀螺仪表专用测试设备对其工作性能进行全面的检测。只有通过检测性能合格的机件，才允许装机使用。气动地平仪的性能检测内容有（参数值为典型值）：

（1）陀螺转子的启动气压应≤2.0 inHg。

（2）用 4.5 inHg 气源启动，至转子正常工作的时间应≤3 min。

（3）输入气压 4.5 inHg，使摇头试验器以 7.5° 的倾角、5 ~ 7 r/min 的速率进行三轴振动，工作 10 min 后，观察仪表在俯仰方向上的指示误差应为 ± 1°。以同样的方式，观察仪表在倾斜方向上的指示误差应为 ± 1°。

（4）使摇头试验器以 18°/sec 的速率水平转动 180° 后，观察仪表在俯仰方向上的指示误差应为 ± 6°。以同样的方式，观察仪表在倾斜方向上的指示误差为 ± 1°。

（5）恢复试验台至水平，5 min 后，观察仪表在俯仰方向上的漂移角度数应≤2°。以同样方式，观察仪表在倾斜方向上的漂移角度数应≤1°。

（6）输入稳定的气压源 4.5 inHg，此时观察流量计的指示值应为≤127.5 L/hr。

气动陀螺故障外场排故应注意的事项有：

（1）真空系统提供了使地平仪中的转子运动所需的空气量。真空系统工作不正常会导致地平仪工作不正常。所以，除非是明显的故障（如不能直立、飞转或水平杆位移较大），否则应在检查真空系统证明其良好后才能更换仪表。

（2）达到正常的真空度要求后至少 3 min，陀螺转子正常旋转才能使地平仪工作正常。

（3）地平仪的陀螺转子在系统失去真空后还能继续旋转约 15 min。当转子的转速下降，在横滚和/或俯仰指示可以看到相应的改变。在系统失去真空后陀螺转子将保持横滚和/或俯仰指示直到系统重新启动。

（4）如果在飞机发动机关车失去真空源后转子停止旋转之前再次启动，则需更多的时间得到正确的横滚和俯仰指示。

2.10 本章小结

本章结合航空电子电气设备的维护实际，考虑适航的要求，主要介绍了包括开关、插接件、电阻器、电容器、电感器/变压器、二极管、三极管、集成电路块、陀螺仪的检测与识别方法。作为航电工程师，要顺利进行航电设备的电路识别与故障排除，必须对各种常用电子元器件的外形特点、工作原理、工作特性了然于胸，会使用万用表等仪表检测判别元件好坏与性能优劣。电子元器件种类成千上万种，本书无法全部涵盖，因此未来的工程师不仅要熟练掌握书中所介绍元器件的检测方法，还要对这些方法进行总结分析，找出元器件检测的一般性方法、规律，做到举一反三，能够完成其他元器件的测量。

参考文献

[1] 张黎娟. 民用航空器电子仪表设备维修技术与方法研究[J]. 电子质量，2016（1）：23-25.

[2] 刘宇通. 常用电子元器件的检测方法和技术[J]. 仪表技术，2012（4）：46-49.

[3] 马雷，邱传良，刘佳，常用电子元器件损坏特点及检测方法[J]，机械管理开发，2012（4）：120-121.

[4] 夏桂书. 电工电子实验教程[M]. 成都：西南交通大学出版社，2014.

[5] 朱新宇，胡焱，沈家庆，等. 民航飞机电子电气系统[M]. 成都：西南交通大学出版社，2016.

[6] 刘德胜. 某典型航空气动地平仪及其使用维护[J]. 科技风，2013（6）：167-168.

3 数字电路故障诊断方法

3.1 数字电路故障诊断概述

以数字集成电路为核心的航电设备微电子电路中，由于设备中的电路规模庞大且十分复杂，设备中任何一个数字电路块的故障都可能导致部分功能失效或整个设备功能失效，所以高效的数字电路故障诊断技术值得深入研究。

数字电路产生故障的原因很多，主要包括客观故障和主观故障两种。客观故障包括电子元件的参数发生变化，电子器件等的不良接触如插件的松动、焊点被氧化、焊接不牢靠等，信号线的损坏如受潮和大电流导致信号线经常出现短路、烧损、断路等，工作环境恶劣如潮湿、高温、光照、射频电磁场辐射等环境问题。主观故障包括数字电路组合装配不合适，线路连接故障如短路、开路等。

常见的数字电路故障主要有：固定型故障、桥接故障和暂态故障等。固定型故障主要是指电路中某一根信号线上的信号的不可控性，即在设备运行中永远固定在某一个数值上，如果信号固定在逻辑高电平上，称之为 s-a-1 故障；如果信号固定在逻辑低电平上，称之为 s-a-0 故障。桥接故障主要是指电路节点间短路故障。桥接故障常见的有两类：元件输入端之间的桥接故障和输入端与输出端之间的反馈式桥接故障。暂态故障又称为软故障，多是由于器件本身或电路在某一方面的容限太小而引起的一种电路不稳定现象，如器件老化、性能减退所出现的不规则的暂态故障，或因环境潮湿、较强的电磁辐射、电源的干扰等造成的暂态故障。多数暂态故障最终会发展成为固定型故障。暂态故障由于它的随机性和偶发性，分析和诊断都比固定型故障困难。

1959 年，Eldred 提出了第一篇关于解决两级以内的组合电路的测试报告，应用于第一代电子管计算机 Datamatic-1000 的诊断中，从此揭开了数字电路故障诊断的序幕。1966 年，Armstrong 根据 Eldred 的思想提出了一维通路敏化的方法，主要针对多级数字逻辑门电路中寻找一条从故障点到可及输出端的敏化通路，使得在可及输出端可以观察到故障信号。1966 年 Roth 提出的 D 算法，D 算法证明了在任何一个非冗余的组合逻辑电路中任何单故障都可以用 D 算法找到它的测试矢量。Roth 提出的 D 算法在理论上使组合电路故障诊断达到了最高点；但在实际应用中因其计算量十分浩大，对大型复杂电路很难付诸实施。1968 年，Yau 和 Sellers 等提出了布尔差分算法，Thayse 提出的布尔微分算法，虽然在实际使用中都存在一定的困难，但它们使通路敏化的理论得到了系统化，因此这两种算法在数字电路诊断理论上占有重要的地位，是进行理论研究的必要工具和重要基础。1983 年，Fujiwara 发表了 FAN 算法。以前认为没有实用意义的穷举测试法，随着电路规模的增大反而凸显了其重要价值，1984 年，Archambeau 等提出的伪穷举测试法，为解决大规模组合逻辑电路的故障诊断开辟了新思路。与组合逻辑数字电路相比，时序逻辑数字电路的故障测试与诊断要困难得多，其理论研究进展一直很缓慢，主要在于它的测试矢量不仅在逻辑功能上要满足测试要求，同时还需要考虑电路的时序问题。

3.2　组合逻辑数字电路故障诊断基本方法

数字电路的故障诊断包括故障检测和故障定位。目前主要诊断方法有：穷举测试法、伪穷举测试法和测试码生成法。

穷举测试法是指在被测电路 T 的输入端，输入所有可能的矢量测试码集合 X (x_1, x_2, ⋯, x_n)，根据输出矢量测试码 $Y(y_1, y_2, \cdots, y_n)$ 观察电路输出是否符合一定的逻辑。设被测电路 T 所实现的逻辑函数为 $Y = T(X)$，若对于任何的 X，都有 $T_*(X) = T(X)$，则被测电路 T_* 称为无故障的；若有一组 X^0，使得 $T_*(X^0) \neq T(X^0)$，则被测电路 T_* 称为有故障的。X^0 称为诊断该种故障的矢量测试码。穷举测试法的基本思想是在 n 维布尔空间中，有且仅有 2^n 个测试码，通过对其中的每一个测试码检查被测电路的输出是否符合预先指定的要求，从而判断被测电路是否存在故障。但是随着原始输入维数 n 的增加，测试矢量的总数急剧增加，当原始输入数达到一定大小后，穷举测试法进行故障诊断是不现实的。而伪穷举测试法是在穷举测试法的基础上设法把电路进行划分，使每一个被划分的电路都进行穷举测试，从而使测试次数大大减少，使其可实际执行。测试码生成法是为了解决穷举测试法测试矢量过多，测试时间过长的缺点而提出的，该方法针对被测电路可能存在的故障，通过布尔差分法或 D 算法等生成特定的测试码集合用于测试，以达到故障定位的目的。

所谓“敏化通路”，是选择一条能使电路故障的错误信号传播到该电路的可观测输出端的通路。为此，要适当地选择原始输入矢量测试码 X 的值，使得故障位置端正常信号值与故障信号值相反，并且这个信号值的改变应当引起线路的原始输出端逻辑值的改变，从而使故障点的信号差异经过敏化通路传播到输出端而被检测。对图 3.1 的组合逻辑数字电路，设 X_1 端发生了 s-a-0 的故障，当在其输入端加上测试码 $X = (x_1, x_2, x_3, x_4) = (1, 0, 0, 0)$ 时，则或门 G_1 的输出端 X_6 的信号值为“0”，和电路正常输出信号“1”相反。这个错误信号“0”就是该电路的错误输出信号。为了在电路的原始输出端 Y 端检测到这种错误信号“0”，必须在与非门 G_2 的 5 端同时加上“1”，X_1 的 s-a-0 错误才能传播到 Y 端输出为“1”而被检测。这时就可以根据 Y 端的逻辑值来判断是否在 X_1 处发生了 s-a-0 的故障（即 $Y = 0$，电路正常；$Y = 1$ 时，

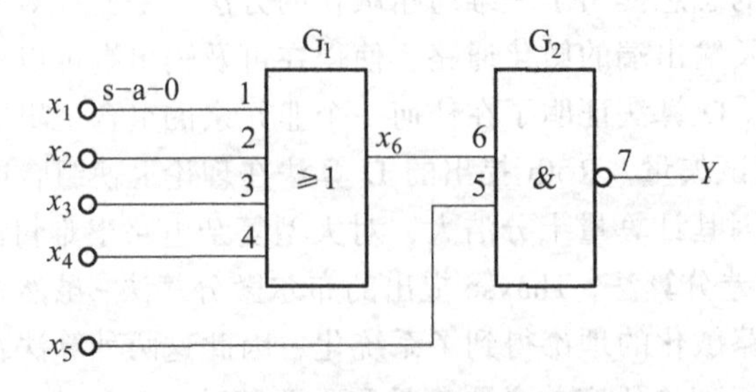

图 3.1　或门/与非门组合逻辑数字电路敏化通路

在 X_1 有 s-a-0 故障）。相应的测试码 $X = (x_1, x_2, x_3, x_4, x_5 = 10001$。如果对该电路不进行敏化，

设与非门 G_2 的 5 端上加载信号“0”，则不管 X_1 端是否发生了 s-a-0 的故障，输出端 Y 恒为“1”，这样就掩盖了 X_1 端的故障，从而达不到检测 X_1 端 s-a-0 故障故障的目的。

布尔差分法具体做法是用函数表示电路的逻辑功能，用对函数的处理来决定被测电路的原始输入，从而求出测试码。设 $F(x_1, \cdots, x_i, \cdots)=Y$ 为电路的功能函数，x_i 为输入，定义：

$$\frac{\mathrm{d}F}{\mathrm{d}x_j}=F(x_1,\cdots,x_j,\cdots)\oplus F(x_1,\cdots,\overline{x}_j,\cdots) \tag{3.1}$$

如果式（3.1）中符号 $\oplus$ 表示异或逻辑，$\mathrm{d}F/\mathrm{d}x_j=1$，则就说明因 x_j 电路出现故障变为 $\overline{x}_j$，其输出结果时不一样的，说明故障可以被检测出来。对图 3.1 的组合逻辑数字电路，其逻辑函数如式（3.2）

$$Y=F=\overline{\overline{(x_1x_2x_3x_4)}x_5} \tag{3.2}$$

则，当 $F_1(1)=\overline{x}_5$ 和 $F_1(0)=\overline{(x_2+x_3+x_4)x_5}$ 时，可以得到

$$\frac{\mathrm{d}F}{\mathrm{d}x_1}=F_1(1)\oplus F_1(0)=\overline{x}_2\overline{x}_3\overline{x}_4x_5 \tag{3.3}$$

要使式（3.3）为 1，则对应的 $(x_2, x_3, x_4, x_5)=0001$；所以，对应 x_1 为 s-a-0 故障的测试码应该为 $X=(x_1, x_2, x_3, x_4, x_5)=10001$。

D 算法是一种在组合逻辑数字电路上逐次驱赶传送信号，使某些固定的 s-a-0 故障或 s-a-1 故障在输出端表现出来，以确定被测电路的初始输入测试码。具体思路为，对于给定的某一组合逻辑数字电路设定某一 s-a-0 故障或 s-a-1 故障，并在故障位置上加上错误信号 D；求出错误信号 D 驱动的敏化通路，从设定的故障位置出发，利用按位求交操作，求出错误信号 D 向电路某一可检测的输出端的通路；然后再进行一致性操作，求出满足错误信号 D 驱动的各端点的条件，以求出测试码。对图 3.2 的组合逻辑数字电路的，列出电路的全部固定性故障：$x_1/0$, $x_1/1$, $x_2/0$, $x_2/1$, $x_3/0$, $x_3/1$, $x_4/0$, $x_4/1$, $Y/0$, $Y/1$，共 10 个故障，然后利用 D 算法获得每个故障的测试码。假设发生 $x_3/0$ 故障，即 x_3 为 s-a-0 故障。正向追赶：即逐级查明出现或不出现这一故障时取不同值的条件，由电路可知：当 $x_3/0$ 时，$Y=1$；若 $x_3/0$ 故障，要使 $Y=0$，必须使 $x_4=1$。反向追赶：沿 x_3 信号传输反方向追踪到初始输入的敏化通路，要反应出 $x_3/0$ 故障，则 x_3 的测试码必须是 $x_3=1$；再追赶：而要使 $x_4=1$，则 (x_1, x_2) 可以取 00、01、10；组合测试码：将反向追赶得到的测试码和再追赶得到的测试码进行按位求交运算，对本电路有测试码：001、011、101。这样输入上述测试码，只要 $Y=0$，表明电路正常；如果出现 $Y=1$，表明电路有 $x_3/0$ 故障。

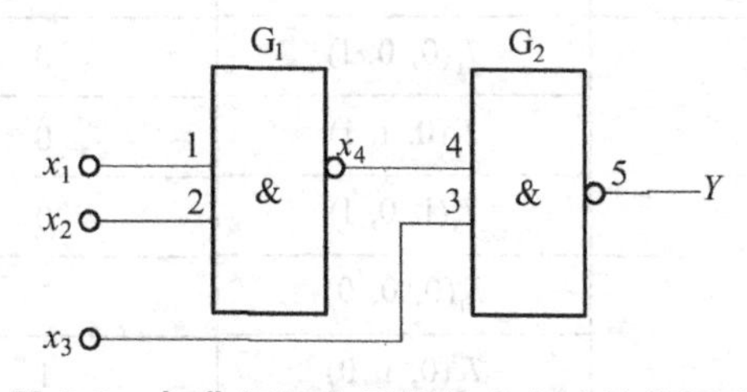

图 3.2　与非门组合逻辑数字电路敏化通路

对其他 10 种固定性 s-a-0 故障或 s-a-1 故障可采取与上述 $x_3/0$ 故障相同的步骤得到各自的测试码，见表 3.1。

表 3.1　组合逻辑数字电路 D 算法测试码表

序号	故障类型	测试码 (X_1, X_2, X_3)
1	$x_1/0$	111
2	$x_1/1$	011
3	$x_2/0$	111
4	$x_2/1$	101
5	$x_3/0$	001、011、101
6	$x_3/1$	000，010，100
7	$x_4/0$	001，011，101
8	$x_4/1$	111
9	$Y/0$	110，000，010，100，111
10	$Y/1$	001，101，011

最小完全测试集常用 D 算法求出所有单故障的测试集，再建立覆盖所有故障的故障表，然后采用“测试集蕴含法”求出最小完全测试集。其目的是减小诊断时的测试工作。对表 3.1 的测试码进行编号：$T_0=(0,0,0)$，$T_1=(0,0,1)$，$T_2=(0,1,0)$，$T_3=(0,1,1)$，$T_4=(1,0,0)$，$T_5=(1,0,1)$，$T_6=(1,1,0)$，$T_7=(1,1,1)$。

- 对电路所有的故障进行编号：$F_1=x_1/0$ 或 $x_2/0$ 或 $x_4/1$，$F_2=x_1/1$，$F_3=x_2/0$，$F_4=x_2/1$，$F_5=x_3/0$，$F_6=x_3/1$，$F_7=x_4/0$，$F_8=x_4/1$，$F_9=Y/0$，$F_{10}=Y/1$。
- 列出被诊断电路的故障表：本电路的故障表见表 3.2。

表 3.2　电路故障表

故障编号	故　障	测试码及编号	无故障输出值	有故障输出值
F_1	$x_1/0$, $x_2/0$, $x_4/1$	$T_7(1, 1, 1)$	1	0
F_2	$x_1/1$	$T_3(0, 1, 1)$	0	1
F_3	$x_2/0$	$T_7(1, 1, 1)$	1	0
F_4	$x_2/1$	$T_5(1, 0, 1)$	0	1
F_5	$x_3/0$	$T_1(0, 0, 1)$	0	1
		$T_3(0, 1, 1)$	0	1
		$T_5(1, 0, 1)$	0	1
F_6	$x_3/1$	$T_0(0, 0, 0)$	1	0
		$T_2(0, 1, 0)$	1	0
		$T_4(1, 0, 0)$	1	0

续表

故障编号	故　障	测试码及编号	无故障输出值	有故障输出值
F_7	$x_4/0$	$T_1(0, 0, 1)$	0	1
		$T_3(0, 1, 1)$	0	1
		$T_5(1, 0, 1)$	0	1
F_8	$x_4/1$	$T_7(1, 1, 1)$	1	0
F_9	$Y/0$	$T_6(1, 1, 0)$	1	0
		$T_0(0, 0, 0)$	1	0
		$T_2(0, 1, 0)$	1	0
		$T_4(1, 0, 0)$	1	0
		$T_7(1, 1, 1)$	1	0
F_{10}	$Y/1$	$T_1(0, 0, 1)$	0	1
		$T_5(1, 0, 1)$	0	1
		$T_3(0, 1, 1)$	0	1

- 列出故障覆盖表：以故障 F_i 为表的上横栏，以测试码 T_i 为表的左纵栏，当 T_i 能测试出厂时，则在两栏的交叉处以“#”标记，对本电路其故障覆盖表见表 3.3。

表 3.3　故障覆盖表

	F_1	F_2	F_3	F_4	F_5	F_6	F_7	F_8	F_9	F_{10}	无故障输出
T_0						#			#		1
T_1					#		#			#	0
T_2						#			#		1
T_3√		*			#		#			#	0
T_4						#			#		1
T_5√				*	#		#			#	0
T_6									#		1
T_7√	*		*					*	#		1
覆盖	√	√	√	√	√	√	√	√	√	√	

表 3.3 中在 T_3, T_5 和 T_7 上加“√”，它们为本质测试码：故障 F_1, F_3, F_8 只能由 T_7 测出，故障 F_2 只能由 T_3 测出，故障 F_4 只能由 T_5 测出。这种检测出单一故障的单一测试码称为本质测试码。在表中用“*”标注。

- 选出最小完全测试集：它由本质测试码加补充码组成。

最小完全测试集必须包括本质测试码，因为本质测试码能检测出特定故障。另外本质测试码还能检测出其他故障，如本电路的本质测试码不仅能检测出 F_1, F_2, F_3, F_4, F_8 故障，而

且还能检测出 F_5, F_7, F_9 故障。在表 3.3 中的覆盖情况栏将本质测试码能检测的故障分别用“√”填入，余下的只有 F_6 未能被本质测试码覆盖，只要从检测 F_6 故障测试码中任选一个，作为补充码，就可得到故障的最小完全测试集：（T_0, T_3, T_5, T_7）或（T_2, T_3, T_5, T_7）或（T_4, T_3, T_5, T_7），3 个测试集是最小的，也是最完全的。因为 3 者当中任一组测试都能检测图 3.2 所示电路的全部故障没有遗漏，最小完全测试集中的测试码数目不能再少了，否则会遗漏故障。

Roth 的 D 算法在理论上已证明对任意非冗余组合电路均可找到任意故障的测试集。但在具体应用时，由于计算工作量大，尤其是对大型的组合电路计算时间很长，以致很难付诸实际应用。原因在于进行敏化通路的选择时其随意性太大，尤其是考虑多通路敏化时各种组合的情况太多，然而真正“有效”的选择往往较少。为了减少操作计算工作量，使 D 算法能真正付诸实践，又产生了各种改进的算法，如 PODEM（Path Oriented Decision Making）算法等。

3.3 时序逻辑数字电路故障诊断基本方法

常见时序逻辑电路部件如：计算机内部的数据锁存器、移位寄存器、计数器、半加器、全加器等，它们的输出不仅取决于当前输入信号，还依赖于其内部元器件的状态，所以时序电路故障诊断比组合逻辑电路故障诊断要困难得多。然而，最典型的时序逻辑数字电路，如计算机内部开机自检的时序逻辑数字电路，却做得非常好。原因在于计算机时序逻辑电路做了很完善的可测试性设计。状态描述就是通过对待测电路的分析，确定电路的初始状态和正常工作状态，确定状态转换条件。实践中不可能直接测量芯片内部逻辑门的逻辑电平，只能通过芯片外部引脚测量逻辑电平。经过多次故障试验导出一个测试代码集序列，检测它的逻辑功能，以确定它是否实现了预定的状态表。将导出的测试码序列施加到被测时序逻辑数字电路，如果该时序电路输出序列与预定状态一致，则电路无故障；反之，则电路有故障。

针对时序电路固定型单/多故障测试，一个时序函数可以定义为输入序列与输出序列之间的一个映射，一个时序函数既不能用真值表的形式来描述，也不能用经典的布尔代数来表达，正确采用的方法是具有时标参量的布尔差分法，具体做法参考文献[1]刘春和的研究结果。

另外，时序电路故障诊断也可以采用时序状态后继树来处理，如本章文献[2]所述，下面讨论时序状态后继树及其故障测试代码生成方法。

1. 时序逻辑电路状态描述

时序逻辑电路的状态描述就是通过对待诊断电路的分析，确定时序电路的初始状态和正常工作状态，确定状态的转换条件，实践中构成各个逻辑门或存储器的电路元器件通常都在芯片内部，不可能直接测量它的逻辑电平，诊断测试只能通过它的外部引线进行。因此，通过对电路外部引线输入和输出的测试，制定出电路的转换状态表。图 3.3（a）所示的时序逻辑电路，由组合逻辑电路和存储电路组成，$X=(x_1,\ x_2,\ \cdots x_n)$ 为电路输入，$Z=(z_1,\ z_2,\ \cdots z_n)$ 为电路输出，$S=(s_1,\ s_2,\ \cdots s_m)$ 为电路状态。为利简化分析，可将图 3.3（a）所示电路看作一个暗箱，等效为的电路框图，如图 3.3（b）所示，其中，M 为简化后的时序电路，X 为时序电路输入，Z 为时序电路输出。为了简化问题，假设图 3.3（b）中电路 M 有 4 个状态 S，分

别命名为 A、B、C、D，且有已简化的完全确定的状态转换表，如表 3.4（表 3.4 引用自本章参考文献 2），其中 PS 为电路的初态，NS 为电路的次态。

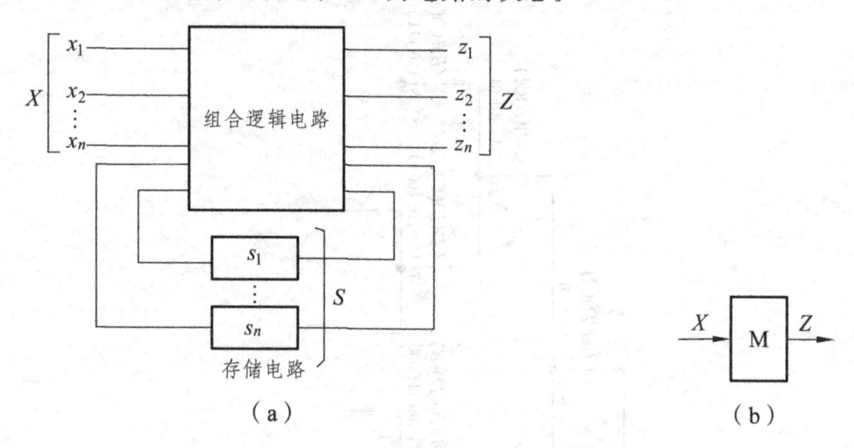

图 3.3　时序逻辑数字电路框图

对时序逻辑数字电路 M 进行故障检测时，需要输入一个测试序列 X，与之相对应的系统输出序列为 Z，形成测试序列偶（X，Z），并且两者严格对应。如果已知一个测试序列偶（X，Z），就可通过它检测时序电路是否有故障，一般把测试序列偶（X，Z）称为功能核实序列。常见时序电路的基本功能核实序列主要有：引导序列 Xh、同步序列 Xs、区分序列 Xd、转换序列 Xt 等。引导序列 Xh 可以使系统从一个未知状态“引导”，到某些已知的末态的输入序列；同步序列 Xs 能将系统从任意状态转移到同一个已知末态的序列；区分序列 Xd 能够根据不同的响应序列来区分系统的初态和末态的输入序列；转换序列 Xt 可以使电路系统从已知的初态轮换为预定末态的输入序列。时序逻辑电路故障诊断的关键就是确定故障检测序列。

表 3.4　状态转换表

PS	$X=0$		$X=1$	
	NS	Z	NS	Z
A	C	0	D	1
B	C	0	A	1
C	A	1	B	0
D	B	0	C	1

2. 后继树的建立

后继树是描述时序电路输入和输出响应的一种树形结构图，它以电路上电后所可能的状态为树根，然后根据输入信号为“0”或“1”两种不同情况，结合电路状态转换表，将后继树逐步向下分支，最后由后继树确定电路的引导序列 Xh、同步序列 Xs、区分序列 Xd、转换序列 Xt。

图 3.3 所示电路 M 上电后，它可能处于 A、B、C、D 的 4 个状态的任意一个，用向量 $N_{01}=(ABCD)$ 表示，称为后继树的树根，如图 3.4 所示（图 3.4 引用自本章参考文献 2）。

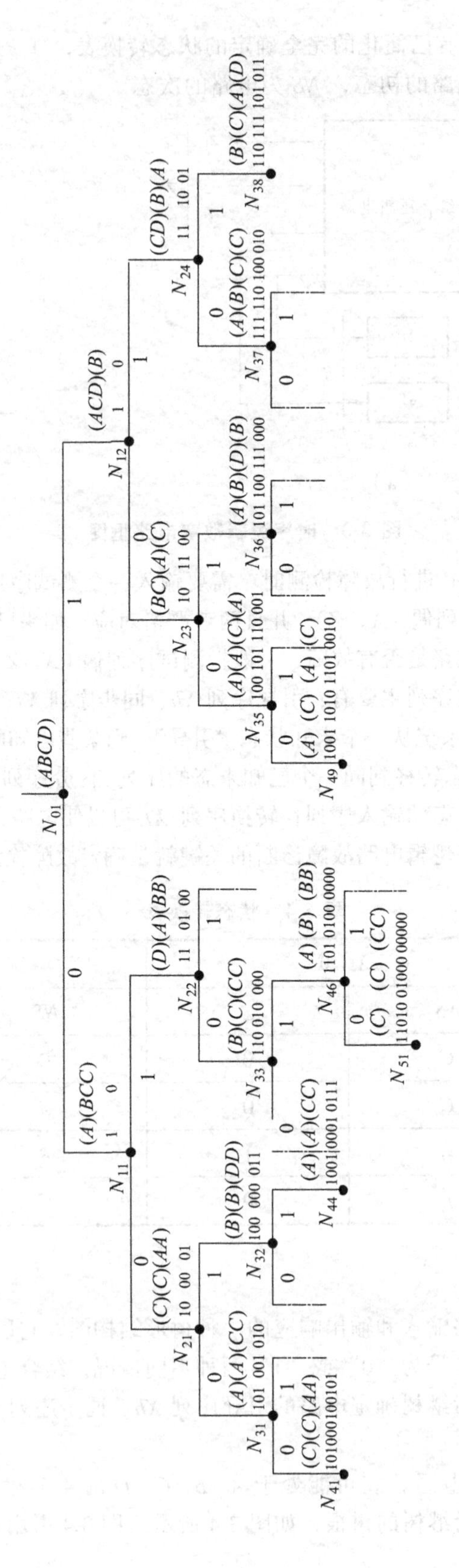

图 3.4 四状态时序电路后继树

当输入第一个信号 $X=0$：电路输出 Z 可能为“0”或“1”；由表 3.4 可见，若 $Z=0$，则次态可能为 B（上电后初态为 D）或 C（上电后初态为 A 或 B）；若 $Z=1$，则次态可能为 A（上电后初态为 C），此处用 $N_{11}=(A)(BCC)$ 表示，它为后继树的一个节点。

当输入第一个信号 $X=1$：电路输出 Z 可能为“0”或“1”；由表 3.4 可见，若 $Z=1$，则次态可能为 A（上电后初态为 B）或 C（上电后初态为 D）或 D（上电后初态为 A）；若 $Z=0$，则次态可能为 B（上电后初态为 0，此处用 $N_{12}=(ACD)(B)$ 表示，它为后继树的另一个节点。

当输入第二个信号 $X=1$（或 $X=0$），可得到节点 N_{21}，N_{22}，N_{23}，N_{24}。用相同的方法可以得到电路 M 的后继树其他节点。本电路的后继树如图 3.4 所示。节点之间的连线为后继树的树枝，由根到某一节点 N_i 所经历的各树枝组成一条通路，它代表一个输入序列 X_i；节点 N_i 在逻辑上表示上电后，在输入序列 X_i 作用下电路将达到的状态。

3. 检测序列的产生

引导序列 *Xh*：可以使系统从一个未知状态“引导”，到某些已知的末态的输入序列。从图 3.4 可见，序列 $X=01$ 是电路 M 的一个引导序列。因为 M 在输入序列 01 作用下，电路状态由 N_{01} 到达 N_{22}，若输出序列 $Z=00$，则电路末态必为 B；$Z=01$ 时，末态必为 A；$Z=11$ 时，末态必为 D。

同步序列 *Xs*；能将系统从任意状态转移到同一个已知末态的序列；由图 3.4 可见，$X=01010$ 是电路 M 的一个同步序列，因为，电路 M 在输入序列 01010 作用下，其状态由 N_{01} 到达 N_{51}；输出序列无论是 11010，还是 01000 和 00000，其电路末态都是 C。

区分序列 *Xd*：能够根据不同的响应序列来区分系统的初态和末态的输入序列。由图 3.4 可见，序列 $X=111$ 是电路 M 的一个区分序列。因为 M 在输入序列 111 作用下，电路状态由 N_{01} 到达 N_{38}，若输出序列 $Z=101$，则电路末态必为 A；$Z=110$ 时，末态必为 B；$Z=111$ 时，末态必为 C；$Z=011$ 时，末态必为 D。

转换序列 *Xt*；可以使电路系统从已知的初态转换为预定的末态的输入序列。由图 3.4 可见，$x=01010$ 是电路 M 的一个转换序列。因为，电路 M 在输入序列 01010 作用下，如果电路 M 已进入状态当输入 $X=0$，输出 $Z=1$，则状态由 C 转换为 A，可记为 $C^0 \to {}_1 A$。由表 3.4 可见，$X_{t0}=0$ 应是，$C^0 \to {}_1A$、$A^0 \to {}_0C$、$B^0 \to {}_0C$、$D^0 \to {}_0B$ 的转换序列；$X_{t1}=1$ 应是，$A^1 \to {}_1D$、$B^1 \to {}_1A$、$C^1 \to {}_0B$、$D^1 \to {}_1C$ 的转换序列。

4. 时序电路的模拟验证

它是通过对与待诊断的电路完全等效的无故障电路进行验证测试，验证待测电路是否能在给定的输入序列作用下产生正确的输出，是否有预定的各个状态，是否能从一个状态正确地转换到预定状态。主要包括引导序列、区分序列和转换序列的实际验证。验证操作大致可以分为以下几步。

引导阶段：把电路从未知状态引导到预定状态。它可以通过输入引导序列或同步序列来完成引导操作。对于时序电路 M 可采用同步序列 $Xs=01010$ 进行引导操作，在输入序列 $Xs=01010$ 的作用下，电路 M 应能由上电后的未知状态引导到预定的状态 C。

核实阶段：即核实电路是否具有状态表 3.4 所规定的几个状态。它可以通过输入区分序列来完成。对时序电路 M，在上一步操作后应处于预定状态 C，为了核实状态 C，可向电路从输入区分序列；并检测电路的输出序列，若 $Z=011$，说明电路 M 的确在引导序列；$Xs=01010$ 的作用下达到了状态 C，同时电路状态应在区分序列 $Xd=111$ 的作用下达到 D，记为 $C^{111}\rightarrow {}_{101}D$ 转换；接着逐次输入 $Xd=111$，分别测试输出序列 Z，若逐次实现：$D^{111}\rightarrow {}_{101}A$、$A^{111}\rightarrow {}_{110}B$、$B^{111}\rightarrow {}_{111}C$ 转换，即证明了电路 M 的确具有 A、B、C、D 共 4 个状态。

转换验证阶段：即核实电路是否能实现状态表所规定的状态转换。它可通过输入区分序列与转换序列的适当组合来完成。如电路 M 在引导序列作用下已达到状态 C，则在输入转换序列 $X_{t0}=0$ 作用下，电路应发生 $C^{0}\rightarrow {}_{1}A$ 的转换。为验证该转换，可输入区分序列 $Xd=111$，并检测电路的输出序列若 $Z=011$，说明电路 M 的确在转换序列的作用下实现了状态 $C^{0}\rightarrow {}_{1}A$ 转换。

5. 电路故障检测

对于待诊断电路 M 的故障检测序列可以选为：$X=Xs=01010$（引导到 C）- $2X_{t0}$（$C^{0}\rightarrow {}_{1}A$, $A^{0}\rightarrow {}_{0}C$ 的转换）- $4X_{t1}$（$C^{1}\rightarrow {}_{0}B$、$B^{1}\rightarrow {}_{1}A$、$A^{1}\rightarrow {}_{1}D$、$D^{1}\rightarrow {}_{1}C$ 的转换）- Xd（引导到 D）- $2X_{t0}$（$D^{0}\rightarrow {}_{0}B$, $B^{0}\rightarrow {}_{0}C$ 的转换）- Xd（预定状态 D）的组合。即输入检测序列为 $X=01010\ 00\ 1111\ 111\ 00\ 111$，电路 M 在该检测序列的作用下，若无故障，则输出序列应为 $Z=\text{XXXXX}\ 10\ 0111\ 011\ 00\ 011$（前 5 个的不确定性是由于电路初始状态的不确定性造成的）。如果实测结果电路 M 的输出序列正确则待测电路 M 无故障，反之待测电路 M 有故障。

3.4 集成数字电路芯片故障诊断基本方法

集成电路（Integrated Circuit，IC），按照制作工艺可分为薄膜集成电路、厚膜集成电路、半导体集成电路和混合集成电路；按照功能性质可分为数字集成电路、模拟集成电路等；按照集成规模大小可分为小规模、中规模、大规模和超大规模集成电路。集成电路的参数主要有两大类，一是工作参数，二是极限参数。集成电路最基本参数包括电源电压、静态工作电流、功耗、增益、输出功率、工作环境温度、储存温度等。

对集成电路芯片来说，它的功能是通过它的引脚功能来表达的，其内部相当于一个“黑盒子”。集成电路一般标出引脚的序号以表达集成电路与外围电路的连接关系，所以检测集成电路首先找到相应的引脚。而集成电路的型号很多，不可能根据型号去判别各引脚位置，只能借助于集成电路的引脚分布规律和器件型号介绍资料，去识别集成电路的引脚位置。集成电路一般都有一个较为明显的标记来指示第一引脚的位置，其他引脚则从左至右，或从左下方逆时针方向依次排列，标记的常见形式是在外壳上用圆坑、缺角、色点、半圆、散热片上的小孔等来表明第一引脚位置。集成电路的引脚排列有单列直插、双列直插方式、四列直插集成电路。集成电路有各种封装形式，包括陶瓷封装，塑料封装，金属封装。

数字集成电路芯片的内部电路故障主要包括击穿、热稳定性不好、抗干扰能力差、内部输入/输出连接线短路或断路。芯片击穿：指芯片的某一对或某一组输入/输出引脚之间短路.也指个别引脚或多个引脚与电源引脚或地线引脚短路，出现这种故障，不仅芯片自身逻辑功能错误，还会影响上级或下级芯片的逻辑功能。芯片热稳定性不好：指机器在开始时运行完全正常，工作一段时间后，随着内部温度升高或者是环境温度的升高，芯片出现故障；将机器断电，冷却一段时间后再升机，机器运行正常，之后故障再出现。抗干扰能力差：指集成电路芯片在接近干扰源时出现意外故障，主要是设计系统时，布线安排不合理造成的，比如：电源线和地线布线宽度过小或者线与线之间的距离过近等。集成电路芯片引线开路：如果输出引线断开，输出脚被悬浮，逻辑探头将指示出一个恒定的悬浮电平；如果输入引线断开，则表现为功能不正常。

数字集成电路芯片的外部电路故障主要表现形式有：输入/输出节点对电源正极或对地短路；两个引脚节点之间短路；信号线开路；外部时钟元器件等故障影响集成电路芯片功能。

数字集成电路故障分为静态故障和动态故障，其故障症状、产生故障的产生原因与排故措施如参考文献[4]所述，详见表 3.5 和表 3.6。

表 3.5 常见数字电路静态故障

名 称	症 状	原 因	排故措施
固定故障	无论输入怎样，组件某输入或输出都固定为 1 或 0	多为集成电路件内部某个晶体管损坏或内部引线与电源或地短接所致	更换集成电路组件
桥接故障	在相同输入信号下，可能输出 0 或 1，也可能输出既非 0 又非 1 的错误电平，还可能自激损坏器件	相邻导线或铜片发生短接（桥接），当两线传输相同信号（0 或 1）时无故障，传送相反信号时则对不同的器件（TTL、COMS）产生不同的错误	切断桥接处，更换坏器件
断路故障	信号无法传输，一些信号输入/输出恒定于某一逻辑值	由于制造工艺原因或使用不当，使电路中本应相连接的两点出现断线或接触不良	使断线处紧密结合
电源故障	组件插上与否对电路无作用，插上后逻辑混乱甚至烧坏	加载到集成块的电源过压或欠压或没有加载上，就会造成这些现象	接通电源调整电压
插接故障	集成组件烧坏或工作不正常，一些信号对电源或地呈现短路、输入/输出混乱	由于集成电路模块封装看错标记而在电路板上插反，电源一般就反接，容易造成短时间过热烧坏器件，或因信号端子错乱而不能工作	更换集成电路模块，正确插接

维修中，准确检测数字集成电路故障要注意以下工作要点。在检测之前，先熟悉其工作原理、内部原理图、功能、主要参数、各引脚的作用，利用测试仪表对芯片各引脚对地的直流电压、波形、正反向直流电阻进行测试，与器件的标准参数数据进行比较，判断芯片是否损坏。IC 芯片的测试仪表的内阻要足够大（大于 20 kΩ），否则可能会对某些引脚的电压产生较大的测量误差；测试时不要造成引脚短路，因为任何瞬间的短路都容易损坏集成电路；不应带电插拔集成电路芯片，对采用插座形式安装的集成电路，应尽量避免插拔，必须插拔时，一定要切断电源，并在电源滤波电容放电后才能进行；功率集成电路应散热良好，检测

表 3.6　常见数字电路动态故障

名　称	症　状	原　因	排故措施
组合电路险象	当输入信号变化时，在门的输出出现短暂错误输出，有尖峰脉冲或毛刺	由于信号传输延时，经过不同路径到达同一点时间有先后，各信号到达门槛电平时间出现差异导致门电路发生错误开闭，导致毛刺出现	设计时合理增加冗余消除险象，输出增加 RC 环节有效抑制险象
时序电路险象	当输入信号变化时，电路状态发生错误翻转，产生不能自愈的错误	一方面是时序电路内部组合电路险象所致，另一方面由于时序电路内部反馈所出现的竞争性险象	改变时序电路的状态分配，视具体电路症状改变各路径时延值
串　扰	信号始端正确，但终端有错，且汇集线越多，频率越高，上下沿越陡越严重	由于信号之间电磁耦合作用太强，会在相邻线上感应出错误信号。这种耦合作用通过线间互感和耦合电容实现	采用双绞线或同轴电缆；布线尽量短而少平行；采用差分式发送接收
电源耦合	当负载变化大或电网波动较大，电路工作不稳定、逻辑混乱甚至引起自激现象	由于周期性脉冲信号造成负载发生的急剧变化不能完全由电源补偿，如果此信号过大则会造成干扰	印制电路板采用 10 μ 大电容滤波；集成块电源线上接一个 0.1 μ 无感电容
接地不良	电路出现工作不稳定，在低频或高频段都出现干扰甚至自激震荡	因接地回路存在一定的阻抗，各接地点之间会产生交变电压降；低频是地线电阻干扰，高频是地线电感干扰	机壳与地线紧密结合成一体；底板地线增宽并用环抱接地；力求一点接地
外部干扰	随机性的破坏电路工作，造成控制失灵设备损坏	闪电、雷击等自然干扰和电机接触器、断路器、可控硅整流装置等用电干扰引起	消除干扰源，触点消弧；用铝、铜做网进行电磁屏蔽

时不应破坏其散热条件；要确认供电电源与集成电路测量仪器在电源通断切换时，是否会产生异常的脉冲波，必要时应增设浪涌吸收电路。当集成电路的电源引脚上直流电压为 0 时，集成电路内部没有工作电压，集成电路不能工作；当电源引脚上直流电压比正常值稍低时，集成电路可以工作，但有些性能参数将变差；当电源引脚上的电源电压低很多时，集成电路将不能工作；当集成电路的接地引脚开路时，没有电流流过集成电路，集成电路也不工作。在不同应用状态下，不同功能的集成电路引起的故障特征是不同的。工作在小信号状态下的集成电路，一般不易损坏；工作在高电压和大电流状态下的集成电路，如功率放大集成电路，比较容易损坏；带有散热片的集成电路比较容易损坏，当其表面出现开裂、小孔等现象时，说明此集成电路已经损坏。

对数字集成电路的检测方法一般有两种：一是离线检测，二是在线检测。

离线检测，就是数字集成电路未焊入印制电路板时，对其进行的检测。这种检测最好用专用的数字集成电路测试仪进行，这样可对参数做定量检测。比如专用的 TTL 集成电路测试仪可以对 74 系列、75 系列、和 CMOS4000 系列芯片的主要参数进行定量检查。但是，大多数时候，由于数字集成电路芯片型号众多，在工程维修现场很难找到对应的专用测试仪器做测试。这时一般改用直流电阻法测量各引脚对应于接地引脚之间的正、反向电阻值，并与同型号一直良好的集成电路进行比较。

在线检测，是集成电路已连接在印制板上的检测方法。由于集成电路的拆卸比较麻烦，而且离线测试也很困难，所以在修理中，对集成电路的检测大多采用在线检测。在线检测前，应该对数字集成电路芯片管脚上涂敷绝缘材料先行去除，然后进行检测。

检测集成电路时，可以根据被检测电路的功能和特点，选择采用直流电压测试法、直流电阻测量对比法、替换法和逻辑探针测试法等技术手段。

（1）直流电压测试法。测量集成电路各引脚对地的直流工作电压法来检测与判断集成电路的好坏是修理工作中最常采用的方法之一，但要区别非故障性的电压误差。由于电路中相互连接元器件参数的相互影响，测量集成电路各引脚的直流工作电压时，如遇到个别引脚的电压与原理图或维修技术资料中的标称电压值不符，不要急于断定集成电路已损坏，应首先判断资料所提供的标称电压值是否可靠。从检测实践来看，有一些说明书、原理图等资料上所标的数值与实际电压值有较大差别，个别甚至是错误的。此时应多找一些相关资料或用同型号正常工作设备中的相同电路测试结果进行对照，必要时分析集成电路内部原理图与外围电路，对所标电压进行计算或估算，以验证所标电压是否有误。要区别资料中所提供标称电压性质是静态工作电压还是动态工作电压。要注意由于外围电路中可调元器件引起的集成电路引脚电压变化。当测量电压与标称电压不符时，可能因为个别引脚或与该引脚相关的外围电路连接的是一个阻值可变的电位器，当电位器活动抽头所处的位置不同时，引脚电压会有明显不同，所以当出现某一引脚电压不符时，应考虑该引脚或与该引脚相关联的电位器的影响。要防止因测量仪器造成的电压差异和测试仪表的各电压挡上读数误差不同的影响。

（2）直流电阻测量对比法。此法利用万用表测量集成电路各引脚对地的正、反向电阻值并与正常数据进行对照来判断其好坏。这种方法需要积累相同装备同型号集成电路的正常可靠数据，或者对相同的完好装备进行测试，以便和被测集成电路的测试数据对比。要规定好测试条件，要记录被测集成电路芯片型号，要注明万用表的测试用档位以及万用表红黑表笔接法；要防止因测量仪器造成的测量误差，最好对好坏集成电路用同一个万用表或同一台仪器测试并比对数据；注意同一集成电路在不同测试接法时，所测直流电阻值可能会有差异。

（3）替换法。在检测集成电路时常用替换法判断其好坏，可以减少许多检查、分析的麻烦。但是这种方法不可在初步怀疑集成电路故障时采用，而应在检测的最后阶段，较有把握认为集成电路故障时才能采用，因为集成电路的拆卸和装配很不方便，在拆、装过程中，容易损坏集成电路和电路板，况且在未判明是否是外围电路故障引起集成电路损坏时，可能会导致新换上的集成电路再次损坏。采用替换法时尽量选用同型号的集成电路或可以直接替换的其他型号，这样可以不改变原电路，简便易行。拆焊原机上的集成电路时，应选择适当的方法，不能乱拨、乱撬引脚。在拆装过程中应特别注意以下几点：烙铁功率过大，加热时间过长，容易损伤集成电路和印制电路板。烙铁必须用带地线的三芯插头接到电源插座。拆装MOSFET集成电路，必要时操作人员应穿戴防静电工作服，手腕戴防静电接地环，焊接顺序应是先焊电源正端，后焊电源负端，再焊输入/输出端。安装新的集成电路时，要注意引脚顺序，不要装错；焊锡不宜过多，防止相邻引脚之间短路；功率集成电路要注意保证散热条件。进行试探性替换时，最好先装一专用集成电路插座，或用细导线临时连接，以使拆卸方便。另外，通电前最好在集成电路的电源回路里串联一直流电流表和降压电阻，观察降压电阻由大到小时，集成电路总电流的变化是否正常。要保证替换上的集成电路是好的，否则会费时费力。

（4）逻辑探针测试法。逻辑探针是一种常用的数字检测设备。逻辑探针是用来在线检测脉冲电路或逻辑电路的，它借助简单的灯泡指示检测数字信号的逻辑状态，并能检测很短暂的脉冲。当逻辑探针触到某个节点时，指示灯立即显示出该点的静态或动态逻辑状态。逻辑探针可以检测并显示高电平或低电平（逻辑1或0）还可以检测并显示出数字电路中某点的中间（或“坏的”）逻辑电平。例如，将探针接到一根地址或数据总线上，它就可以显示该线的状态（逻辑1、逻辑0或高阻状态）。逻辑探针的指示灯可以给出4种指示：灭、暗（半亮）、明（全亮）或闪烁。指示灯通常处于暗的状态，只有当探针尖端测到电压时才会变成另外3种状态之一。当输入电压为逻辑高电平时，指示灯明亮；当输入电压为逻辑低电平时，指示灯灭；如果输入电压在逻辑高电平和逻辑低电平之间或者电路开路，那么指示灯暗；如果输入的是脉冲信号，那么指示灯将闪烁，其闪烁的频率是固定的，与探针在线路中实际遇到的脉冲频率无关。

3.5 数字电路桥接故障检测方法

桥接故障如本章参考文献[5]所述，又称为短路故障，它是在不该连接的两个端点（输入或输出端）之间搭桥形成通路。所有数字电路的基本单元是逻辑门。对逻辑门做短路故障测试时，可根据这种故障的特点给被测试逻辑门的输入x及输出y编写，求出它的基本测试集，然后进行测试。例如，一个双四输入与门如图3.5所示，比如CD4082B芯片，假设只检查其输入变量分别为x_1、x_2、x_3、x_4（对应输入管脚为D、C、B、A），输出变量为y（对应输出管脚为J），所得到的四输入与门的基本测试集如表3.7所示，表中“0”表示不需要加载测试矢量（此处“0”不是逻辑“0”），“1”表示需要加载测试矢量，且无故障；如果有故障时将“1”用“×”表示。若短路故障发生在输入端x_1与x_3之间，则表3.7中对应x_1、x_3之间的“1”改为“×”，见表3.8。短路检测，可以在加载表3.7测试集时，用仪器检测附近管脚的电压是否相同发现是否存在短路故障。

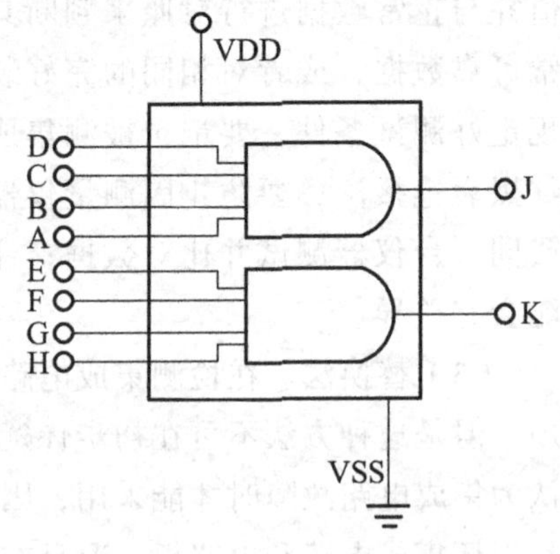

图3.5 四与门逻辑电路

表 3.7　四与门基本测试集

	x_1	x_2	x_3	x_4	Y
x_1	0	1	1	1	1
x_2	0	0	1	1	1
x_3	0	0	0	1	1
x_4	0	0	0	0	1

表 3.8　四与门短路故障测试集

	x_1	x_2	x_3	x_4	Y
x_1	0	1	×	1	1
x_2	0	0	1	1	1
x_3	0	0	0	1	1
x_4	0	0	0	0	1

时序逻辑电路包含组合逻辑电路和存储器两部分，本桥接故障检测方法对增加了存储电路的时序电路同样是适用的。图 3.6 给出了一个由两个与非门组成的 R-S 触发器。设输入变量 R、S 分别用 x_1 和 x_2 表示，输出变量 $\bar{Q}$，Q 分别用 x_3 和 y 表示，则基本测试集如表 3.9，表中“0”表示不需要加载测试矢量；“1”表示加载测试矢量但无故障，有故障时在故障处用“×”表示。若短路故障发生在 x_1 与 x_3 之间，则需将见表 3.9 中对应 x_1 与 x_3 之间的“1”改为“×”，如表 3.10 所示。

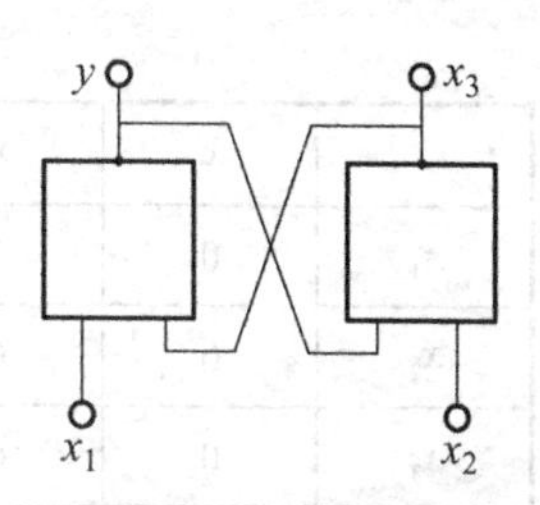

图 3.6　R-S 触发器

表 3.9　R-S 触发器基本测试集

	x_1	x_2	x_3	y
x_1	0	1	1	1
x_2	0	0	1	1
x_3	0	0	0	1

表 3.10　R-S 触发器短路故障测试集

	x_1	x_2	x_3	y
x_1	0	1	×	1
x_2	0	0	1	1
x_3	0	0	0	1

数字集成电路芯片功能完善、价格低廉，所以芯片内部的故障不必花力气去测试，可通过更换芯片来解决，做数字集成电路芯片功能测试之前，先做外部管脚短路或开路测试，可以加快故障查找速度。图 3.7 给出了一个双四选一数据选择器集成电路芯片。假设它每一个“脚”为一个变量，按顺序编写为 x_1, x_2, …, x_{13}, y 可得测试该芯片的基本测试集，见表 3.11。

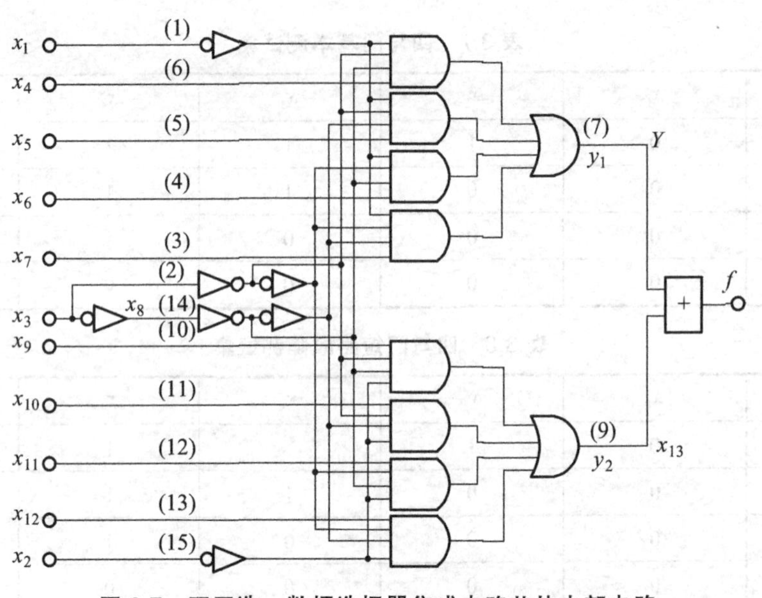

图 3.7 双四选一数据选择器集成电路芯片内部电路

表 3.11 双四选一数据选择器基本测试集

	x_1	x_2	…	…	x_8	x_9	…	x_{13}	Y
x_1	0	1	…	…	1	1	…	1	1
x_2	0	0	1	…	1	1	…	1	1
x_3	0	0	0		1	1	…	1	1
⋮	⋮	⋮							⋮
x_{13}	0	0	…	…	0	0	…	0	1

如果 x_3 和 x_8 之间有桥接故障（短路故障），则测试后结果见表 3.12，表中“0”表示不需要加载测试矢量；“1”表示加载测试矢量但无故障，桥接故障发生在 x_3 与 x_8 之间，对应处的“1”改为“×”。注意，当检测到双四选一芯片构成的八选一数据选择器电路失去了的选择功能，检查 x_3 与 x_8 之间发现短路故障，切断短路故障可使电路恢复正常。

表 3.12 双四选一数据选择器选通短路故障测试集

	x_1	x_2	…	…	x_8	x_9	…	x_{13}	Y
x_1	0	1	…	…	1	1	…	1	1
x_2	0	0	1	…	1	1	…	1	1
x_3	0	0	0		×	1	…	1	1
⋮	⋮	⋮							⋮
x_{13}	0	0	…	…	0	0	…	0	1

在检查桥接故障（短路故障）时，特别注意将故障电路板与正常电路板进行比对测试，

并找相关集成电路块的资料，检查一下电路图中与集成块相关的线路即可解决问题。扫除短路故障后，对电路再做功能测试，很快会发现其他故障点，做进一步检测。

3.6 本章小结

本章首先给出了组合逻辑数字电路故障特点、敏化通路确定方法与各种组合逻辑数字电路测试码生成检测技术；针对时序逻辑数字电路描述了各种故障现象，依据时序状态转移表和状态时序电路后继树，给出引导、同步、区分、转换序列生成技术，给出时序电路模拟验证方法；对集成数字电路芯片，详细描述了故障现象及原因，给出各种测试方法与注意事项；针对多种数字芯片，提出了桥接（短路）故障的基本测试方法。

参考文献

[1] 刘春和. 时序电路的故障诊断[J]. 哈尔滨工业大学学报，1979（1）：121-132.
[2] 朱大奇. 电子设备故障诊断原理与实践[M]. 北京：电子工业出版社，2004.
[3] 高泽涵，黄岚. 时序逻辑电路故障的一种检测方法[J]. 现代电子技术，1999（7）：4-6.
[4] 范平志. 实用数字电路故障诊断[J]. 计算机应用研究，1987（2）：89-95.
[5] 丁芳，谢克明，李治. 数字集成电路的测试与故障诊断方法[J]. 太原工业大学学报，1997，28（3）：87-91.

4 模拟电路故障诊断方法

4.1 模拟电路故障诊断方法概述

模拟电路故障诊断始于20世纪60年代，1962年，Berkowitz发表了第一篇关于模拟电路故障诊断理论的论文，提出了无源线性总参数电阻网络元件值可解的必要条件，揭开了模拟电路故障诊断的序幕。1979年，美国IEEE发表了第一期模拟电路故障诊断的专刊，自此开始了模拟电路故障诊断前期研究，研究者希望求出全部的元件参数，但困难极大。进入80年代，求解部分模拟电路元件参数的方法占据了主导地位，针对故障可测性研究变得活跃。80年代末，中国的模拟电路故障诊断研究开始起步，随后，周玉芬、赵国南、唐人亨、吴耀、杨士元、杨嘉伟、陈圣俭、王虎符等人分别发表了自己的研究成果，为国内模拟电路故障诊断领域打下了坚实的基础。国内从故障字典法和多故障法为切入点，通过飞速发展，逐渐缩小了与国外的差距，并快速走到了该课题的研究前列。90年代，模糊理论与人工神经网络的出现使模拟电路故障诊断也走出了因为元件容差和非线性等问题而陷入的低谷，为故障诊断问题提供了一种新的智能化的解决途径，同时也确立了模拟电路故障诊断方向在网络理论中的地位。

早期经典模拟电路故障定位方法（如K故障诊断法、早期故障字典法、模块级故障诊断法、网络分址法与伴随网络法）将模拟电路近似为线性网络，用成熟的线性系统理论来解决非线性问题，这显然不具有普适性，加上计算复杂，对分析对象的参数和拓扑结构有较强的依赖性，不利于工程实现。

随着大规模模拟电路快速发展，电路元件的非线性、容差性以及故障现象的多样性等使得早期的模拟电路故障诊断理论与方法难以解决实际问题。于是解决大规模模拟电路故障检测与诊断的网络撕裂法与交叉撕裂法被提出。网络撕裂法作为根据故障的范围而产生的一种故障验证法，适用于非线性大规模模拟电路的故障诊断，它对怀疑有故障的元器件通过网络撕裂割断其前后联系，通电测试其关键点电压、电流信号，判断是否有故障。网络撕裂法存在计算工作量大、撕裂速度慢、尤其不能有效解决容差电路故障诊断问题等缺点。考虑到模拟电路元器件参数相互影响的问题，基于网络分析中的置换定理，常采用子网络故障诊断方法，将大的电路网络撕裂为若干子网络，诊断时先将故障定位到子网络，再由子网络定位到更小的子网络，直至寻找到故障的最小区域，提高诊断效率。它采用输入电压激励测试输出电压，结合灵敏度分析，利用电压比较法确定故障子网络。该方法具有诊断速度快、工程上容易实现、能有效对容差电路进行故障定位等优点。

近年来，国际上较流行的模拟电路故障诊断方法的分类是按模拟在测试过程的阶段把模拟电路故障诊断方法分为测前模拟法（SBT）和测后模拟法（SAT），如图4.1所示。

1. 测前模拟法

测前模拟法是目前模拟电路故障诊断中最具有实用价值的方法，包含故障字典法和概率统计法。它的基本思想与数字电路的诊断相似，即预先根据经验或实际需要，决定所要诊断的故障集，再求电路对应故障集中的某一故障的响应（即作电路仿真），求响应的方法既可在计算机上仿真，也可在实际电路上仿真。然后将所得的响应作必要的处理（如压缩、编码等），作为对应故障的特征，将它们编成一部故障与特征对应的字典。在实际诊断时，对被测电路施加与测前模拟时完全一样的激励和工作条件，取得相应的特征，最后在故障字典中查找与此特征对应的故障。由于模拟电路中元件的故障参数是一个连续量，测量响应的数据引入误差是不可避免的。最困难的是各元件都有一定的容差，因此用字典法做模拟电路故障的诊断，效果不如数字电路的诊断。一般地说，字典法只能解决单故障诊断，在实际应用时几乎不可能实现对多故障的诊断。

2. 测后模拟法

测后模拟法又称故障分析法，其特点是在电路测试后，根据测量信息对电路模拟，从而进行故障诊断。它分为参数识别技术和故障证实技术，如图 4.1 所示。

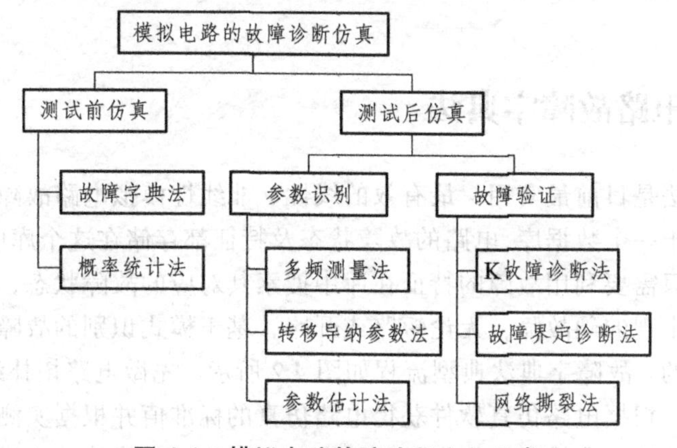

图 4.1 模拟电路故障诊断方法分类

（1）参数识别技术。参数识别技术包含多频测量法、转移导纳法、参数估计法，是根据电路网络中的拓扑关系、输入激励和输出响应，识别出网络中所有参数（或参数偏离标称值的偏差）后依据每个参数的允许容差范围以决定网络中的故障元件。参数识别技术也被称为元件值可解性问题。它根据网络诊断方程的特点，分为线性和非线性两类。其中线性诊断方程一般都有唯一解，可以唯一地定位故障；而非线性方程一般都存在多解，只能求得局部区域内的唯一解，因此在故障定位时只能在一定范围内唯一地定位故障。即存在故障定位的不确定性问题。

（2）故障证实技术，包含 K 故障诊断法、故障界定诊断法、网络撕裂法，如图 4.1 所示，其基本思想是预先猜测电路中故障所在，然后根据所测数据去验证这种猜测是否正确，如果二者吻合，则认为猜测正确，故障定位工作结束。当电路中总的故障种类较多，各种故障的组合数较大时，这种“猜测”的次数是非常大的，对每次猜测的测试证实工作量也必然更大。为了减少工作量，同时考虑到模拟电路的容差问题，常采用网络撕裂法（也称电路切割法），它是将大的电路网络撕裂为若干子网络，诊断时先将故障定位到子网络，再由子网络定位到更小的子网络，直到寻找到故障的最小区域。采用这种分级诊断的方法可以提高诊断效率。

目前，随着大规模和超大规模集成电路的集成度与复杂度越来越高，各种新技术不断涌现出来，模糊诊断法、专家系统、神经网络法、模拟退火优化算法被运用到了实际模拟电路故障诊断中。某些复杂的电路，元件容差、电路噪声、元件参数和特征间的关系不是线性的，如果用传统的电路理论和方法去求解的话，要想得到精确并唯一的解是非常困难的，于是出现了模糊现象。在实际电路故障诊断时，可以把一个复染的电路当成一个模糊系统，利用处理模糊信号的理论做故障隔离。人工智能理论和技术的不断进步使模拟电路故障诊断的自动化和智能化成为现实。文献改进的模拟退火优化算法，并对模拟电子设备的故障诊断问题作了讨论，给出了基于退火算法的模拟电子线路故障诊断方法。基于人工智能的模拟电路故障诊断是方便和高效的，是现在及今后模拟电路故障智能诊断主要研究方向。

此外，实践中，被动红外热成像技术被大量用于模拟电路故障诊断中。当模拟电路中某个元器件的参数改变的时候，其相应的电流、电压一定会发生变化，电流与电压的乘积即功率会发生改变，功率的变化会导致其表面温度发生变化，如果做红外摄像测温，通过计算机处理，寻找温度有显著差异（与正常的元器件相比较）的元器件，即可定位发生故障的元件的位置。

4.2　直流模拟电路故障字典法

现代故障字典法是目前最实用、最有效的线性、非线性模拟电路故障诊断方法。

故障字典类似于一个数据库,电路的故障状态及特征都存储在这个库中并且一一对应的，出现故障的时候，只需要利用故障的特征在库中搜索其对应的故障状态，就可以完成故障的诊断。模拟电路中出现的硬故障，无论短路或开路，基于模式识别的故障字典法对模拟电路故障诊断都是有效的。故障字典法典型流程如图 4.2 所示，先做电路拓扑结构、元件标称值、测试点选择等研究，根据电路仿真软件获得电路仿真的标准值并根据实测值进行修正，然后根据上述信息建立故障字典模式识别库；而后启动自动测试系统给被测模拟电路注入激励信号，测试得到监测点的输出信号，用计算机对测试数据进行采集处理，与故障模式识别库进行比对，判断数据是否超界，获得具体的故障信息并显示出来供用户使用。

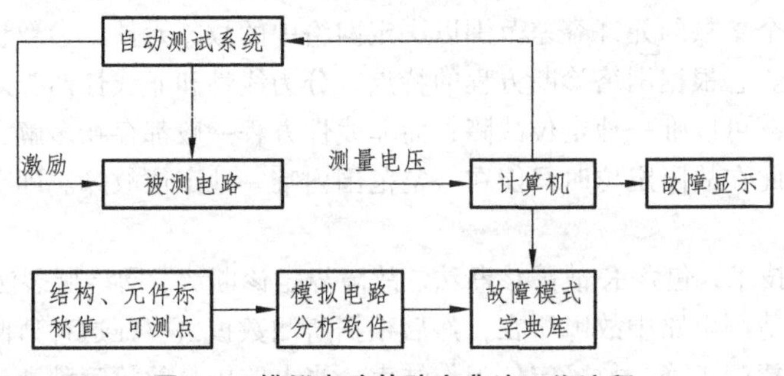

图 4.2　模拟电路故障字典法工作流程

依据模拟电路故障特征，故障字典法可以分为直流故障字典法和交流故障字典法。直流故障字典法是指电路的工作电压为直流，提取的故障特征为被测节点直流电压的偏移。交流故障字典是指电路的工作电压为交流，提取的故障特征为被测节点的幅频或者相频特性转折点的偏移。本节只考虑直流故障字典法。

下面详细讨论直流故障字典建立方法和建立过程。

1. 故障状态字典建立

以图 4.3 所示的某电视机的视频放大器电路为例，来说明直流故障字典的建立步骤和如何用故障字典法诊断电路的硬故障。

（1）电路构成：由图 4.3 可知，本视频放大器共有 50 个电阻、4 个电感、9 个三极管，7 个二极管和 4 个稳压二极管，总共有 43 个节点和 4 种电源构成。

（2）工作原理：该视频放大器电路工作原理为：在节点 14 加 + 30 V 激励输入，节点 21 加 + 5 V，节点 25 加 + 25 V，节点 35 加 + 5 V，节点 42 加 – 5 V。节点 13 为高压→普通二极管 D_5 截止→节点 12 为高压→三极管 T_3 导通致使 T_3 集电极为零电位→稳压二极管 ZD_4 截止→节点 10、9 为低压→三极管 T_5 截止，节点 8 为高压，稳压二极管 ZD_1 起稳压作用导通→节点 7、6 为高压→三极管 T_6 导通→节点 5 为低压→稳压二极管 ZD_2 截止→节点 4、3 为低压，三极管 T_7 截止→节点 2 为高压→稳压二极管 ZD_3 起稳压作用导通→节点 32 为高压，负反馈三极管 T_9 导通起作用，节点 16 为低压；节点 29 为高压使三极管 T_4 导通→节点 27 为负电压，三极管 T_8 截止，同时三极管 T_2 截止→节点 36、37 为负电压→自动增益 AGC 电路输出为负值。

在节点 14 加 – 30 V 激励输入，节点 21 加 + 5 V，节点 25 加 + 25 V，节点 35 加 + 5 V，节点 42 加 – 5 V→节点 13 为低压→普通二极管 D_5 导通→节点 12 为负电压→三极管 T_3 截止致使 T_3 集电极为高电位→稳压二极管 ZD_4 导通→节点 10、9 为高压→三极管 T_5 导通，节点 8 为低压，稳压二极管 ZD_1 截止→节点 7、6 为低压→三极管 T_6 截止→节点 5 为高压→稳压二极管 ZD_2 导通→节点 4、3 为高压，三极管 T_7 导通→节点 2 为低压→稳压二极管 ZD_3 截止→节点 32 为低压，负反馈三极管 T_9 截止不起反馈作用，节点 16 为低压；节点 29 为低压使三极管 T_4 截止→节点 27 为正电压，三极管 T_8 导通，同时三极管 T_2 导通→节点 36、37 为高电压→自动增益 AGC 电路输出为正值。

（3）故障定义：该放大电路中 50 个电阻、4 个电感、7 个普通二极管。由于电阻的可靠性较高，发生故障的概率较小，而 9 个三极管和 4 个稳压二极管发生故障的概率较大，是关键器件，所以本电路故障研究只定义与 9 个三极管和 4 个稳压二极管相关的 20 种硬故障，如表 4.1 所示。表 4.1 中，符号 T 表示三极管，ZD 表示稳压二极管，s 表示短路，o 表示开路，b 表示基极，e 表示发射极，c 表示集电极。由表 4.1 可见，这里所确定的诊断范围实际上仅包括 T_1、T_3、T_5、T_6、T_7、T_9 共计 6 个三极管，而从实际维修情况看后 3 个三极管 T_2、T_4、T_8 不承受高压很少损坏，所以不考虑三极管 T_2、T_4、T_8 故障问题，而且由于电路中无电容，也不考虑电感的硬故障，因此对图 4.3 视频放大电路只建立直流故障字典即可。

（4）输入激励：图 4.3 所示电路共有 43 个节点，14，21，25，35，42 是输入节点。其中节点 14 可以作为激励端口，该节点上允许施加 ± 30 V 的直流电压作为激励信号；根据电路个工作原理定义本视频放大电路的输入激励向量为：

$$\boldsymbol{U}_{IN1} = (30,05,25,05,-05)^{\mathrm{T}} \tag{4.1}$$

$$\boldsymbol{U}_{IN2} = (-30,05,25,05,-05)^{\mathrm{T}} \tag{4.2}$$

式（4.1）、（4.2）中，上标“T”代表转置，如果这两个输入激励向量不足以进行故障检测，或者隔离度不够，那么就需要增加新的激励向量。

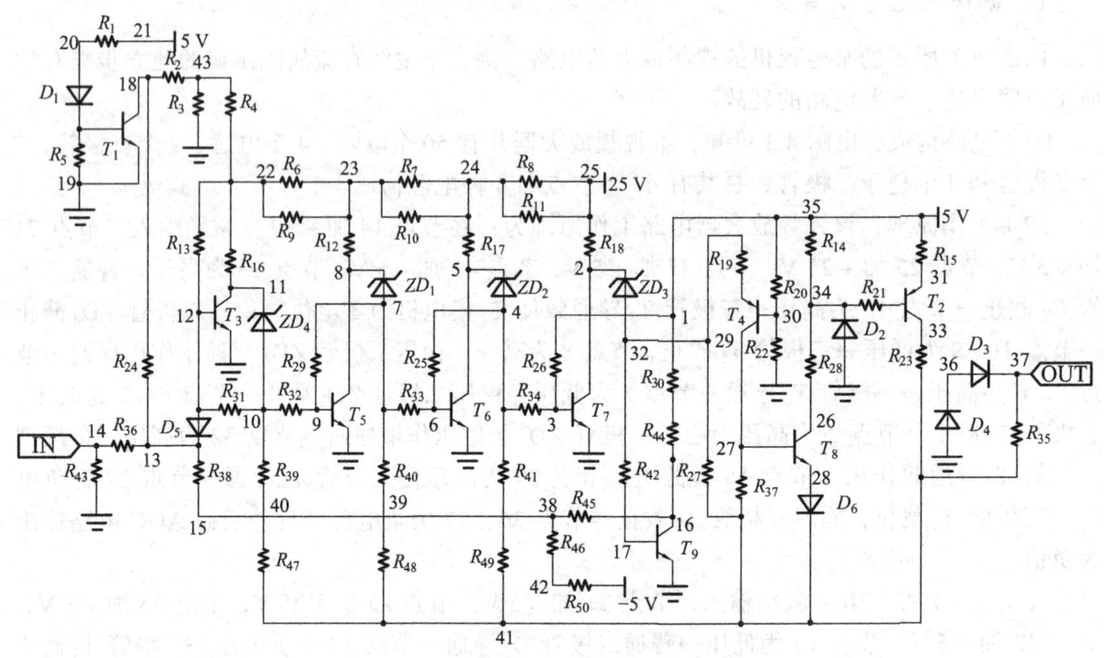

图 4.3　某电视机视频放大模拟电路图

表 4.1　视频放大模拟电路故障定义

故障号码	故障说明	故障号码	故障说明
F_0	正常状态	F_{11}	T_{9bcs}
F_1	T_{1bes}	F_{12}	T_{9bo}
F_2	T_{3ces}	F_{13}	ZD_{z4o}
F_3	T_{3bo}	F_{14}	ZD_{z4s}
F_4	T_{5bes}	F_{15}	ZD_{z1o}
F_5	T_{5bo}	F_{16}	ZD_{z1s}
F_6	T_{6bes}	F_{17}	ZD_{z2o}
F_7	T_{6bo}	F_{18}	ZD_{z2s}
F_8	T_{7bes}	F_{19}	ZD_{z3o}
F_9	T_{7bo}	F_{20}	ZD_{z3s}
F_{10}	T_{9bes}		

（5）测试点选择：全部 43 个节点都选作测试点显然是不明智的，总的要求是，尽量减少测试点，但仍能保证满意的故障隔离。在本例中，为叙述简便起见，先选用 9 个测试点，

即 2，5，8，11，16，18，26，27，33，然后分别施加 U_{IN1}，U_{IN2} 两个激励向量，即只改变 14 节点电压，在这两个激励向量作用下测出以上 9 个节点的电压值，作为故障征兆来建立故障字典。

（6）测试量：本电路共有 21 种情况，即一个正常情况和 20 个故障情况（见表 4.1）。此外，它有两个输入激励向量，因此共需 $21 \times 2 = 42$ 次电路测试。在 9 个测试点上共可得出 378 个电压值。虽然该电路是非线性的，但这些节点电压均可由通用的电路分析程序模拟获得，模拟时，可将三极管的故障表现归结为内部短路、内部开路和局部击穿故障，因此，在电路图中增加晶体管各引脚与电路相应节点间的串联电阻 R_B、R_C、R_E 以及晶体管某两引脚之间的电阻 R_{BC}、R_{CE}、R_{BE}，用于模拟晶体管 PN 结的短路和击穿。这些电阻的具体参数设置为：正常情况下，故障引脚电阻 R_B、R_C、R_E 阻值近似为零，故障结电阻 R_{BC}、R_{CE}、R_{BE} 阻值为无穷大。故障情况下，某引脚开路时，对应的引脚电阻阻值设置为无穷大，电路中取 300 MΩ；两引脚短路时，对应的故障结电阻阻值设置为 5 Ω；两引脚击穿时，对应的故障结电阻阻值设置为 700 Ω。本节对图 4.3 所示电路采用程序进行模拟，其中稳压管一律用 5 V 定额，二极管和三极管正常均用典型值，三极管故障采用上述短路、开路电阻值。所得的 378 个数据列于表 4.2，其中节点 14 为输入激励分别施加 ±30 V。

表 4.2　故障仿真测试数据表

故障	节点									
	14	2	5	8	11	16	18	26	27	33
F_0	+30	7.96	0.05	7.28	0.14	0.04	0.03	−4.24	−3.41	4.14
	−30	0.03	7.26	0.04	6.93	1.21	0.04	5.00	−5.94	−5.93
F_1	+30	7.97	0.04	7.27	0.13	0.03	1.81	−4.23	−3.37	4.13
	−30	0.04	7.26	0.04	6.94	1.26	1.16	5.00	−5.93	−5.93
F_2	+30	7.97	0.05	7.31	0.01	0.04	0.04	−4.23	−3.41	4.12
	−30	7.97	0.06	7.13	0.02	0.05	0.04	−4.27	−5.48	4.12
F_3	+30	0.04	7.26	0.04	7.47	6.71	0.04	5.00	−5.88	−5.87
	−30	0.03	7.25	0.05	6.93	1.19	0.05	5.00	−5.91	−5.90
F_4	+30	7.97	0.05	7.27	0.14	0.04	0.05	−4.21	−3.36	4.13
	−30	7.97	0.04	7.31	6.24	0.03	0.04	−4.25	−3.44	4.12
F_5	+30	7.95	0.04	7.25	0.14	0.05	0.04	−4.23	−3.37	4.12
	−30	7.96	0.05	7.55	11.1	0.04	0.02	−4.20	−3.43	4.13
F_6	+30	0.04	7.27	6.51	0.13	6.67	0.03	5.00	−5.86	−5.86
	−30	0.04	7.22	0.04	6.93	1.17	0.04	5.00	−5.90	−5.94
F_7	+30	0.03	7.53	10.2	0.08	6.68	0.04	5.00	−5.89	−5.88
	−30	0.04	7.25	0.04	6.93	1.17	0.05	5.00	−5.93	−5.93
F_8	+30	7.95	0.04	7.31	0.13	0.06	0.06	−4.25	−3.37	4.12
	−30	7.97	6.64	0.04	6.95	0.04	0.04	−4.25	−3.44	4.13

续表

故障	节点									
	14	2	5	8	11	16	18	26	27	33
F_9	+30	7.96	0.05	7.29	0.13	0.03	0.03	−4.24	−3.35	4.13
	−30	8.04	9.81	0.04	6.94	0.04	0.04	−4.21	−3.45	4.13
F_{10}	+30	7.94	0.04	7.29	0.13	6.77	0.04	−4.23	−3.37	4.12
	−30	0.04	7.25	0.04	6.94	1.19	0.05	5.00	−5.95	−5.94
F_{11}	+30	7.94	0.04	7.29	0.14	0.80	0.04	−4.25	−3.42	4.14
	−30	0.04	7.26	0.04	6.95	0.41	0.04	5.00	−5.96	−5.96
F_{12}	+30	8.14	0.04	7.26	0.13	6.77	0.04	−4.26	−3.41	4.13
	−30	0.04	7.27	0.04	6.95	1.19	0.05	5.00	−5.90	−5.95
F_{13}	+30	7.95	0.04	7.29	0.14	0.04	0.04	−4.25	−3.36	4.14
	−30	7.95	0.04	7.13	25.0	0.06	0.06	−4.26	−3.47	4.15
F_{14}	+30	7.96	0.04	7.29	0.02	0.04	0.04	−4.25	−3.41	4.13
	−30	0.06	7.27	0.04	2.26	1.24	0.03	5.00	−5.94	−5.94
F_{15}	+30	0.04	7.25	25.0	3.99	6.73	0.04	5.00	−5.94	−5.90
	−30	0.04	7.27	0.04	6.95	1.19	0.05	5.00	−5.91	−5.93
F_{16}	+30	7.95	0.04	2.66	0.13	0.04	0.04	−4.23	−3.41	4.15
	−30	0.04	7.26	0.04	6.93	1.19	0.04	5.00	−5.96	−5.96
F_{17}	+30	7.97	0.04	7.29	0.15	0.04	0.04	−4.26	−3.41	4.13
	−30	7.97	25.0	0.04	6.95	0.04	0.02	−4.24	−3.46	4.16
F_{18}	+30	7.99	0.04	7.27	0.16	0.04	0.04	−4.26	−3.42	4.15
	−30	0.04	2.66	0.04	6.95	1.18	0.04	5.00	−5.90	−5.90
F_{19}	+30	25.0	0.04	7.25	0.15	6.74	0.04	5.00	−3.43	−5.94
	−30	0.06	7.27	0.06	6.93	1.19	0.04	5.00	−5.90	−5.91
F_{20}	+30	3.23	0.04	7.29	0.14	0.06	0.03	−4.17	−3.42	4.14
	−30	0.04	7.26	0.04	6.96	1.19	0.04	5.00	−5.94	−5.92

2. 电路故障状态模糊集划分

（1）删除不需要的测试点：从表 4.2 可见，节点 18 电压除在故障 F_1 状态时略高以外，其余均在 0.02～0.06 V 内；节点 26、27、33 上的电压值基本上是相关的，比如在故障 F_1 状态时，3 个节点电压值均有变化，并且它们和节点 2 上的电压值提供的信息基本类同，只是在故障 F_{19} 和 F_{20} 的状态下尚有差别，即当节点 2 的电压值在某一故障状态下发生变化时，节点 26，27，33 的电压值也发生变化，因此它们提供的信息基本一致。通过上述分析后可以发现，在初选的 9 个测试点中，可将其中 4 个测试节点 18、26、27、33 删除，只需要保留另外 5

个节点 2、5、11、8、16，就可以隔离 20 种故障中的 19 种，其中 F_{10} 和 F_{12} 是两个不能唯一隔离的故障。但从表 4.2 可见，F_{10} 和 F_{12} 皆与三极管 T_9 有关，任一个故障可通过更换 T_9 来排除，因此，无进一步隔离的必要。

（2）故障隔离：现共有 5 个测试点，两个输入激励向量，21 种情况，所以总计有 $5\times2\times21=210$ 种电压值，如表 4.2 左侧数据所示。上述测试结果只能检测出有无故障，并没有隔离各故障，原因在于存在测试结果的模糊性。由于电路模拟分析程序中非线性器件的表达式与被诊断器件的特性很可能不完全一致，二极管 PN 结、三极管 BE 极间 PN 结的正向压降实际上可能小于 0.7 V，因此表 4.2 中的节点电压难免有偏差；另外由于待测模拟电路中无故障元器件参数值存在容差，所测得的节点电压也难免有偏差。这些偏差的存在使测试结果存在模糊性，只有将表 4.2 中的模拟电压值划分为几个模糊集，以便用模糊技术确定电路中的故障状态。

（3）模糊集的划分：模糊集的划分可按如下原则进行。把无故障状态、各个故障状态下对应的所有节点电压模拟值作为原始数据，对于每个节点挑选其中比较密集的数据群构成数个模糊集，模糊集应该包含所有划分在集内的状态值；各模糊集之间不能相互重叠并且尽量分离，至少应有 0.2 V 的隔离区；每一模糊集所覆盖的其他电压值可根据具体情况而定。

（4）建立故障的模糊集表：参考表 4.2 中节点 2、5、8、11、16 上的节点电压数据，根据上述模糊集的划分规则，再考虑元器件容差等因素形成的模糊带，具体划分 7 个模糊集如下：

模糊集Ⅰ的中心值约为 0.62 ± 0.7 V，其模糊带电压范围为 0 ~ 1.32 V。

模糊集Ⅱ的中心值约为 2.3 ± 0.5 V，其模糊带电压范围为 1.8 ~ 2.8 V。

模糊集Ⅲ的中心值约为 3.7 ± 0.7 V，其模糊带电压范围为 3.0 ~ 4.4 V。

模糊集Ⅳ的中心值约为 6.6 ± 0.7 V，其模糊带电压范围为 5.9 ~ 7.3 V。

模糊集Ⅴ的中心值约为 8.3 ± 0.5 V，其模糊带电压范围为 7.8 ~ 8.8 V。

模糊集Ⅵ的中心值约为 10.5 ± 0.7 V，其模糊带电压范围为 9.8 ~ 11.2 V。

模糊集Ⅶ的中心值约为 25 ± 0.7 V，其模糊带电压范围为 24.3 ~ 25.7 V。

综上所述，可得图 4.3 所示视频放大电路的模糊集数据，见表 4.3。

表 4.3　视频放大模拟电路故障的模糊集表

节点	激励	模糊集Ⅰ	模糊集Ⅱ	模糊集Ⅲ	模糊集Ⅳ	模糊集Ⅴ	模糊集Ⅵ	模糊集Ⅶ
2	+30	F_3, F_6, F_7, F_{15}		F_{20}		$F_0\sim F_{20}$（F_6, F_7, F_{15}, F_{19}, F_{20} 除外）		F_{19}
	−30	$F_0\sim F_{20}$（F_2, F_4, F_5, F_8, F_9, F_{13}, F_{17} 除外）		F_{20}		F_2, F_4, F_5, F_8, F_9, F_{13}, F_{17}		

续表

节点	激励	模糊集Ⅰ	模糊集Ⅱ	模糊集Ⅲ	模糊集Ⅳ	模糊集Ⅴ	模糊集Ⅵ	模糊集Ⅶ
5	+30	$F_0 \sim F_{20}$（F_3, F_6, F_7, F_{15} 除外）			F_3, F_6, F_{15}			
	−30	F_2, F_4, F_5, F_{13}	F_{18}		$F_0 \sim F_{20}$（F_2, F_4, F_5, F_9, F_{13}, F_{17}, F_{18} 除外）		F_9	F_{17}
8	+30	F_3	F_{16}		$F_0 \sim F_{20}$（F_3, F_7, F_{15}, F_{16} 除外）		F_7	F_{15}
	−30	$F_0 \sim F_{20}$（F_2, F_4, F_5, F_{13} 除外）			F_2, F_4, F_{13}	F_5		
11	+30	$F_0 \sim F_{20}$（F_3, F_{15} 除外）		F_{15}		F_3		
	−30	F_2	F_{14}		$F_0 \sim F_{20}$（F_2, F_5, F_{13}, F_{14} 除外）		F_5	F_{13}
16	+30	$F_0 \sim F_{20}$（F_3, F_6, F_7, F_{10}, F_{12}, F_{15}, F_{19} 除外）			F_3, F_6, F_7, F_{10}, F_{11}, F_{12}, F_{15}, F_{19}			
	−30	$F_0 \sim F_{20}$						

3. 故障状态隔离与应用故障字典做诊断

现在对模糊集加以处理，以确定哪些故障能够唯一地隔离出来，哪些测试能提供较大的隔离度，因而予以保留。研究确定了 3 个故障隔离规则。

规则 1：如果模糊集只包含一个故障，则唯一区别该故障，并保留相应测试。例如在表 4.3 中，节点 2 在 +30 V 激励、模糊带Ⅲ所对应的模糊集，只包含故障 F_{20}，因而故障 F_{20} 可以唯一区分出来。

规则 2：若模糊集的交点只包含一个故障，则可唯一确定该故障，并且保留相应的各个测试。例如，节点 2 在 −30 V 激励时落在模糊带Ⅰ所对应的模糊集，与节点 5 在 −30 V 激励落在模糊带Ⅰ所对应的模糊集之交，只包含故障 F_{13}，即共有故障 F_{13}。因此，当电路在 −30 V 激励下，节点 2、节点 5 同时落在模糊带Ⅰ，则一定是发生故障 F_{13}；因此故障 F_{13} 可以唯一隔离出来，测试节点 2、节点 5 应保留。

规则 3：若模糊集的对称差包含故障，则可排除对称差所包含的故障，并且保留相应的各个测试。例如，节点 2 在 + 30 V 激励落在模糊带Ⅴ所对应的模糊集，与节点 16 在 + 30 V 激励落在模糊带Ⅰ所对应的模糊集的对称差，包含故障 F_{10}, F_{12}, F_{20}（即非共有故障），因此，当电路在 + 30 V 激励下，节点 2 落在模糊带Ⅴ，节点 16 落在模糊带Ⅰ，这时可以排除故障 F_{10}, F_{12}, F_{20}，测试点节点 2、节点 16 应保留。

由表 4.3 可见，按规则 1 已能隔离出 20 种故障中的 12 种：F_2, F_3, F_5, F_7, F_9, F_{13}, F_{15}, F_{16}, F_{17}, F_{18}, F_{19}, F_{20}。再按规则 2 和规则 3 又能隔离出其他一些故障，例如：故障 F_6 可在不出现故障 F_3, F_{15} 的情况下，通过检查 + 30 V 激励时节点 5 上的电压值是否落在模糊带Ⅳ之内而被唯一确定。又如故障 F_4 可在不出现故障 F_2, F_{13} 的情况下，通过检查 - 30 V 激励时节点 8 上的电压值是否落在模糊带Ⅳ之内而被唯一确定。此外，其中仅有 F_{10} 和 F_{12} 未能唯一隔离出来，但从表 4.2 可见，F_{10} 和 F_{12} 皆与三极管 T_9 有关，任一个故障可通过更换 T_9 来排除，因此，无进一步隔离的必要。至此，图 4.3 所示电路的关键故障已完全描述。

将表 4.3 的故障字典模糊集数据，存储到以计算机为核心的电子线路故障自动测试设备中，构成故障字典数据库。通过对图 4.3 所示的视频放大器进行自动测试，将测试数据按照一定的规则进行逻辑运算，并与故障字典数据库的特征值进行比较，就能自动分析、判断图 4.3 所示电路的工作状态。

4.3 可诊断容差的模拟电路故障字典法

故障字典法是目前线性、非线性模拟电路故障诊断最有效的 SBT 方法之一，可诊断性条件没有严格的限制，实用性强，工程上多采用这种方法。但是软故障与容差对模拟电路故障字典法的应用实践受到很大限制，需要认真对待。2000 年，陈圣俭等基于支路屏蔽的原理提出一种可以诊断容差模拟电路软故障的新型故障字典法，不但能诊断硬故障，而且可以诊断元件参数任意变值的软故障。在此基础上，提出的“全激励、全测试、被屏蔽支路集求交集”的容差电路诊断方法有效地解决了容差的影响问题。

1. 支路屏蔽的原理

支路屏蔽就是通过施加某种特定的激励电流，使得电路中某特定支路的支路电压为零，这时该支路元件参数无论发生怎样的变化，对电路的输出都不会再有影响。下面以线性电路为例进行分析。

设有正常标称网络 N_0, N_f 为 N_0 故障后的故障网络；假定网络中元件类型为导纳及电压控制电流源（VCCS）。在相同的端口电流激励下，N_f 相对于 N_0 的端口电压增量设为 ΔV_m，ΔV_m 可以认为是由支路等效故障电流源的存在而引起的，即有：

$$\Delta V_m = Z_{mb} \times I_B^f \tag{4.3}$$

式（4.3）中 Z_{mb} 为 N_0 的支路对端口的转移阻抗矩阵，为故障支路的等效故障电流源。又由支路等效故障电流源的定义知：

$$I_j^f = 0 \xleftrightarrow{\text{equivalent}} V_i = 0 \tag{4.4}$$

式（4.4）中，对于故障导纳元件有$i = j$，对于故障的 VCCS，i为控制支路号，j为受控支路号。由于网络支路电压V_i是端口激励电流函数，故只要找到特定端口激励电流$I_{\mathrm{m}} = i^*$，使得网络N_{f}故障支路被屏蔽（$V_i = 0$），即有$I_j^f = 0$，也就是公式（4.3）中的$I_B^f = 0$，从而推出：$\Delta V_m = 0$。也就是在这种特定激励电流的激励下N_{f}与N_0有完全相同的输出（两者相应节点和支路的电压均相同）。根据 K 故障诊断法，可证明不论是线性还是非线性电路，只要特定激励电流的个数m大于故障支路数k，上述特定激励电流就是存在的。

2. 单支路软故障字典建立

根据上面的讨论，网络N_{f}的故障支路被屏蔽时，N_{f}与N_0有完全相同的响应输出。因此，若无故障网络N_0的某支路被屏蔽了，那么不论该支路元件参数发生怎样的变化（故障），它都不会对电路的输出有影响。根据这一特点，测前依据标称网络N_0，可以建立故障字典。

建立字典的关键在于求取特定激励电流。以单支路故障为例，根据 K 故障诊断法，当特定激励电流的个数m大于故障支路数k，只需施加 2 个激励电流（I_1, I_2），支路P被屏蔽时，其支路电压为零，即应满足式（4.5）。

$$V_P = V_{n1}(I_1 - I_2) - V_{n2}(I_1 - I_2) = 0 \tag{4.5}$$

式（4.5）中，V_P表示支路 P 的支路电压，$V_{n1}(I_1, I_2)$, $V_{n2}(I_1, I_2)$表示支路 P 两端节点电压；I_1, I_2为施加于某可及节点上激励电流。根据参考文献[19]推知，满足公式（4.5）的解$I_P^* = (I_1^*, I_2^*)$不是唯一的，而是$I_1 - I_2$平面上过原点的一条连续曲线。以公式（4.5）为目标函数，可先给定具体值让$I_1 = I_1^*$，以I_2为变量，利用牛顿迭代法求I_2^*的值；具体求解方法请参阅文献。下面举例说明字典建立方法及诊断过程。

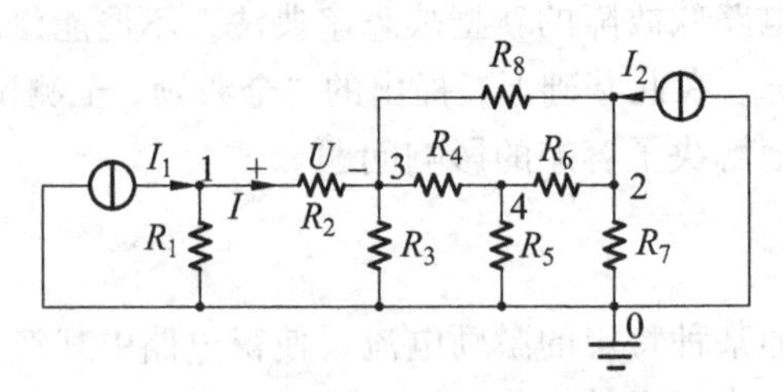

图 4.4　软故障字典建立用例模拟电路

设图 4.4 所示的非线性电路N_0，图中R_2为一非线性元件，伏安关系为$I = U^3$，$R_3 = R_4 = R_8 = 0.5\,\Omega$，其余电阻均为 1 Ω，设节点 1、2 和 0 为可及节点，试建立单故障字典。假设激励电流加载在节点（1，0），（2，0）之间，并设$I_1 = I_1^* = 1A$，根据式（4.5），利用牛顿迭代法，求得各支路的屏蔽电流I_2^*如表 4.4 中所示。选取可及节点 2 作为电压测量端口，先计算出标称网络N_0在各屏蔽电流的分别激励下，节点 2 的电压计算值如表 4.4 中所示。

把被屏蔽支路号，相应屏蔽电流值，以及此时节点 2 所对应的电压计算值，作为一组数据（定义为一个记录），存储起来，故障字典便建立起来，如表 4.4 中前 3 列。

表 4.4 软故障电路字典数据

被屏蔽支路	屏蔽电流 I_2^*/A（$I_1^*=1$）	节点 2 电压计算值/V	节点 2 电压实测值/V
R_1	−6.500 000	2.400 000	1.391 000
R_2	5.000 000	−2.000 000	−1.329 000
R_3	−0.477 000	0.127 000	0.036 700
R_4	4.707 000	−1.883 000	−1.254 000
R_5	−0.300 000	0.060 000	−0.004 000
R_6	0.000 000	−0.054 000	−0.073 000
R_7	−0.140 000	−1.39E-07	−0.040 000
R_8	0.129 000	−0.104 000	−0.104 000

3. 故障仿真

设已知网络 N_0 发生了单故障，故障后的网络设为 N_f。利用上述字典中提供的激励电流分别依次激励网络 N_f，得到节点 2 的实测电压值（见表 4.4 中最后 1 列）。该实例电压值和字典中存储的节点 2 的实测电压值比较，可以看出，只有当 $I_1=I_1^*=1\ \text{A}$，$I_2^*=0.129000\ \text{A}$，节点 2 的实测电压值与计算电压值才相等。经查表得，故障支路为 R_8。事实上，上述数据是在 R_8 变为 0.001 Ω 后得到的。

4. 多支路软故障字典建立

对于多故障，利用类似的方法可以建立多故障字典。设有 $K(1<K<m)$ 个支路同时发生故障，为了将它们全部屏蔽，应施加 $(K+1)$ 个激励电流，并以式（4.6）为优化目标函数。

$$\begin{cases}V_{b1}=V_{b11}(I_1,I_2,\cdots,I_{k+1})-V_{b12}(I_1,I_2,\cdots,I_{k+1})=0\\V_{b2}=V_{b21}(I_1,I_2,\cdots,I_{k+1})-V_{b22}(I_1,I_2,\cdots,I_{k+1})=0\\\cdots\\V_{bk}=V_{bk1}(I_1,I_2,\cdots,I_{k+1})-V_{bk2}(I_1,I_2,\cdots,I_{k+1})=0\end{cases}\tag{4.6}$$

式中，V_{bi} 是第 i 条支路的支路电压；V_{bi1}、V_{bi2} 表示支路 i 两端节点的电压。由文献[19]知：式（4.6）与式（4.5）类似，式（4.6）的求解实质上是一个 K 维非线性方程组（设网络 N_0 为非线性网络）的求解。利用非线性方程组的牛顿迭代法可以求出其中的 K 个激励电流值，当（$K+1$）个屏蔽电流确定后，仿照前面可以建立相应的多故障字典。

5. 容差情况下故障字典的建立及诊断

当考虑模拟电路的元器件参数容差后，故障字典的建立与诊断变得情况很复杂。2000 年陈圣俭等人提出一种"全激励、全测试，被屏蔽支路集求交集"的容差电路故障诊断方法。

6. 容差电路屏蔽电流和测试节点电压的确定

测前按模拟电路元器件的标称值计算屏蔽每一条支路的屏蔽电流，把这些屏蔽电流作为有容差但无故障网络的相应支路的近似屏蔽电流。在这种电流的激励下，计算容差网络选定测试节点的电压。由于此时元件参数是在容差限内随机变动的，因此该电压是一个区间值，该区间可以应用蒙特卡洛法确定出来，设为$[V_i^{01}, V_i^{02}]$。

7. 被屏蔽支路集的确定

在特定激励电流的激励下，某支路被屏蔽实质上是对测试节点而言，节点电压相对于该支路元件参数的灵敏度为零。

用近似屏蔽电流激励无故障容差网络的方法如下：首先给无故障容差网络的各元件在其容差限内多次随机赋值，当赋值的组数足够多时，这组样本值就基本上反映了无故障容差网络元件所有可能的取值情况。

用每一组近似屏蔽电流分别去激励上述给定的各取值网络，并对选定测试点电压进行灵敏度分析，把对应于每组激励电流下，元件参数取不同值时，灵敏度最低的支路选出来，作为该近似屏蔽电流下的被屏蔽支路集。设其为：$\psi_1, \psi_2, \cdots, \psi_8$（$\psi_i$表示在支路$i$的近似屏蔽电流激励下，容差网络被屏蔽的所有支路集合）。

8. 考虑容差下模拟电路故障字典建立及诊断

将上述的各近似屏蔽电流，和与之对应的测试节点的各电压区间，以及相应的被屏蔽支路集ψ_i作为一组数据存入一个记录中，这样容差故障字典就建立起来了。实际诊断时，采用全激励、全测试，被屏蔽支路集求交集的方法。即对被诊断网络，依次分别施加每一组近似屏蔽电流，并分别测量其输出电压，把输出电压填入字典中相应电压区间中（$V_{mi} \in [V_i^{01}, V_i^{02}]$）的几组激励所对应的被屏蔽支路集，进行求交集运算，结果即为故障支路（集）。设故障支路（集）为ψ，则有：$\psi = \psi_1 \cap \psi_2 \cap, \cdots, \cap \psi_8$。

设有网络N_0，电路图和各元件标称参数及伏安关系与如图 4.4 所示相同。元件参数容差为元件标称值的 10%，试建立该容差网络的单故障字典。该容差网络各支路的近似屏蔽电流已经求出，如表 4.5（第 2 列）所示。在各近似屏蔽电流的激励下，对容差网络进行灵敏度分析，得到被屏蔽支路集如表 4.5（第 3 列）所示。在各近似屏蔽电流的激励下，结合各元件参数的容差，利用蒙特卡洛法计算得到节点 2 的计算电压区间如表 4.5（第 4 列）所示。当表 4.5 中第 2、3、4 列按对应关系存入相应记录，容差故障字典就建立起来了。

表 4.5　考虑容差的模拟电路字典数据

支路	近似屏蔽电流 I_2^*/A ($I_1^*=1$ A)	被屏蔽支路	节点 2 电压计算区间值/V	节点 2 电压实测值/V
R_1	−6.500 000	R_1，R_4	[+2.044 0，+2.802 0]	2.454 0
R_2	5.000 000	R_1，R_2，R_4	[−2.376 0，−1.676 0]	−2.073 0
R_3	−0.477 000	R_3，R_4	[+0.101 0，+0.151 0]	0.131 0
R_4	4.707 000	R_1，R_4	[−2.238 0，−0.151 0]	−1.953 0
R_5	−0.300 000	R_4，R_5	[+0.039 0，+0.083 0]	0.065 0
R_6	0.000 000	R_4，R_6	[−0.077 0，−0.031 0]	−0.052 0
R_7	−0.140 000	R_4，R_5，R_6，R_7	[−0.019 0，+0.023 0]	0.004 0
R_8	0.129 000	R_4，R_8	[−0.123 0，−0.080 0]	−0.103 0

设网络 N_0 发生了单故障，故障元件为 R_4，其余元件参数均在容差限内.各元件参数假定为：$R_1 = 0.9\ \Omega$，$R_3 = 0.55\ \Omega$，$R_4 = 100\ \Omega$，$R_5 = 1.1\ \Omega$，$R_6 = 0.9\ \Omega$，$R_8 = 0.45\ \Omega$。经过仿真，得到各近似屏蔽电流的激励下节点 2 电压值如表 4.5（第 5 列）所示。显然上述各电压值，均落入相应的电压区间内，所以故障支路为：

$$
\begin{aligned}
\psi &= \psi_1 \cap \psi_2 \cap \psi_3 \cap \psi_4 \cap \psi_5 \cap \psi_6 \cap \psi_7 \cap \psi_8 \\
&= (R_1 \cup R_4) \cap (R_1 \cup R_2 \cup R_4) \cap (R_3 \cup R_4) \cap (R_1 \cup R_4) \cap (R_4 \cup R_5) \cap \\
&\quad (R_4 \cup R_6) \cap (R_4 \cup R_5) \cap (R_6 \cup R_7) \cap (R_4 \cup R_8) = R_4
\end{aligned}
$$

即故障支路为 R_4，该结论与前面的故障假定一致。

4.4　模拟电路故障诊断模拟退火算法

基于模拟退火优化算法的模拟电路故障诊断，属于 SAT 测后模拟法，通过测后仿真技术是利用测量信息辨识网络的所有元件参数，根据该值是否在设计容差范围之内来决定元件故障与否。模拟退火算法（Simulated Annealing，SA）是 20 世纪 80 年代提出的一种解决组合优化问题的寻优方法，其基本思想是把优化问题的目标函数模拟成物理系统的能量，设计一个优化过程，模拟物理系统逐步降温达到最低能量或接近最低能量的过程，即退火过程。基于这一思想构造的算法在许多数值问题应用中取得了良好的结果，与传统的优化算法相比，模拟退火算法的特点在于它以有限的方式接收目标函数增加的变换，从而可逃出局部最优的陷阱，保证所得的解为全局最优。

1. 模拟退火算法 SA

把优化问题的状态视为物理系统的状态，目标函数视为能量，则优化问题和物理系统的最低能量状态问题是一致的。基本模拟退火算法如下：

（1）给定初始温度 $T_k = T_0$；

（2）在温度 T_k 下进行如下迭代

① 选定初始状态 $x(m) = x_i$；

② 定义一个产生新状态的机制 $x(m+1)$；

③ 计算能量差 $\Delta E(m) = E(x((m+1)) - E(x(m))$；

④ 以概率 $P = \begin{cases} 1, & \Delta E \leqslant 0 \\ \exp(-\Delta E(m)/T_k), & \Delta E > 0 \end{cases}$ 接收新状态 $x(m+1)$；

⑤ $x(m+1) \to x(m)$，重复②③④直到迭代平衡；

（3）降温 $T_{k+1} = T_k - \Delta T_k$；

（4）重复（2），直到最优状态出现（温度降到最低 T_f，能量降到最低）。

上述基本模拟退火算法仅仅是一个算法框架，对不同的问题需要具体地设计算法，如新状态的产生机制、降温过程、初始最高温度 T_0 及最低温度 T_f 的确定等。

初始温度 T_0 选取算法准则为退火过程要求 T_0 足够大，但又不可能选为 ∞，所选择的 T_0 与温度 $T \to \infty$ 时具有基本相同的效果即可，即

$$P(|\mathrm{e}^{-\Delta E(m)/T_0}-1|<\varepsilon)\to 1 \tag{4.7}$$

式（4.7）中，$\Delta E(m)$ 为

$$\Delta E(m)=\max[E(x(m+1))-E(x(m))] \tag{4.8}$$

式（4.8）中，要求 $\varepsilon>0$ 且满足

$$T_0>\frac{\Delta E(m)}{\varepsilon} \tag{4.9}$$

这样，按式（4.7）～（4.9）所选 T_0，可保证使系统在此初始温度 T_0 时的 Boltzmann 分布和温度 $T\to\infty$ 时的 Boltzmann 分布以概率 1 接近，从而保证两者有同样的退火效果。

降温过程 ΔT_k 的选取算法为

$$\begin{cases}T_{k+1}=T_k-\Delta T_k\\ \Delta T_k=(1-\beta)T_k,\ \ 0<\beta<1\end{cases} \tag{4.10}$$

式（4.10）中，β 为一自适应调节参数，使 ΔT_k 的值在不同温度情况下，下降的速率不同，以保证在求解近似程度比较理想的情况下，提高运算速度；保证在某个温度 T_k 下的迭代结束后，以能量函数 E 的方差为判据，当方差较小时，调节 β 值，使 ΔT_k 值较大；反之，则较小。ΔT_k 的选取应保证最后求得最优解的概率，若 ΔT_k 选的太大，温度 T 下降快，算法计算时间短，但求解的准确性下降，还有可能陷入局部最小值。

最低温度 T_f 的选取算法准则为

$$\begin{cases}\sum\limits_{j=1}^{n}W_j\,|\,x_j(0)-x_j(1)\,|<\varepsilon\\ T_k=T_f\leqslant\dfrac{1}{\varepsilon}\end{cases} \tag{4.11}$$

退火算法选取的最低温度 T_f 不可能为零（否者计算过程被零除），满足式（4.11）条件，并保证在 T_f 下使系统趋于最优解的概率为 1 即可；注意到实际退火过程 T_f 可降到零。

2. 改进的模拟退火算法 G-SA

注意到模拟退火算法中，全局最优性主要是由初始温度足够高，退火速度足够慢，且以概率 $P=\begin{cases}1, & \Delta E\leqslant 0\\ \exp(-\Delta E/T_k, & \Delta E>0\end{cases}$ 接收每一新状态条件形成的。为了加快算法收索速度并保持 SA 算法全局最优特性，用最速下降法与 SA 结合构成改进的模拟退火算法 G-SA。

假设能量函数 $E(x)$ 存在一阶连续偏导数 $\nabla E(x)$，最速下降法的迭代公式表示为

$$X_{k+1}=X_k+\lambda_k C_k\nabla E(x_k) \tag{4.12}$$

式（4.12）中，C_k 为小的正步长因子，以保证温度趋于最小时 $(T_k\to 0)$，按梯度平滑地过渡到最优解，C_k 可以根据最速下降法中过的最有步长法计算得到；公式中负梯度 $-\nabla E(x)$ 方向为搜索解的最速下降方向；为了逃出局部解，并结合算法 SA 特性，在某个温度 T_k 时，以概率 $\exp(-\Delta E/T_k)$ 允许沿正的梯度方向上升，以保证 SA 算法的全局最优性，因此要求参数 λ_k 满足

$$\lambda_k = \begin{cases} e^{-\frac{\Delta E}{T_k}}, & \Delta E > 0 \\ 1, & \Delta E \leqslant 0 \end{cases} \tag{4.13}$$

3. 模拟电路退火算法目标函数建立和诊断算法的构造

在众多的模拟电路故障诊断方法中，测后仿真法是一种较有前途的方法，该类方法利用信息较充分，可进行较为全面的诊断，测后仿真法分为任意故障诊断方法和故障验证方法两类。任意故障诊断方法的最大优点是可定出所有元件的实际值，从而不存在容差影响问题；但这类方法要求测试点足够多，一般要求测量个数大于元件个数，对于实际大规模电路来说，比较难实现。而多故障验证方法假设电路中同时故障的元件个数不超过某一给定值 K，对非故障元件用其标称值代替，从而只需求解故障元件值，测后计算量小，且所要求的可及测点相对少。但因实际电路中元件都有容差，用标称值代替非故障元件值使方法在实际应用时受容差的影响较大。可利用参数辨识法解决容差的思路来解决容差影响问题，即在测量有限和存在容差扰动情况下，依据一定的诊断准则，采用优化方法，求出最有可能的故障集。

设电路N是一个线性时不变、集中参数非互易网络，含有 n 个元件，m 个可及节点 $(m<n)$。以向量 $x=(x_1,x_2,\cdots,x_n)^{\mathrm{T}}$ 表示网络元件参量，以 m 个可及端口电压 $V_m=(V_1,V_2,\cdots,V_n)^{\mathrm{T}}$ 表示系统特性参量。系统特性参量与元件参量间的解析关系为

$$V_m = f(x) \tag{4.14}$$

设由于故障、容差使元件参量发生变化 Δx，则系统特性变化 ΔV_m，如式（4.15）。

$$\Delta V_m = f(x+\Delta x) - f(x) = \phi(x,\Delta x) \tag{4.15}$$

网络的故障诊断问题实际上归为如何通过测量偏差 ΔV_m 求得元件参量偏差 Δx。

事实上，故障电路不可能是所有元件同时故障，短时间内多个元件同时故障的概率很小。如果诊断结果中出现多个元件都有故障，在物理上讲不够现实。比较现实的诊断结果是，既满足测量方程（4.15）且诊断出的故障个数最少。因此，模拟退火算法的目标函数 J 定义为使电路网络元件参量偏差 $\Delta x_j(j\in n)$ 中超出其容差限 $\varepsilon_j(j\in n)$ 的个数最少，约束条件为测量公式（4.15），最优问题目标函数 J 形成如下

$$J = f(\Delta x_j) = \min_{\{\Delta x\}} \sum_{j=1}^{n} T_j(\Delta x_j) \tag{4.16}$$

式（4.16）约束条件为 $\Delta V_m = \phi(x,\Delta x)$，且

$$T_j(\Delta x_j) = \begin{cases} 0, & |\Delta x_j| \leqslant \varepsilon_j \\ 1, & |\Delta x_j| > \varepsilon_j \end{cases}$$

对目标函数式（4.16）求最优解是典型的组合优化问题。将目标函数 J 比作物理能量，电路元件参数偏差 Δx 比作物理系统状态，基于退火算法的模拟电路多故障诊断框图如图 4.5 所示。执行步骤为：

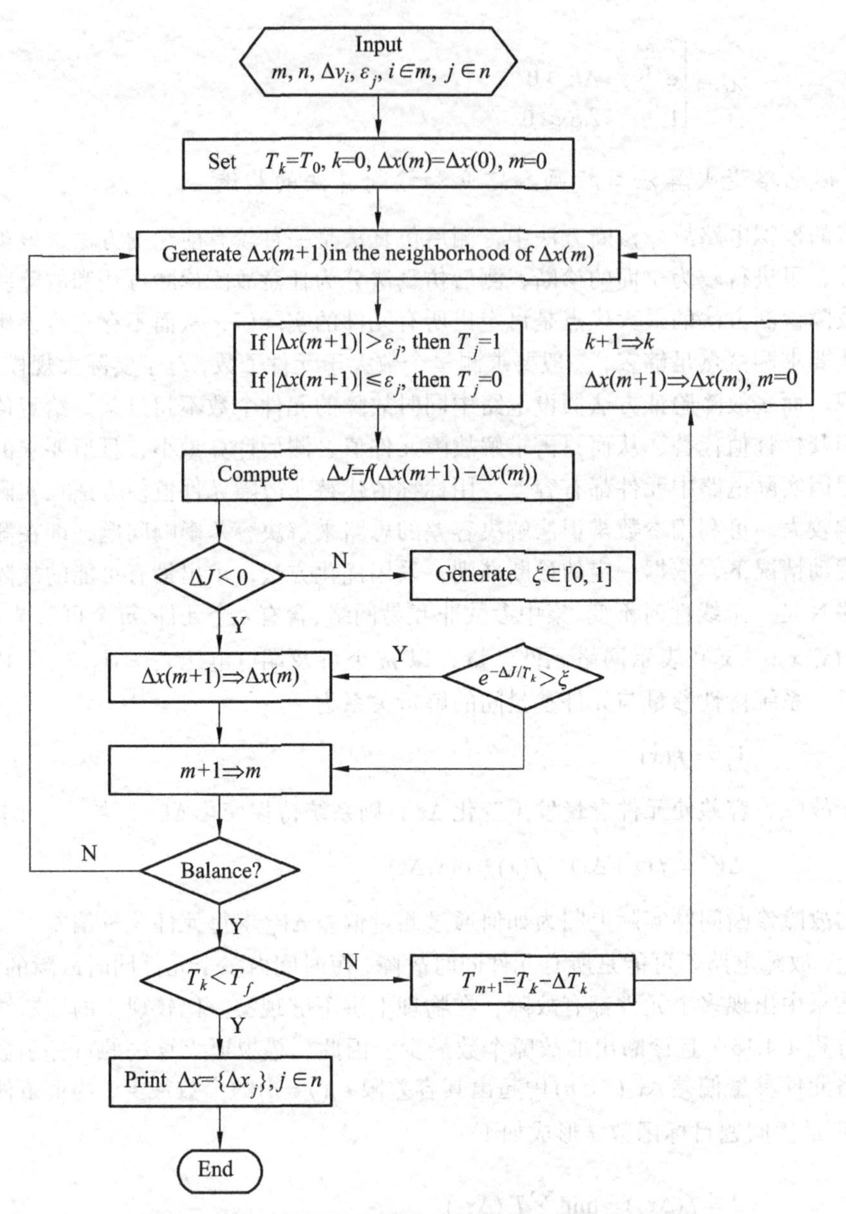

图 4.5 基于模拟退火算法的模拟电路故障诊断框图

① 首先输入 $n,\ m,\ \varepsilon_j,\ \Delta V_i$，其中 $i\in m,\ j\in n$；

② 其次设定初始温度 $T_k=T_0,\ k=0,\ \Delta x(m)=\Delta x(0),\ m=0$；

③ 然后在 $\Delta x(m)$ 领域产生 $\Delta x(m+1)$；

④ 下一步判断，如果 $|\Delta x(m+1)|>\varepsilon_j$，则 $T_j=1$；如果 $|\Delta x(m+1)|\leqslant\varepsilon_j$，则 $T_j=0$；

⑤ 计算 $\Delta J=f(\Delta x(m+1)-\Delta x(m))$，并做判断，如果 $\Delta J<0$ 成立，则 $\Delta x(m+1)\Rightarrow\Delta x(m),\ m+1\Rightarrow m$；如果 $\Delta J<0$ 不成立，则产生随机数 $\xi\in[0,1]$，计算判断如果 $\mathrm{e}^{-\Delta J/T_k}>\xi$ 成立，则 $\Delta x(m+1)\Rightarrow\Delta x(m),\ m+1\Rightarrow m$；如果 $\mathrm{e}^{-\Delta J/T_k}>\xi$ 不成立，则 $m+1\Rightarrow m$；

⑥ 再下一步，判断迭代是否平衡？若为否，则回到③，重新执行③④⑤；若平衡，则判断如果 $T_k<T_f$ 不成立，下一步则计算 $T_{k+1}=T_k-\Delta T_k$，$K+1\Rightarrow K,\ \Delta x(m+1)\Rightarrow\Delta x(m),\ m=0$，然

后回到③，重新执行③④⑤；判断如果 $T_k < T_f$ 成立，下一步则打印元件偏差状态 $\Delta x = \{\Delta x_j\}$，$j \in n$，算法结束。

4. 基于退火算法的模拟电路故障诊断实践

考虑驱动喇叭的功率放大电路，其电路参数如图 4.6 所示（ R_L 为 8 Ω 扬声器）。其故障可分为两类，一类是电路偏离正常的工作点，为直流故障；这主要是由元件的短路，除电容外其他元件的变值或开路造成的。另一类故障表现为虽然电路的工作点正确，但交流特性不正常，称为交流故障，它主要是由电容的变值造成的。由于电路较复杂，分别对类故障进行诊断。

（1）直流故障分析。设有直流双故障发生。电阻 R_2 和 R_{c3} 的值分别由 100 kΩ 和 1 kΩ 变化为 1 kΩ 和 10 Ω，利用电路分析 SPICE 仿真程序和图 4.5 所示的故障诊断程序，可解算出故障元件值为 $R_2 = 1.06\ \Omega$，$R_{c3} = 10.47\ \Omega$；对应的诊断误差分别为：$\delta_1 = 6.0\%$，$\delta_2 = 4.7\%$；平均误差为 $\delta = 5.35\%$。

（2）交流故障分析。设有交流双故障发生，设电容 C_3 和 C_4 的值分别由 510 pF 和 1 000 μF 变化为 100 pF 和 10 μF，利用 SPICE 仿真程序和图 4.5 所示的故障诊断程序，解算出故障元件值 $C_3 = 110.41$ pF，$C_4 = 10.72$ μF；对应的诊断误差分别为：$\delta_3 = 10.0\%$；$\delta_4 = 7.2\%$；平均误差为 $\delta = 8.6\%$。

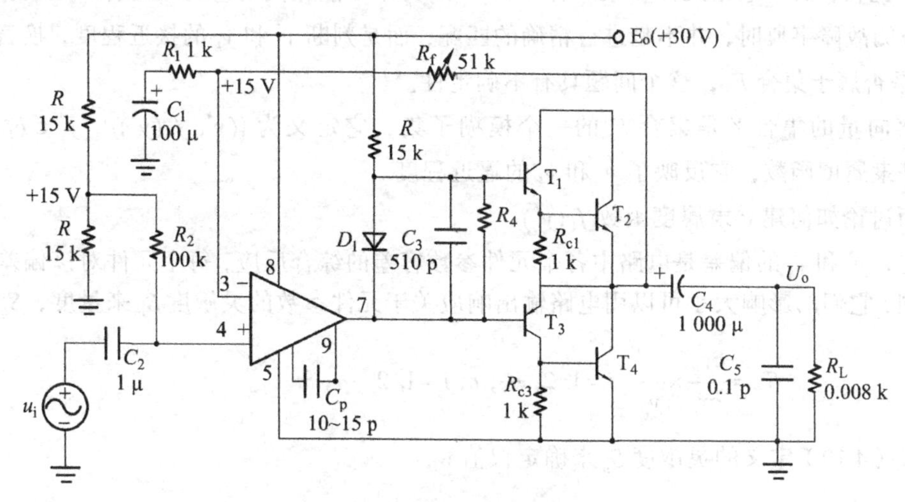

图 4.6　功率放大模拟电路

4.5　模拟电路故障诊断模糊字典法

模拟电子电路故障诊断困难在于电路元件参数容差诊断、电路的非线性、故障电路的不精确性和不确定性。故障字典法是模拟电路硬故障和单故障最有效方法。它通过计算机辅助电路分析，模拟各种可能发生的潜在硬故障（开路或短路），将模拟的结果存储在故障字典中。进行故障诊断时，将测量结果和故障字典中的模拟结果进行比较，从而发现故障所在。在应用故障字典法时，故障因素和容差因素互相交叠，具有一定的模糊性，给实际故障诊断带来一定的困难。因此，可将故障模拟电路作为一个模糊系统，用模糊故障字典取代传统的故障字典来进行模拟电路故障诊断。

1. 加权故障字典的建立

假设电路中共有 n 个电路元件，用 $x_i(i=1, 2, \cdots, n)$ 表示电路中第 i 个元件参数；又设电路中有 r 个潜在故障，用 $f_k(k=1, 2, \cdots, r)$ 表示电路中第 k 个潜在故障。现仅考虑直流电路且同时只能有单故障（开路或短路硬故障）。现设电路中共有 m 个可及测试节点，对于每个潜在的电路故障 $f_k(k=1, 2, \cdots, r)$，当模拟该故障时，可用 PSPICE 软件对该电路进行计算机辅助分析，由各元件标称值得到的模拟结果称为 f_k 故障征兆向量，如式（4.17）记为 y_k

$$y_k=[y_{k1}, y_{k2}, \cdots, y_{km}] \tag{4.17}$$

由于对电路进行计算机辅助分析时，所用的元件参数值都是元件标称值，而实际电路元件参数可能偏离标称值，故模拟结果和实际结果有偏差。因此，在故障字典中存储的模拟结果不应该是一个点，而应该是一个范围，所以将 f_k 故障模拟的结果的集合，称为 f_k 故障征兆向量集，记为 F_k。在对实际故障电路检测时，在 m 个测试节点得到一组观察值，可用向量 y^* 表示为

$$y^*=[y_1^*, y_2^*, \cdots, y_m^*] \tag{4.18}$$

将式（4.18）观察向量 y^* 与用计算机辅助电路分析得到的故障征兆向量 $y_k(k=1, 2, \cdots, r)$ 进行一一比较，由于电路元件参数的容差，y^* 和 y_k 不可能相同，它们之间有一定的偏差。因此，在查阅故障字典时，并不是进行精确的匹配，而是判断 y^* 和 y_k 的接近程度，换言之，要判断 y^* 是否属于集合 F_k，这个问题具有不确定性。

观察向量的集合 Y 是集合 F_k 的一个模糊子集，它定义为 $\{(y^*, f_k(y^*))\}$, $y^* \in F_k$，其中 $f_k(y^*)$ 是隶属度函数，它反映了 y^* 和 y_k 的逼近程度。

下面讨论如何建立隶属度函数 $f_k(y^*)$。

首先，y^* 和 y_k 的偏差是电路中各个元件参数容差的综合反应，每个元件对该偏差的影响各不相同，它们的影响大小可以用电路输出响应关于元件参数的灵敏度 S_{ij} 来量度，S_{ij} 定义为

$$S_{ij}=\frac{\partial y_{ij}}{\partial x_i} \times \frac{x_i}{y_{ij}}, \ i=1, 2, \cdots, n; \ j=1, 2, \cdots, m \tag{4.19}$$

用式（4.19）定义的灵敏度 S_{ij} 来确定权值 w_{ij}

$$w_{ij}=\frac{|S_{ij}|}{\sum_{j=1}^{m}|S_{ij}|}, \ i=1, 2, \cdots, n \tag{4.20}$$

式（4.20）中，w_{ij} 反映了第 i 个元件参数 x_i 发生变化时，对第 j 个测试节点的测量值的影响大小。并且数量关系上 w_{ij} 存在式（4.21）

$$\sum_{j=1}^{m} w_{ij}=1, \ w_{ij} \in [0, 1]; \ i=1, 2, \cdots, n \tag{4.21}$$

对于潜在故障 f_k，如果它对应于元件 x_i 发生开路或短路故障，隶属函数 $f_k(y^*)$ 定义为

$$f_k(y^*)=\sum_{j=1}^{m} w_{ij} \mathrm{e}^{-(y_j^*-y_{ij})^2}, \ k=1, 2, \cdots, r \tag{4.22}$$

因此，当节点 j 处的测量值 $y_j^*(j=1, 2, \cdots, m)$ 等于 f_k 故障征兆向量的各分量时，有

$$f_k(y^*) = \sum_{j=1}^{m} w_{ij} = 1 \tag{4.23}$$

即可确定发生故障 f_k；而当 y^* 和 y_k 偏离无穷大时，隶属函数 $f_k(y^*)=0$，即故障 f_k 不可能发生；其他情况，则介于这两种极端情况之间，即 $f_k(y^*)\in[0, 1]$。

2. 模糊故障字典诊断算法

首先计算出对于每个潜在故障条件 f_k 下 y^* 关于 f_k 的隶属度，得到 $f_1(y^*), f_2(y^*), \cdots, f_r(y^*)$。它们分别表征了观察向量 y^* 与 r 个 f_k 故障征兆向量的逼近程度，然后，从 r 个 $f_k(y^*)$ 中选择最大值

$$f_L(y^*) = \max\{f_1(y^*), f_2(y^*), \cdots f_r(y^*)\} \tag{4.24}$$

它表示测量向量与 f_L 故障征兆向量最为逼近。设定一个阀值 $\lambda\in[0, 1]$，如果 $f_L(y^*)\geqslant\lambda$，则判定第 L 个元件出了故障；否则，判定电路无故障。

总结模拟电路模糊故障字典法算法如下：

① 由计算机辅助电路分析，模拟各种潜在的故障原因，得到相应的故障征兆向量，并且计算输出响应关于各个元件参数的灵敏度，建立加权故障字典；

② 测量故障电路，得到观察响应向量 y^*；

③ 对于每个潜在的故障原因 f_i，计算隶属度 $f_i(y^*)$, $i=1, 2, \cdots, r$；

④ 从 r 个 $f_i(y^*)$ 中找出最大值；

⑤ 设置阀值 $\lambda\in[0, 1]$，如果 $\max\{f_i\}\geqslant\lambda$，判定相应的电路元件有故障；否则，判定该电路无故障。

3. 模糊故障字典诊断实例

模糊故障字典算法进行计算机仿真，选用电路如图 4.7 所示。该电路中有 8 个元件和 5 个测试节点。用 PSPICE 模拟各种故障原因，可以得到故障征兆向量，如表 4.6 所示。

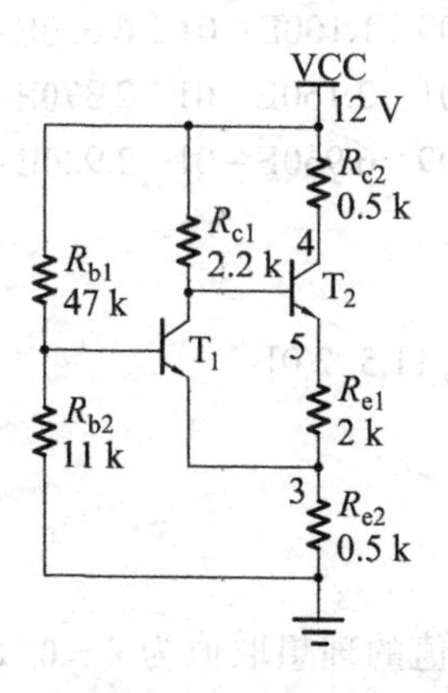

图 4.7　模糊故障字典法仿真电路

表 4.6 模糊故障字典法的模拟电路故障征兆向量

故障编号	元件编号	故障原因	Y_{k1}	Y_{k2}	Y_{k3}	Y_{k4}	Y_{k5}
F_1	1	R_{b1} 短路	1.200E01	1.100E01	1.100E01	1.200E01	1.100E01
F_2	2	R_{b2} 短路	2.550E-02	1.090E01	2.030E00	1.020E01	1.010E01
F_3	3	R_{c1} 短路	2.280E00	1.200E01	2.230E00	1.120E01	1.120E01
F_4	4	R_{c2} 短路	2.280E00	1.190E01	2.220E00	1.200E01	1.110E01
F_5	5	R_{e1} 短路	9.760E-01	2.690E-1	1.580E-01	1.200E01	1.580E-01
F_6	6	R_{e2} 短路	9.200E-01	1.080E-01	5.690E-18	1.200E01	2.690E-08
F_7	7	T_1 的 BE 短路	2.130E00	1.090E01	2.130E00	1.010E01	1.010E01
F_8	8	T_2 的 BE 短路	2.220E00	6.020E00	1.460E00	1.190E01	6.020E00
F_9	1	R_{b1} 开路	2.530E-07	1.090E01	2.030E00	1.020E01	1.010E01
F_{10}	2	R_{b2} 开路	3.100E00	2.380E00	2.280E00	1.200E01	2.280E00
F_{11}	3	R_{c1} 开路	8.270E00	9.930E-02	8.130E-02	1.200E01	8.130E-02
F_{12}	4	R_{c2} 开路	2.190E00	5.800E00	1.410E00	5.000E01	4.990E00
F_{13}	5	R_{e1} 开路	2.060E00	6.490E00	1.270E00	1.200E01	6.780E01
F_{14}	6	R_{e2} 开路	2.280E00	1.200E01	1.170E01	1.200E01	1.170E01
F_{15}	7	T_1 基极开路	2.280E00	1.090E01	2.030E00	1.020E01	1.010E00
F_{16}	8	T_2 基极开路	2.060E00	6.490E00	1.270E00	1.200E01	1.270E00

然后，计算权值 w_{ij}，计算结果可用矩阵形式表示如下。

$$[w_{ij}]=\begin{bmatrix} 9.990\text{E}-01 & 1.860\text{E}-08 & 2.030\text{E}-08 & 1.240\text{E}-08 & 1.790\text{E}-08 \\ 9.990\text{E}-01 & 1.860\text{E}-08 & 2.030\text{E}-08 & 1.530\text{E}-08 & 1.790\text{E}-08 \\ 3.260\text{E}-09 & 3.300\text{E}-01 & 6.430\text{E}-02 & 2.840\text{E}-01 & 3.220\text{E}-01 \\ 3.060\text{E}-09 & 3.090\text{E}-01 & 6.200\text{E}-02 & 3.190\text{E}-01 & 3.100\text{E}-01 \\ 6.290\text{E}-10 & 2.230\text{E}-01 & 2.920\text{E}-01 & 2.390\text{E}-01 & 2.370\text{E}-01 \\ 4.270\text{E}-09 & 1.100\text{E}-01 & 6.650\text{E}-01 & 1.130\text{E}-01 & 1.120\text{E}-01 \\ 1.610\text{E}-01 & 2.160\text{E}-01 & 2.370\text{E}-01 & 1.780\text{E}-01 & 2.080\text{E}-01 \\ 6.060\text{E}-09 & 6.960\text{E}-01 & 2.920\text{E}-02 & 1.290\text{E}-01 & 1.460\text{E}-01 \end{bmatrix}$$

如果测量到的观察响应向量为

$$y^*=[3.0,\ 2.1,\ 2.2,\ 11.5,\ 2.0]$$

则最大隶属度值为

$$f_{10}(y^*)=0.991$$

由实验统计结果分析发现，阈值的理想取值为 $\lambda=0.700$，则

$$f_{10}(y^*) > \lambda$$

这就意味着 R_{b2} 开路。

如果测量到的观察响应向量为

$$y^* = [2.112, 6.001, 1.245, 11.51, 5.780]$$

则最大隶属度为

$$f_8(y^*) = 0.973 > \lambda$$

由此可知，三极管 T_2 的发射极与基极之间存在 BE 短路。

4.6 本章小结

本章描述了模拟电路故障诊断发展进程，从各种模拟电路故障诊断技术中重点讨论实用性最强的故障字典法；用一个电视机视频放大电路研究了直流模拟电路故障字典建立方法，考虑电路元器件容差说明考虑容差的模拟电路故障字典的改进方法；描述了基本退火算法和改进退火算法并举例说明退火算法如何用于模拟电路故障诊断实践；考虑电路元器件参数值容差下引起的电路参数模糊性，引入了模拟电路的模糊故障字典法。

参考文献

[1] 安治永，李应红，苏长兵. 航空电子设备故障诊断技术研究综述[J]. 电光与控制，2006，13（3）：5-10.

[2] Huang Z F, Lin C H, Liu R W. Node-fault diagnosis, and design of the stability, IEEE Trans, Circuit System, 1983, CAS-30(5): 257-265.

[3] 吴耀. 模拟电路 K 故障诊断方法的实用性研究[D]. 北京：清华大学，1988.

[4] 杨士元. 一种新的模拟电路 K 故障诊断方法[J]. 清华大学学报自然科学版，1992（1）：83-92.

[5] 杨嘉伟. 一种新的模拟电路故障字典法[J]. 电子测量与仪器学报，1993（3）：49-56.

[6] 杨嘉伟，杨士元，童诗白. 模拟电路的模块级故障诊断[J]. 通信学报，1994，15（2）：1-8.

[7] Salama A E, et. al. A Unified Decomposition Approach for Fault Location in Large Analog Circuits, IEEE Trans, 1984, CAS-31: 602-622.

[8] 刘明刚，施建礼，吴中川. 大规模模拟电路故障诊断方法研究[J]. 仪表技术，2010（3）：39-41.

[9] 马红光，韩崇昭，孔祥玉，等. 基于 Lyapunov 指数的非线性模拟电路故障诊断方法[J]. 电子与系统学报，2004，9（4）：71-75.

[10] 朱大奇. 电子设备故障诊断原理与实践[M]. 北京：电子工业出版社，2004.

[11] 欧伦伟. 模拟电路故障诊断的故障字典法和神经网络法研究[D]. 湖南：湖南师范大学，

2013.
[12] 谭阳红. 基于小波和神经网络的大规模模拟电路故障诊断研究[D]. 湖南：湖南大学，2004.
[13] 李艳，翁湘英. 模拟退火优化算法及其在电子设备故障诊断中的应用[J]. 西北工业大学学报，1992，10（2）：188-196.
[14] 陈圣俭，洪炳熔，王月芳，等. 可诊断容差模拟电路软故障的新故障字典法[J]. 电子学报，2000，28（2）：127-129.
[15] 陈圣俭，何强，黄允华. 一种新的模拟电路故障字典法[J]. 测试技术学报，1996（3）：377-381.
[16] 陈圣俭. 模拟电路故障诊断理论与工程应用研究[D]. 军械工程学院，1997.
[17] 杨士元. 模拟系统的故障诊断与可靠性设计[M]. 北京：清华大学出版社，1993.
[18] 王虎符. 模拟电路的等输入/等输出 K 故障屏蔽方法[D]. 湖南：湖南大学，1986.
[19] 王虎符，伍远生，杨叔孔. 非线性电路的 K 故障屏蔽[J]. 电子学报，1990，18（1）：104-108.
[20] 雍正正. 模拟电路故障诊断：模糊故障字典法[J]. 数据采集与处理，1998，13（3）：210-213.
[21] 曲东才，董万里，陈琪. 某航空设备模拟电路故障状态分类器设计及仿真[J]. 飞机设计，2008，28（6）：55-58.

5 机载电气线路故障检测与诊断

5.1 机载电气线路故障现象

机载电气线路是航电设备的动脉，种类多，规模大，特别是使用年限15年以上老龄波音、空客客机或货机，由于长期遭受水、紫外线、温度、振动、过载等的影响，其电气线路故障的逐年增多。然而，机载电气线路敷设后，限于结构原因，一般不便全面检查和维护，故其故障又呈现隐蔽性和多样性的特点。另外，飞机电线电缆的维修成本非常高，据文献[1]估计，中国每年在飞机电线电缆系统维修上的花费约180万人工时，主要在电气线路故障查找上花费的时间较多。

机载电气线路按工作频率分，可分为高频、低频电气线路。对高频电气线路，多采用屏蔽线束；而对低频线路，通常采用非屏蔽线束（低频音频线路除外）。飞机上敷设电气线路穿舱施工，一般采用对接插头，密封导管，钻孔密封等多种形式。机载电气线路与航空电子设备、天线等的连接，多采用连接器形式完成。机载电气线路与连接器之间的连接，通常采用压接和焊接。根据机载电气线路敷设的特点，机载电气线路的故障诊断重点关注连接器、机载线束、屏蔽接线，对应故障检查重点是连接器接触不良、机载线束接触不良、屏蔽接地不良。连接器接触不良（包含短路、断路、接线错误、时断时通等情况）是机载电气线路的多发故障现象，可分为机载线束与连接器接触不良和连接器自身接触不良。

机载线束与连接器接触不良故障产生原因主要有：线路生产时质量不符合要求，焊（压）接工艺未达到工艺标准，出现虚焊（压）、断焊（压）、焊（压）错线等问题。飞机飞行时普遍存在震动现象，机载线束与连接器固定不合理，会导致线路与连接器的接触部位长期处于受力、受震动状态，时间长久导致故障出现。日常维护不到位，机载线束与连接器的连接部位长期处于高（低）温、漏水（油）、容易摩擦等环境之下，而未采取对应的包扎隔热棉、防水（油）套、防磨套等措施，时间长久导致故障出现。少量因产品质量不合格，线束、连接器的制作原材料随时间久远老化变性出现故障。

连接器自身接触不良故障产生原因主要有：连接器的日常维护不到位，如连接器固定松动、固定在容易受震动部位、未采取对应的防护措施（包扎隔热棉、防水套、防磨套等）等，最常见的故障原因之一是安装拆卸连接器时未按规范程序操作，紧固不到位、紧固过紧，或野蛮拆装，导致连接器形状受损、针脚弯曲、断裂或缺损；生产时工艺未达到标准要求，如焊接时间过长、焊接温度过高、压接力量过大等，造成连接器外形、内部结构发生改变；连接器生产工艺未达标准，如制造原材料随时间老化、强度达不到要求、抗振动性能不强等。

机载电气线路一经敷设到飞机上，其状态改变的概率极小，出现故障的概率也较低。但是如果出现机载电气线路敷设不合理，造成机上线束存在固定过紧、过松或敷设弯曲半径不符合标准等也会出现故障问题。固定过紧，会致使机载电气线束长期处于受力状态，加上飞机长期处于振动环境，容易导致机载电气线束断路或因绝缘层断裂而产生短路故障。固定过松，容易导致机载电气线束在飞机振动环境下与机体其他部位发生碰撞、摩擦，时间长久导致线路短路、断路。机载高频电气线路多采用同轴电缆，对机上各种弯曲半径有严格要求，敷设弯曲半径不符合要求容易导致线路折断、时断时通，信号传输强度达不到要求等故障。日常维护不到位也是机载电气线束出现故障的原因之一，如在飞机维修中踩踏电气线束；将水、油撒到机载电气线束后不及时处理；剪刀、钳子等尖锐物品不小心划伤机载电气线束；拆装机件时对机载电气线束形成拉扯、舱口盖变形或机载电气线束固定位置不合理导致舱口盖与机载电气线束发生刮擦、未采取对应的防护隔热、防水、防油措施等。

接地故障是机载电气线路比较常见的故障现象。机载电气线束的接地通常有两种：通过搭铁接地或通过航空电子电气设备外壳接地。接地不良，会导致航空电子电气设备工作受影响或无法正常工作。通过搭铁接地常见的故障原因有：搭铁线断裂、搭铁线未安装到有效接地部位、搭铁松动。通过航电电气设备外壳接地的常见故障有：机载电气线束屏蔽层与连接器连接松动、断路、连接器与航空电子电气设备外壳未实现有效接地。

5.2 机载电气线路常规检查方法

机载电气线路常规检查时根据飞机维护手册（AMM）、故障隔离手册（FIM）、部件维修手册（CMM）、翻修手册（OHM）和标准线路施工手册（SPM）执行电气线路检查与维修项目。

在日常维护中需对机载电气线路实施外部检查和通电检查，简单的机载电气线路故障如绝缘层破裂、断线、接地断开等可在外部检查阶段予以发现和排除，复杂的故障现象则多通过通电检查发现，然后进行故障隔离和故障定位，将故障定位到机上线路以后，再对机上线路进行故障排除。

目视法是最简单、最直接检查机载电气线路的方法，适用于飞机上视野开阔部位的电气线路检测。目视法可直接检查电气线路的防护措置有无缺损、绝缘层有无破裂、线路有无断裂、屏蔽层有无接地等故障，对于机载电气线束与连接器之间的连接目视检查则需要将连接器拆卸、分解后进行，但对于机载电气线束复杂或视野受限的部位，目视法则无用。

万用表测量法。利用万用表的电压、电流档、欧姆档可检查机载电气线路故障，特别是用数字万用表的二极管检查档可以快速确定机载电气线路与连接器的焊接是否正确、是否存在断路、短路现象、接地是否良好等。

兆欧表测量法。兆欧表俗称摇表，对于机载电气线路隐性故障的排除（如成捆线束中的线路之间的绝缘是否符合要求、是否存在短路、是否存在断路、线芯与屏蔽层之间的短路等）有着较好的效果。但是兆欧表采用高压方法实施机载电气线路检测，必须谨慎使用，确保机载电气线路与其他设备、网路断开方可实施检测，工程维修实践中出现过因使用兆欧表不当导致设备损坏的先例。

功率计测量法。航空电子设备多需通过天线向外发送信号，设备与天线之间多采用高频线束连接，高频线束的机上敷设（弯曲半径、敷设走向、敷设固定等）是否符合要求，可以通过功率计测量来予以确认，从而可以排除一些较隐蔽的故障，如连接器的屏蔽层与线芯存在时接触时不接触的故障、高频线束的线芯与连接器线芯接触不良等。

以上民航飞机电气线路日常常规检查与维护，应按照民航机务维修手册排故规程的规定严格执行，检查应彻底、全面、仔细，确保检查效果，对于一些不常检查的部位，应定期进行彻查，确保故障早发现、早处理。常规电气线路检查的缺点是花费时间多，并且还可能存在因人而异的可靠性不高的问题。

5.3 机载电气线路故障检测倒推法

机载电气线路故障检测倒推法是深圳航空公司机务工程部程佳工程师提出的一种检查飞机电气线路的实用方法。当飞机维修手册（AMM）和标准线路施工手册（SPM）不能覆盖所有电气线路故障检查时，从实践总结得到的机载电气线路故障检测倒推法往往是一种行之有效的方法。

倒推法的特点是，对于某些机上电气线路故障，尤其是一些有特殊性、瞬时性的问题，从结论往回推，倒过来思考，由故障现象回到已知条件，或许会使问题简单化。倒推法可以避免被冗繁的故障现象干扰，直接从源头上，找到问题的突破口，提高效率。该方法不是摒弃常规的思维模式，而是面对一些按照正常排故程序无法排除的故障或者遇到瓶颈时进行的尝试，也许常规思维难以解决的问题，通过倒推法可以轻松破解。

深圳航空公司 AIRBUS A320-200 型 B6550 号飞机曾出现 1 号电瓶过度放电，在两个月的时间里，机务人员等在飞机航前多次发现电瓶电压过低，导致更换多个电瓶，给航班保障带来很大困难。该故障一直处于监控状态，无法排除，后在深圳基地按照机务维修手册执行 C 检时再次出现异常放电现象，监控测量放电电流为 1.98 A，远远超过正常放电电流上限值 400 mA。这种故障的特点是故障现象不稳定，而且涉及的故障件非常多，通过 A320-200 机务维修排故手册隔离此故障十分困难。

引起 A320-200 型 B6550 号飞机 1 号电瓶过度放电故障，可能有 6 条支路（16CE1，5PB1，12PB1，9PB1，7XE，22CE1）存在异常放电的可能，如图 5.1 所示，每一条支路里都可能存在故障件。通过电流表记录读数，逐个拔出跳转开关后，测量电流值是否超过 400 mA，确定故障支路，然后继续用此方法隔离故障，直到将故障件缩小到最小的可能范围，接着通过手册分析故障件功能，结合相关测试，判定故障件，更换后再进行放电电流测量和部件测试，确定故障排除。排故手册中给出了很大篇幅的隔离步骤，只隔离了一条支路，剩下 5 条支路的故障件仍然众多，但机务排故手册中只给了这样的相关描述“do a check of the system related to this circuit breaker to find the cause of this over consumption”，意思就是其余可能导致耗电的线路部分，需要我们自己分析。

1. 故障检测过程

如图 5.1 所示，依次拔线出其余 5 个支路跳线开关 5PB1，12PB1，9PB1，7XE，22CE1，记录电流表读数。只有拔出跳线开关 12PB1 后，电流为 9.4 mA，其余都远大于 400 mA，可见，当拔出 12PB1 后，电瓶不再过度耗电，证明耗电原因发生在 12PB1 所在支路。如图 5.2

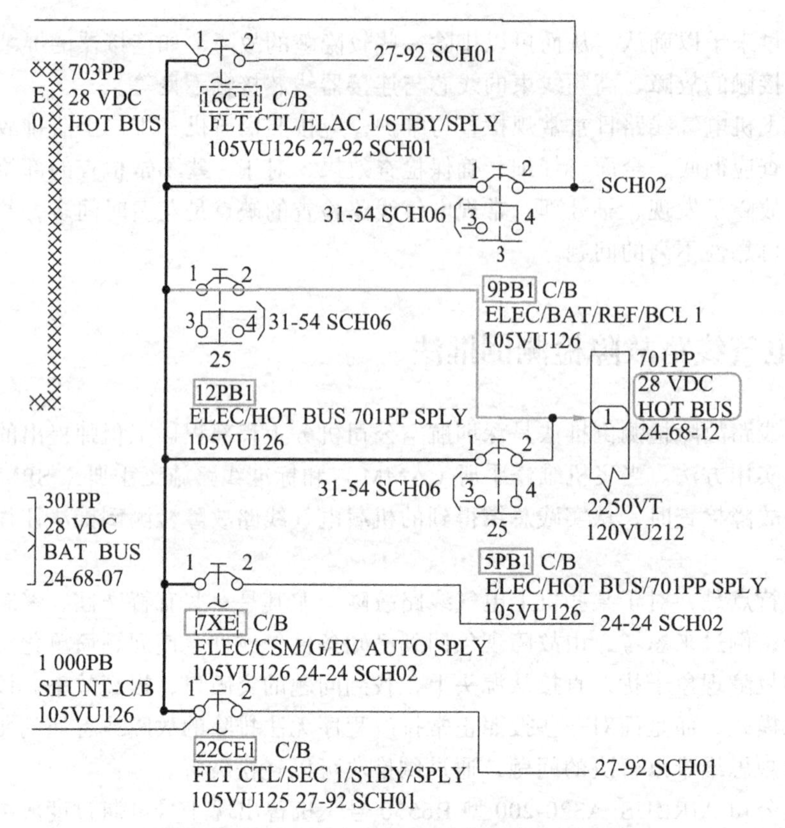

图 5.1　A320-200 飞机 1 号电瓶电气线路图

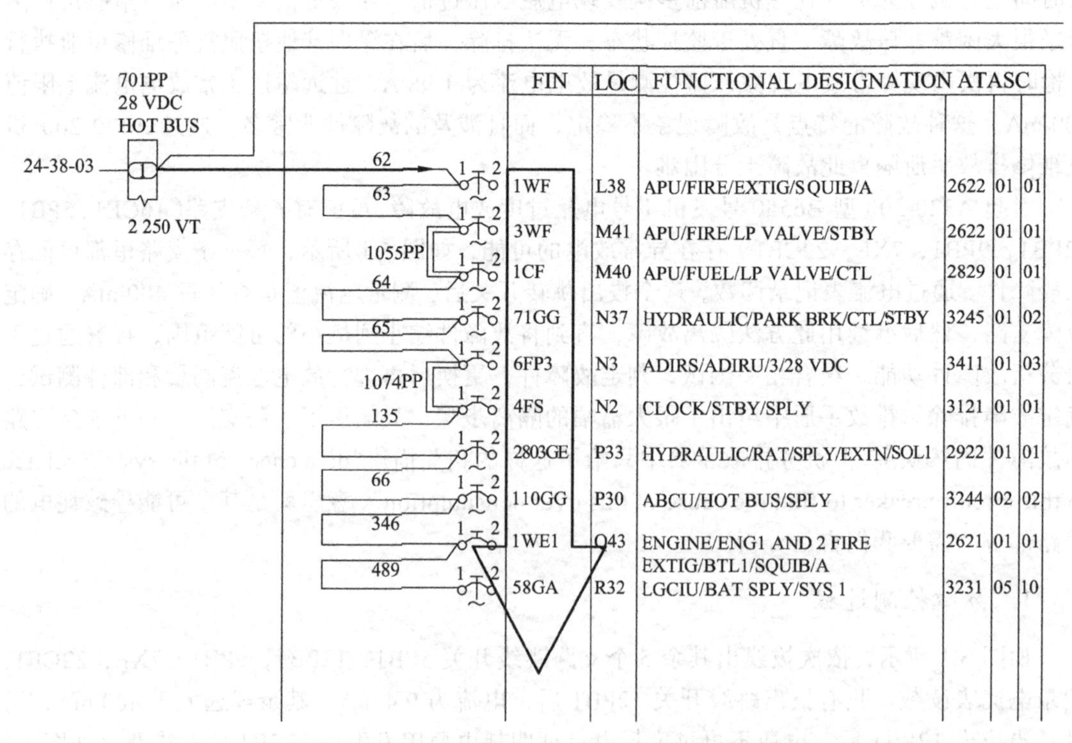

图 5.2　A320-200 飞机 1 号电瓶 701PP 电气线路图

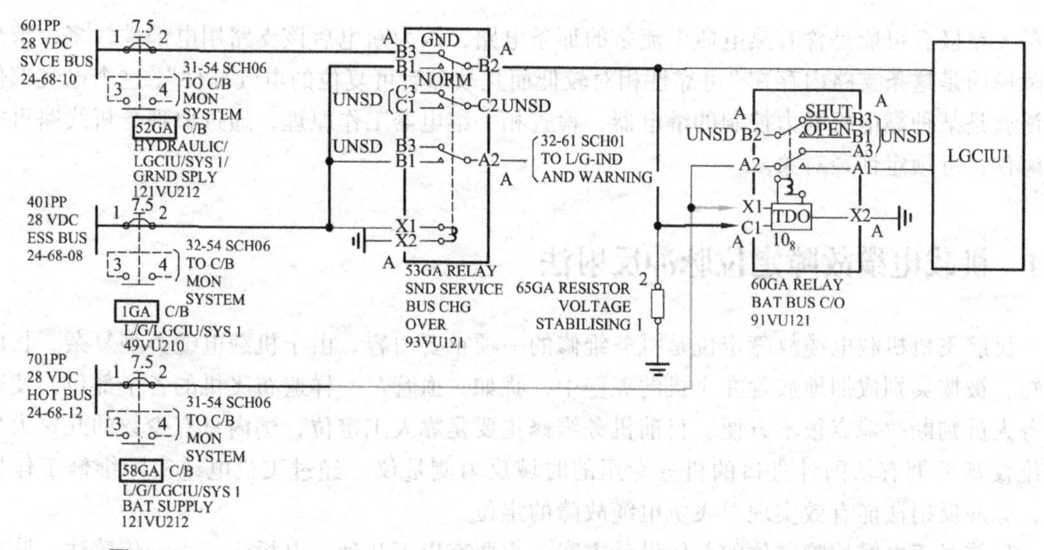

图 5.3 A320-200 飞机 1 号电瓶 701PP 电气线路 58GA\60GA 继电器控制图

所示，查看 12PB1 下游 ASM，此时闭合 12PB1，继续依次拔出跳线开关隔离（从 1WF 到 58GA），电流一直保持在 1.7 A 左右，直到拔出跳线开关 58GA 时，放电电流下降为 37 mA，耗电部件确定在 58GA 下游。查看线路图，如图 5.3 所示，58GA 下游的继电器 60GA 有 TDO 延时控制功能，无论是可靠性方面还是工作原理方面都与我们的猜想一致。为进一步确认故障，执行 60GA 的功能测试，发现当拔出跳线开关 52GA 和开关 1GA（见图 5.3）10 s 后，应该出现 L/G LGCIU1 FAULT 故障信息，即 1#电瓶停止对 LGCIU1 供电，而此故障信息一直未出现，所以判断是 60GA 的 10 s 延时断开功能失效，才导致了在飞机整机断电后，1#电瓶仍通过 28VDC HOTBUS 向 LGCIU1 供电，导致电瓶持续放电，电压过低。至此，电气线路故障原因被找到。

2. 维修过程

更换 60GA，如图 5.3 所示，执行 60GA 功能测试：拔出 52GA，无 L/G LGCIU1 FAULT 信息；闭合 52GA，拔出 1GA，无 L/G LGCIU1 FAULT 信息；同时拔出 52GA 和 1GA 10 s 后，出现 L/G LGCIU1 FAULT 信息，10 s 延时断开功能测试正常，确定故障排除。

电气线路故障检测倒推法的思路逻辑如图 5.4 所示。为什么会出现“整机断电后放电电流过大，导致电瓶电压过低”，推测可能是因为某一条支路在断电后仍在消耗电瓶的电量，而

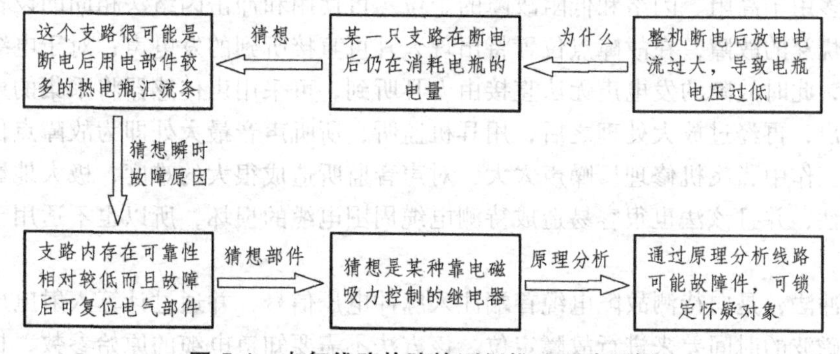

图 5.4 电气线路故障检测倒推法思路逻辑

这条支路极有可能是含有热电瓶汇流条的那条电路，因为断电后该支路用电部件较多，猜想故障原因是这条支路内存在“可靠性相对较低而且故障后可复位的电气部件”，这个电气部件应该就是某种靠电磁吸力控制的继电器，检查相关继电器工作原理，通过原理分析线路可能故障件，可锁定怀疑对象。

5.4 机载电缆故障定位脉冲反射法

民航飞机机载电缆故障定位是机务维修的一项重要内容。由于机载电缆类型复杂、长度较短，被按类别成捆地放置在飞机的夹壁中，犹如“血管”一样遍布飞机的各个部位，使得机务人员判断故障点很不方便。目前机务维修主要是靠人工定位，国内只有少数的几家大型的维修基地拥有从国外进口的机务专用的时域反射测量仪。经过飞机电缆实际维修工作检验，脉冲反射法能有效实现对飞机电缆故障的定位。

目前对于电缆故障定位的总体设计方案，主要有以下几种：电桥法、光纤传感法、脉冲电流法、二次脉冲法、音频法、低压脉冲法。

电桥法被广泛使用在低阻接地及短路故障测试，但不能直接用于高阻和断路故障测试，原因在于高阻故障时流经检流计的电流非常小，一般的检流计很难检测出来。

光纤传感定位一般很准确。它利用光在光纤中传播时，其参数（如振幅、相位、偏振态等）随着被检测对象的变化而被调制，通过对调制光的检测，能得到一些相关参数信息。该方法测量简洁、定位快速且不受电磁干扰，但只适用于低阻接地故障定位检测，一般不用于断路故障定位，因此不适用于飞机电缆故障定位。

脉冲电流法包含直流高压闪络法和冲击高压闪络法两种。直流高压闪络法常用于定位高阻闪络故障。冲击高压闪络法作为直闪法的补充适用于直闪法不易测试的泄漏性高阻故障定位。直流闪络法和冲击闪络法都会对待测电缆进行闪络，经过几次闪络之后有些故障点的阻值会出现下降的现象，导致此类方法失效。由于飞机电缆通常是几十根线束扎在一起，使用高压闪络法易对周围完好的电缆造成损伤，这是不被允许的。

二次脉冲法采用高压设备放电的方式，使待测电缆在故障点发生闪络现象，并且故障点的电弧表现为低阻值；同时对待测电缆注入低压脉冲，这个脉冲就会在故障点位置出现反射。但是由于故障点维持低阻状态时间并不确定，实际操作中存在一定的难度；另外二次脉冲法容易对周围的电缆造成损坏，且测量所需时间长，不适合于飞机电缆故障定位。

音频法多用于高阻、闪络和低阻故障的定位。可使用和冲击闪络法相同的设备，对于电缆护层已经烧穿的故障，在故障点位置将出现人耳可直接听到的发电声；对于电缆护层没有烧穿的故障，此时故障的发电声无法直接由人耳听到，可采用声传感器将采集的声信号转换为电信号输出，再经过放大处理之后，用耳机监听，所听声音最大处即为故障点位置。然而在实际测量工作中，飞机修理厂噪声太大，对声音监听造成很大的难度，极大地影响了故障定位的准确性，并且该法也很容易造成待测电缆周围电缆的损坏，所以也不适用于飞机电缆的故障定位。

低压脉冲法，是向待测故障电缆首端注入脉冲电压信号，并通过计算入射电压电磁波和反射电压电磁波的时间差来进行故障定位。该方法不需要知道电缆的原始参数，根据反射波便可识别出电缆接头与分支点的位置。但是此方法只适用于低阻和断路故障测距，所以常用于对飞机电缆的短距离电缆故障进行定位。如图 5.5 所示，脉冲波往返的时间差 t 可通过示波器显示，这样可以迅速而准确地确定故障点与测试端的距离 x

$$x=\frac{1}{2}vt \tag{5.1}$$

在式（5.1）中，v 为脉冲波在电缆中传播的速度，t 为入射波与反射波的时间差。脉冲波的传播速度 v 与传播介质的结构与材料相关，一般油纸绝缘电力电缆中的波速 $v=160\ \text{m/μs}$。

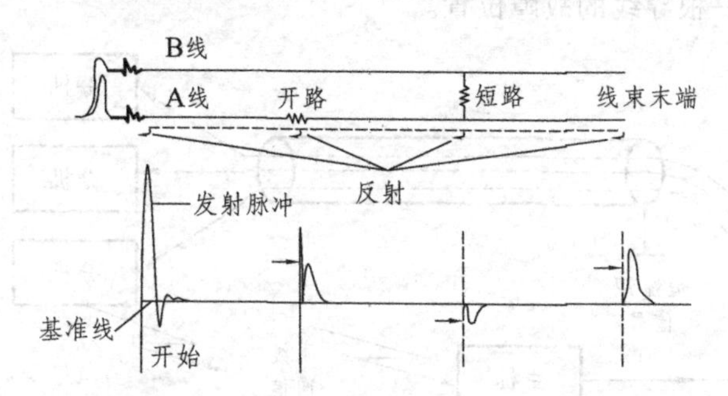

图 5.5　电气线路故障脉冲定位原理图

1．单一线路故障的定性检测

飞机电气线路的短路、断路等故障的定性检测是根据反馈的波形来确定故障类型。由于电压脉冲在遇到故障点时会出现反射现象，并且故障性质不同其反射波的极性也不同。当反射波与入射波极性相同时，故障为断路故障；当极性相反时，故障为短路故障。由此可区分出故障类型，如图 5.6 所示。

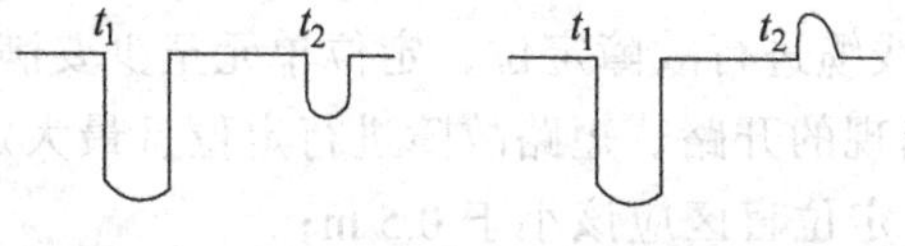

图 5.6　电气线路故障脉冲定位原理图

采用脉冲反射原理，向线路送入脉冲电压 U_i，当线路有故障时，故障点输入阻抗 Z_i 不再是线路的特性阻抗 Z_c 而引起反射，其反射系数为

$$p=\frac{Z_i-Z_c}{Z_i+Z_c} \tag{5.2}$$

反射脉冲电压为

$$U_n=pU_i=\frac{Z_i-Z_c}{Z_i+Z_c}U_i \tag{5.3}$$

从式（5.2）可知，当线路出现断路故障时，Z_i 趋于无穷大，而 $P=1$，反射脉冲为正；而当线路出现短路故障时 Z_i 趋近于 0，而 $P=-1$，反射脉冲为负。

2. 多根导线电缆的断路筛选

多端线路筛选检测对飞机电缆束检测是必不可少的，其工作原理如图 5.7 所示。主机和各子机分别通过适配器接在被测电缆的两端。系统工作时，主机在对被测电缆束的各导线上按一定时间间隔逐一施加恒流信号的同时向各子机发出“开始检测”指令，子机开始检测电缆各导线的通断状态，并将检测数据保存在存储器中，待检测完毕，各子机向主机发出“检测完毕”信号，主机收到该信号后向子机发出“数据回传”指令，子机将检测数据通过无线传输给主机，主机通过收到的数据判断各导线的通断状态，同时决策是否启动断缆测试电路，进一步测量线缆中每一根导线的故障位置。

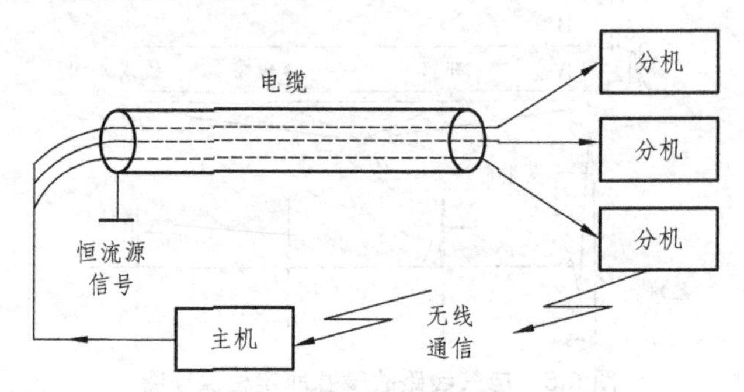

图 5.7 电缆束断路筛选检测原理图

3. 线路故障定位

要得到故障点到测试端的距离，必须知道脉冲波在电缆中的传播速度。经过资料查询获得以下四种电缆的脉冲波速 v：油浸纸电缆 160 m/μs、交联乙烯电缆 172 m/μs、不滴流电缆 160 m/μs、聚氯乙烯电缆 184 m/μs。由于脉冲波在电缆中的传播速度只与电缆介质有关，故常见电缆的脉冲波传播速度作为常数预置在主机中供使用。

低压脉冲法对飞机电气线缆进行故障定位，定位单元至少要满足以下三个要求：

① 能对飞机电缆经常出现的开路、短路故障进行定位且最大定位距离可达 100 m；

② 定位精度为 ± 5 cm，定位盲区应该小于 0.5 m；

③ 系统定位所需时间应在 3 s 内完成。

极窄矩形脉冲电压信号被选作被测故障电缆的激励源，假定电缆中脉冲波速为 0.2 m/ns，发射脉冲宽度为 Δt 的 10% 就是测量盲区，测量盲区为 0.5 m，故脉冲宽度 Δt 应在 5 ns 之内；为了方便检测回波信号，发射脉冲幅值应在 5 ~ 20 V，回波最大衰减范围应该在 0.5 ~ 2 V，脉冲幅值必须事先确定好。

5.5 本章小结

本章描述了机载电气导线及电缆的故障现象，常规的电气线路检测方法，根据故障现象回到已知条件的电气线路检测倒推法，以及机载电缆故障定位低压脉冲反射法，给出了基本概念，阐述了基本工作原理，结合某型飞机具体电气线路故障，给出了电气线路检测、排故、排故后测试确认等实践方法。

参考文献

[1] 彭若梅，刘杰，董慧芬. 基于脉冲法的飞机电气线路测试仪研究[J]. 电气技术，2009（9）：41-45.

[2] 邹成伟. 电缆测试仪故障定位单元研制[D]. 哈尔滨：哈尔滨工业大学，2010.

[3] 杨孝志，陆巍，吴少雷，等. 电力电缆故障定位技术与方法[J]. 电力设备，2007（11）：22-24.

[4] 牟龙华，刘建华. 电力电缆故障测距方法的基本工作原理[J]. 电力系统保护与控制，1999（4）：22-24.

[5] Cheng Gong. The effects of distributed parameter on signal waveform characteristics[J]. Chinese Journal of Scientific Instrument, 2009(2): 473-474.

[6] 许如怡. 电力电缆故障定位系统的研制[D]. 上海：上海交通大学，2012.

[7] 徐丙根，孙福生. 电力电缆故障点的探测与新技术[J]. 中国电力，1993（1）：28-31.

6 故障树诊断方法

故障树分析（Fault Tree Analysis，FTA）是分析航电设备系统可靠性和安全性的一种重要方法。可以用它来分析系统故障产生的原因，计算系统各单元的可靠度，以及对整个系统的影响，从而搜寻薄弱环节，明确设备维修主检查方向和重点诊断目标。由于故障树兼顾了基于规则和基于定量模型诊断的优点，它为航电设备故障搜寻提供了一种有效的途径。

6.1 故障树概述

故障树（Fault Tree，FT）模型是一个基于研究对象结构、功能特征的行为模型，是一种定性的因果模型，以系统最不希望事件为顶事件，以可能导致顶事件发生的其他事件为中间事件和底事件，并用逻辑门表示事件之间关联的一种倒树状结构的逻辑图。

故障树分析（FTA）不仅能分析设备硬件的影响，还能分析人为因素、环境因素及软件的影响；不仅能反映单元故障对设备的影响，而且能反映几个单元故障组合对设备的影响，还能把这种影响的中间过程用故障树表示出来。

构建故障树时，通常使用事件符号和逻辑门符号。表 6.1 列举了故障树中各种符号的名称及其意义。

表 6.1 故障树中常用符号及说明

序号	名 称	符 号	说 明
1	顶事件	▭	无须进一步展开的基本初始故障
2	底事件	○	由于推论不详或没有可以利用的信息而没有进一步展开的事件
3	中间事件	▭	因逻辑门一个或多个输入事件发生而发生的输出事件
4	与 门	&	所有故障事件发生时，输出故障事件才发生
5	或 门	≥1	如果至少有一个输入故障事件发生，则输出故障事件发生
6	转移门	△	指出故障树接着相应“转出”而进一步发展
7	禁止门	⬡	在有起作用的条件时，若单个输入故障发生，则输出故障发生（起作用的条件由画在门右边的条件事件表示）

构建故障树是 FTA 最为关键的一环。只有构建出正确合理的故障树。才能搜寻到真正的故障部件。构建故障树的一般步骤为：

① 广泛收集分析拟建树对象的详细技术资料。要求建树者对拟诊断故障设备有深刻的技术了解，对故障的定义要准确、清楚、明了，对设备的功能故障和技术参数超差故障边界确定要合理可靠。

② 选择顶事件 T。找出设备所有可能的故障模式，以最不希望发生的故障模式作为顶事件 T。

③ 将引起顶事件的全部直接原因事件（含硬件故障，软件故障、人为因素、环境因素等）置于相应原因事件符号中作为第二级，并根据它们之间的逻辑关系用逻辑门连接顶事件和这些直接原因事件。

④ 如此逐级向下发展，直到最低一级原因事件为不能再分的底事件为止，这样便建造出一棵以给定顶事件为“根”，中间事件为“枝”，底事件为“叶”的倒置的多级故障树。

⑤ 故障树的简化。简化原则是去掉逻辑多余事件，用简单的逻辑关系表示，常用模块法将故障树中的底事件化成若干个底事件的集合，每个集合都是互斥的，即其包含的底事件在其他集合中不重复出现。

故障树分析的目的，是寻找导致顶事件发生的原因或原因组合，识别导致顶事件发生的所有故障模式集合，即所有最小割集。

故障树定性分析是故障树分析最为关键的一步，是定量分析的基础。故障树定性分析的目的在于识别出导致顶事件发生的所有故障模式。由于故障信息有时难以获得，特别是人的可靠性难以定量化，有时故障树分析只能进行到定性阶段，即寻找到故障树的全部最小割集。故障树定性分析主要包括三方面内容：一是对故障树进行规范化处理，将非规范化的逻辑门或事件，例如禁止门、异或门等按等效变换为规范化的逻辑门，使构建的故障树仅含有基本事件、结果事件以及“与”“或”等几种逻辑门的故障树；二是对故障树进行简化和模块化处理，以减小故障树的规模；三是采用故障树算法（上行法或下行法）对故障树处理，得到故障树全部最小割集。

故障树定量分析是建立在故障数定性分析基础上的，它是提高故障诊断命中率，减少测试诊断工作量的关键环节。① 根据已有技术资料或设备维修经验，确定底事件的故障概率；② 利用底事件的故障发生概率和故障树逻辑结构，计算出顶事件故障发生概率；③ 确定每个最小割集（故障模式）并计算出每个最小割集（故障模式）的发生概率；④ 计算确定每个最小割集的发生对引起顶事件发生的重要程度；⑤ 在计算出故障树各最小割集的重要度后，在数量级上进行比较，对重要度值很小的最小割集对应故障模式可不必测试，而对那些需要测试的故障模式，按重要度值从大到小的次序依次进行测试，以减少测试工作量，提高故障诊断效率。

比较分析：将定量分析中求得的故障事件发生概率与通过统计分析得到的故障发生概率进行比较，如果两者相差很大，则应考虑故障树图是否正确，基本事件是否找齐，上下层事件间的逻辑关系是否正确，各基本事件的故障率是否合适等。若有问题，应返回重新对故障树进行修改。

6.2 故障树定性分析与定量分析

1. 故障树的数学描述

假设航电设备及其组成的部件、元器件等只取正常和故障两种状态，并假设部件、元器件的故障是相互独立的。考虑一个由 n 个独立的底事件构成的故障树。设 x_i 为底事件 i 的状态变量，x_i 仅取 0 或 1 两种状态，0 表示底事件的正常状态变量，1 表示底事件的故障状态变量。设顶事件 θ 也仅取 0 或 1 两种状态，0 表示顶事件的正常状态变量，1 表示顶事件的故障状态变量。故障树顶事件 1 状态是设备所不希望发生的故障状态，底事件 1 状态也是对应的底事件状态 $x_i(i=1, 2, \cdots, n)$ 为元器件故障状态，顶事件 θ 状态完全由故障树底事件状态 X 所决定，即 $\theta=\theta(X)$，其中 $X=(x_1, x_2, \cdots, x_n)$，称 $\theta(X)$ 为故障树的结构函数。结构函数是表示设备状态的一种布尔函数，其自变量为该设备组成部件或单元的状态。不同的故障树有不同的逻辑结构，从而有不同的结构函数 $\theta(X)$。

与门结构函数

$$\theta(X)=\bigcap_{i=1}^{n} x_i=\min(x_1, x_2, \cdots x_n) \tag{6.1}$$

式(6.1)的工程意义在于，当全部底事件(元器件或部件)发生故障时，即 $x_i(i=1, 2, \cdots, n)$ 都取值为 1 时，则顶事件才发生（设备发生故障，$\theta(X)=1$）。与门结构函数对应的故障树如图 6.1（a）所示。

或门结构函数

$$\theta(X)=1-\prod_{i=1}^{n} x_i=\max(x_1, x_2, \cdots, x_n) \tag{6.2}$$

式（6.2）的工程意义在于，当系统中任一底事件（元器件或部件）发生故障时，即任一个 $x_i(i=1, 2, \cdots, n)$ 取值为 1 时，则顶事件发生（设备发生故障，$\theta(X)=1$）。或门结构函数对应的故障树如图 6.1（b）所示。

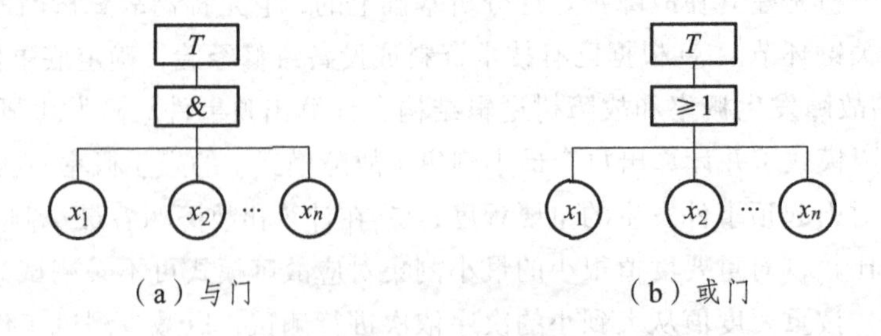

（a）与门　　（b）或门

图 6.1　不同结构的故障树

对一般的故障树，可以先写出结构函数，然后利用逻辑代数运算规则和逻辑门等效变换规则，获得相应简化的故障树。对于图 6.2 所示的故障树，其结构函数可简化表示为式（6.3），对应的真值表如表 6.2 所示。

表 6.2　底事件的状态值与顶事件的状态值表

x_1	x_2	x_3	x_4	x_5	x_6	$\theta(X)$	x_1	x_2	x_3	x_4	x_5	x_6	$\theta(X)$
0	0	0	0	0	0	0	1	0	0	0	0	0	1
0	0	0	0	0	1	0	1	0	0	0	0	1	1
0	0	0	0	1	0	0	1	0	0	0	1	0	1
0	0	0	0	1	1	0	1	0	0	0	1	1	1
0	0	0	1	0	0	0	1	0	0	1	0	0	1
0	0	0	1	0	1	0	1	0	0	1	0	1	1
0	0	0	1	1	0	0	1	0	0	1	1	0	1
0	0	0	1	1	1	1	1	0	0	1	1	1	1
0	0	1	0	0	0	0	1	0	1	0	0	0	1
0	0	1	0	0	1	0	1	0	1	0	0	1	1
0	0	1	0	1	0	1	1	0	1	0	1	0	1
0	0	1	0	1	1	1	1	0	1	0	1	1	1
0	0	1	1	0	0	0	1	0	1	1	0	0	1
0	0	1	1	0	1	0	1	0	1	1	0	1	1
0	0	1	1	1	0	0	1	0	1	1	1	0	1
0	0	1	1	1	1	1	1	0	1	1	1	1	1
0	1	0	0	0	0	0	1	1	0	0	0	0	1
0	1	0	0	0	1	0	1	1	0	0	0	1	1
0	1	0	0	1	0	0	1	1	0	0	1	0	1
0	1	0	0	1	1	0	1	1	0	0	1	1	1
0	1	0	1	0	0	1	1	1	0	1	0	0	1
0	1	0	1	0	1	1	1	1	0	1	0	1	1
0	1	0	1	1	0	1	1	1	0	1	1	0	1
0	1	0	1	1	1	1	1	1	0	1	1	1	1
0	1	1	0	0	0	1	1	1	1	0	0	0	1
0	1	1	0	0	1	1	1	1	1	0	0	1	1
0	1	1	0	1	0	1	1	1	1	0	1	0	1
0	1	1	0	1	1	1	1	1	1	0	1	1	1
0	1	1	1	0	0	1	1	1	1	1	0	0	1
0	1	1	1	0	1	1	1	1	1	1	0	1	1
0	1	1	1	1	0	1	1	1	1	1	1	0	1
0	1	1	1	1	1	1	1	1	1	1	1	1	1

$$
\begin{aligned}
\theta(X) &= A+B+C = x_1 + x_2 D + x_5 E \\
&= x_1 + x_2(x_3 + x_4) + x_5(x_3 + F) \\
&= x_1 + x_2(x_3 + x_4) + x_5(x_3 + x_6 x_4) \\
&= x_1 + x_2 x_3 + x_2 x_4 + x_3 x_5 + x_4 x_5 x_6
\end{aligned}
\tag{6.3}
$$

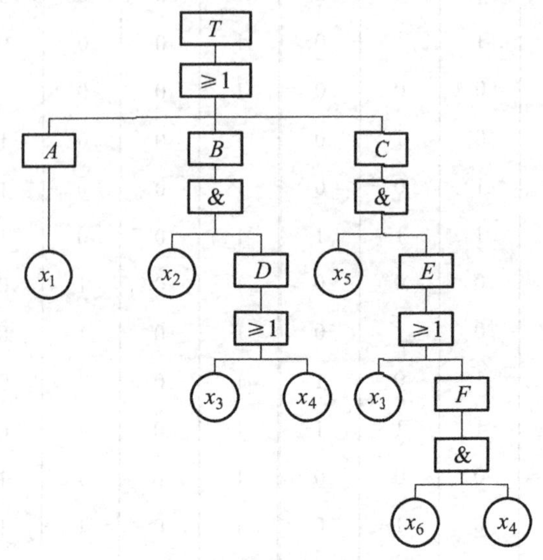

图 6.2 故障树结构

2. 故障树的定性分析

故障树定性分析的目的是寻找导致顶事件发生的原因或原因组合，识别导致顶事件发生的所有故障模式，即所有最小割集。

（1）割集及最小割集的定义。

割集是指设备的一些底事件集合，当这些底事件同时发生时，顶事件必然发生。最小割集是指割集中所含的底事件除去任何一个时，就不再为割集了。一个最小割集代表设备的一种故障模式，故障诊断时，逐个测试最小割集，从而搜寻故障源。

（2）最小割集的求解方法。

设备故障树最小割集的求解方法较多，常用的有下行法和上行法。

① 下行法（也称为 fussell-vesely 方法）。

故障树最小割集求解的下行法是采用由上而下的故障树搜寻法。它根据逻辑与门仅增加割集容量，不增加割集的个数；而逻辑或门增加割集个数，不增加割集底事件数目的性质，由上而下，遇到与门就把与门下面所有输入事件都排列于一行，遇到或门就把或门下面所有输入事件都排成一列，依此类推，一直到不能分解，全部换成底事件为止。这样得到的割集再通过两两比较，根据最小割集的定义，去除那些非最小割集，余下的即为故障树的全部最小割集。对图 6.2 的故障树用下行法求解，过程如表 6.3 所示。

步骤 1：顶事件为 T；

步骤 2：顶事件下面为逻辑或门，故 A、B、C 各自排成一行；

步骤 3：B 下面为逻辑与门，将 x_2 和 D 排一行（横向并列）取代 B；C 下面为逻辑与门，将 X_5 和 E 排一行（横向并列）取代 C；

步骤 4：D 下面是逻辑或门，将 x_3、x_4 和 x_2 分别取"与"后各排一行；E 下面是逻辑或门，将 x_5x_3、x_5F 分别取"与"后各排一行；

步骤 5：F 下面是逻辑与门，将 x_6、x_4 和 x_5 取"与"；

步骤 6：根据最小割集定义，得到全部最小割集 $\{x_1\}$、$\{x_2x_3\}$、$\{x_2x_4\}$、$\{x_3x_5\}$、$\{x_4x_5x_6\}$。

表 6.3　下行法最小割集求解过程

分析步骤序号					最小割集
1	2	3	4	5	
T	A	x_1	x_1	x_1	$\{x_1\}$
	B	x_2D	x_2x_3	x_2x_3	$\{x_2x_3\}$
	C		x_2x_4	x_2x_4	$\{x_2x_4\}$
		x_5E	x_5x_3	x_5x_3	$\{x_3x_5\}$
			x_5F	$x_4x_5x_6$	$\{x_4x_5x_6\}$

② 上行法。

上行法是从底事件开始，自下而上逐步进行事件的集合运算。将或门输出事件表示为输出事件的并（布尔和），将与门事件表示为输入事件的交（布尔积）。这样向上层层代入，最后按布尔代数吸收律和等幂律来化简，将顶事件表示为底事件若干积项之和的最简式，其中每一项对应于故障树的一个最小割集，全部积项即是故障树的所有最小割集。对图 6.2 的故障树用上行法求解，过程为：

步骤 1：故障树最下一级为：$F = x_4 \cap x_6$

步骤 2：往上一级为：$D = x_3 \cup x_4$，$E = x_3 \cup F$

步骤 3：往上一级为：$B = x_2 \cap D = x_2 \cap (x_3 \cup x_4)$，$C = x_5 \cap E = x_5 \cap (x_3 \cup (x_4 \cap x_6))$

步骤 4：最上一级为：$T = A \cup B \cup C = x_1 \cup (x_2 \cap (x_3 \cup x_4)) \cup (x_5 \cap (x_3 \cup (x_4 \cap x_6)))$

逻辑计算得到：$T = x_1 \cup (x_2 \cap x_3) \cup (x_2 \cap x_4) \cup (x_3 \cap x_5) \cup (x_4 \cap x_5 \cap x_6)$

得到全部最小割集 $\{x_1\}$、$\{x_2x_3\}$、$\{x_2x_4\}$、$\{x_3x_5\}$、$\{x_4x_5x_6\}$，在求出故障树最小割集后，可将故障树简化为顶事件与最小割集的逻辑或关系。图 6.2 故障树可直接简化为图 6.3 形式。

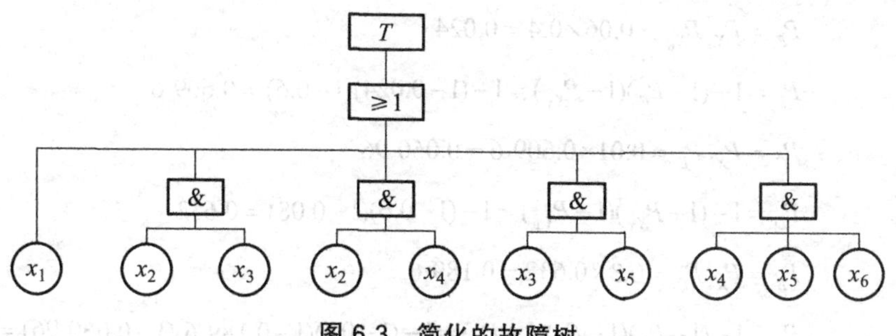

图 6.3　简化的故障树

3. 故障树的定量分析

对故障树进行定量分析的主要目的是计算或估算顶事件发生的概率及系统的性能指标，如可靠度、重要度、故障率、累积故障概率、首次故障时间等。

4. 故障树底事件及顶事件故障概率计算

要计算顶事件发生概率，必须事先知道各底事件发生的概率。底事件故障发生的概率，大多数情况下是由经验给出的，也可以通过对部件运行失效、部件需求失效、部件试验和维修等方面的模型分析得到。在确定了底事件的故障概率后，由最小割集中各个底事件是逻辑与的关系，可得最小割集的故障概率等于它所包含的各底事件概率的乘积。要计算顶事件发生概率，必须先简化故障树，使其结构函数用最小割集来表达，然后根据其逻辑关系推算发生概率。

在顶事件发生的最小割集表达式中，同一底事件可能在几个最小割集中重复出现，这就意味着最小割集之间是相容的，可以采用相容事件的概率公式来计算顶事件发生的概率，一般在实际工程问题中还会采用近似的方法来计算顶事件的概率。在简化的故障树中，一般只存在逻辑“与”和逻辑“或”，因此特别关注这两种逻辑连接的部件发生故障概率计算。假设三个底事件 x_{11}、x_{21}、x_{31} 发生故障概率分别为 Px_{11}、Px_{21}、Px_{31}，这三个底事件通过逻辑或门构成中间事件 T_1，则该中间事件发生故障的概率可简化计算为

$$P_{T_1}=1-(1-P_{X_{11}})(1-P_{X_{21}})(1-P_{X_{31}}) \tag{6.4}$$

假设三个底事件 x_{11}、x_{21}、x_{31} 发生故障概率依旧是 Px_{11}、Px_{21}、Px_{31}，这三个底事件通过逻辑与门构成中间事件 T_2，则该中间事件发生故障的概率可简化计算为

$$P_{T_2}=P_{X_{11}}P_{X_{21}}P_{X_{31}} \tag{6.5}$$

假设如图 6.2 所示的故障树各底事件发生故障的概率如表 6.4 所示。

表 6.4 底事件概率表

标　号	x_1	x_2	x_3	x_4	x_5	x_6
概　率	0.10	0.30	0.60	0.08	0.01	0.40

根据式（6.4）和式（6.5），由表 6.4 所示底事件发生故障概率，计算得到各中间事件和顶事件发生概率如下。

$$P_F=P_{X_4}P_{X_6}=0.06\times0.4=0.024$$

$$P_E=1-(1-P_F)(1-P_{X_3})=1-(1-0.024)(1-0.6)=0.609\ 6$$

$$P_C=P_{X_5}P_E=0.01\times0.609\ 6=0.060\ 96$$

$$P_D=1-(1-P_{X_3})(1-P_{X_4})=1-(1-0.6)(1\sim0.08)=0.632$$

$$P_B=P_{X_2}P_D=0.3\times0.632=0.189\ 6$$

$$P_T=1-(1-P_A)(1-P_B)(1-P_C)=1-(1-0.1)(1-0.189\ 6)(1-0.060\ 96)=0.315\ 1$$

5. 底事件重要度计算

故障树的各个底事件（或各最小割集）对顶事件发生的影响，称作底事件的重要度。研究底事件重要度对确定故障监测的部位，制定系统故障诊断方案，减少排除故障的时间，有效地提高整个系统的可用度等都有重要的作用。航空电子设备故障诊断与设备维修工程中估算底事件重要度可以采用各种不同的公式，本节简要介绍部件最小割集重要度、最小割集重要度概念及计算公式。

（1）部件最小割集重要度。

某个底事件部件最小割集重要度，表示包含部件 i 的各个最小割集对设备故障（顶事件）的贡献，我们采用 Fussel 和 Vesely 定义的部件最小割集重要度。

$$I_i^{FV}=\frac{P_i(C)}{P_T} \tag{6.6}$$

式（6.6）中，$P_i(C)$ 为包含部件 i 的各个最小割集发生概率；P_T 为故障树顶事件发生概率。

（2）最小割集重要度。

最小割集重要度表示各个最小割集对设备故障（顶事件）的贡献。可以定义为

$$I_i^C=\frac{P(C_i)}{P_T} \tag{6.7}$$

式（6.7）中，$P(C_i)$ 为最小割集 C_i 的发生概率；P_T 为故障树顶事件发生概率。根据式（6.6）可计算出各部件的重要度如表 6.5 所示。

表 6.5　各部件重要度

部件号	x_1	x_2	x_3	x_4	x_5	x_6
重要度	0.317 4	0.952 1	1.904 2	0.253 9	0.031 7	1.269 4

根据式（6.7）可计算出最小割集重要度，如下所示。

$$I_{\{x_1\}}^C=\frac{P(\{x_1\})}{P_T}=\frac{0.1}{0.315\,1}=0.317\,4$$

$$I_{\{x_2x_3\}}^C=\frac{P(\{x_2x_3\})}{P_T}=\frac{0.3\times0.6}{0.315\,1}=0.571\,2$$

$$I_{\{x_2x_4\}}^C=\frac{P(\{x_2x_4\})}{P_T}=\frac{0.3\times0.08}{0.315\,1}=0.076\,2$$

$$I_{\{x_3x_5\}}^C=\frac{P(\{x_3x_5\})}{P_T}=\frac{0.6\times0.01}{0.315\,1}=0.019\,0$$

$$I_{\{x_4x_5x_6\}}^C=\frac{P(\{x_4x_5x_6\})}{P_T}=\frac{0.08\times0.01\times0.4}{0.315\,1}=0.001\,0$$

6.3 基于故障树的机载镉镍蓄电池故障检测

1. 机载蓄电池概述

飞机上主要使用酸性和碱性两种蓄电池（Battery）。酸性的铅酸蓄电池（Lead-Acid Battery）一般用于小型飞机上做应急电源和备用电源；碱性的镍镉蓄电池（Nickel-Cadmium Battery）一般用于大型飞机上担负地面起动、空中应急点火和机上某些重要负载的供电，为了描述简便，本章主要关注碱性镍镉蓄电池。装机之后，镍镉蓄电池要承受高低温、冲击、加速度等环境不良因素的侵蚀，出现故障的可能性大大增加；此外，飞机镍镉蓄电池是时控件，装机一定时间后，必须离位在内场进行检查、充电、容量检查和测试维修，以消除镍镉蓄电池固有的记忆特性，恢复额定容量，保证飞行安全。当镍镉蓄电池容量低于额定容量的 85%，则不能装机。

额定电压（Nominal Voltage）指以 2 h 放出 80% 电量时，蓄电池能维持的电压。铅酸蓄电池单体输出额定电压为 2 V，12 个单体电池（Cell）串联起来可以达到 24 V。碱性镍镉蓄电池单体输出额定电压为 1.2 V，20 个单体电池（Cell）串联起来可以达到 24 V。镍镉蓄电池充电结束电压（End-of-Charge Voltage，ECV）是指充电结束前测量充电的电压，ECV 与充电电流有关。对于 20 个单体组成的镍镉蓄电池组，如果用 0.1C 电流充电，ECV 为 30 V；如果用 0.5C 电流充电，ECV 为 31 V；如果用 1C 电流充电，ECV 为 31.4 V。而镍镉蓄电池单体 ECV 必须介于 1.5 ~ 1.7 V（具体电压根据维修手册确定），否者单体电池就必须修理或更换。单体铅酸蓄电池的放电终止电压（Endpoint Voltage，EPV）是 1.75 V，12 个单体电池组是 21 V。如果采用 3 h 放电速率（或 1 h 放电速率）放电，单体铅酸蓄电池的 EPV 是 1.75 V，12 个单体电池组是 21 V；单体镍镉蓄电池的 EPV 是 1 V，20 个单体电池组是 20 V。如果采用标准的 5 h 放电速率（或 10 h 放电速率）放电，单体铅酸蓄电池的 EPV 是 1.8 V，12 个单体电池组是 21.6 V；而单体镍镉蓄电池的 EPV 是 1.1 V，20 个单体电池组是 22 V。

容量（Capacity）是指蓄电池在一定放电条件下所能给出的电量，单位为 A · h 或 mA · h。蓄电池容量分为理论容量、额定容量和实际容量。为了比较不同系列的蓄电池，也常用比容量的概念，即单位体积或单位质量蓄电池所能给出的理论电量，单位为 A · h/kg，或 A · h/L。常用的铅酸蓄电池的比容量为 0.79 A · h/kg，而碱性蓄电池达到 1.11 A · h/kg，这也就是现代飞机都采用碱性蓄电池的原因之一。蓄电池实际容量一般小于理论容量，主要与电池正、负极活性物质的数量与利用率有关。活性物质利用率主要受几个因素影响：放电制度、电极结构（包括电极高宽比例、厚度、孔隙率和导电栅网形式等）和制造工艺。常规上考虑，影响蓄电池组容量的因素主要有电极板活性物质的多少、极板面积大小、电解液、放电时的温度、充放电速率五个方面。

蓄电池内阻（Internal Resistance）是指电流通过电池内部受到的阻力，飞机上常用的铅酸蓄电池组的内阻为 30 mΩ 左右，碱性蓄电池组的内阻为 10 mΩ 左右。

蓄电池的自放电（Self Charge）是指在存储期间容量降低的现象。为了防止自放电降低蓄电池容量，空中在线使用的蓄电池采用浮充电（Float Charge）来维持蓄电池组的容量，前提条件就是将 24 V 的蓄电池组接到 28 V 的直流汇流条上。

深度放电（Deep Charge）一般安排在离位检查时在内场进行，主要用于消除镍镉蓄电池固有的记忆特性，还有电池组在反复充放电后各个单体电池之间的电压不平衡。深度放电后，需要恢复镍镉蓄电池组的容量。深度放电就是在电池组放电到终止电压后仍继续放电，把所有电都放完后再用短路夹短接单体电池正负极。

蓄电池的有效寿命称为该电池的使用寿命。蓄电池每经历一次全充电和全放电叫作一次循环。铅酸蓄电池的使用寿命一般为300～500个循环；镍镉蓄电池的使用寿命一般为500～1 000个循环；密封型纤维式镍镉蓄电池（FNC）的使用寿命一般为3 000个循环。

2. 机载镍镉蓄电池故障失效模式及失效原因

机载镍镉蓄电池组所有可能的失效模式可以归结为泄漏、断路、短路、电性能衰减、热失控等五个方面，如本章文献[2]所述，详见表6.6。在这五种模式中，泄漏不是主要的，断路和短路也不常见。电性能衰减包括容量衰减和电压衰减，二者常常相互关联，有时难以分开，其中容量对蓄电池能否完成任务关系最大，容量衰减是最主要的失效模式。热失控可能导致蓄电池的毁坏，是另一个重点考虑的主要失效模式。

表6.6 镍镉蓄电池组故障分析表

失效模式	失效原因	失效影响			检测方式	现存补偿措施
		局部影响	对上一级影响	最终影响		
泄漏	壳体封口、气塞橡胶圈、极柱与盖密封工艺质量较差	爬碱，产生碱雾	电压输出降低	大电流性能下降	酚酞溶液	加强工艺质量管理定期维护
断路	a 极耳与极片焊接处脱落 b 极耳断裂 c 跨极片断裂 d 接插件失效	内断路	无法工作	电池失效不供电	机载检测装置检查电池电压及不平衡电压	加强电池检测 加强原材料质量与分析
短路	a 隔膜损坏 b 镉迁移 c 人为极柱短路	内短路	电压输出下降	不能正常工作	机载检测装置检查电池电压及不平衡电压	加强隔膜质量控制，加强极片质量控制操作严谨
电性能衰减	a 温度过高/过低 b 过充过放 c 大电流放电/充电 d 极片性能下降	蓄电池性能下降	电压输出下降	大电流性能下降 不能正常工作	加强地面测试 机载检测装置检测蓄电池温度故障信号	控制使用温度 严格控制充放电 提高极片性能 严守操作规程
热失控	a 短路 b 大电流充放	蓄电池烧毁	无法工作	不供电	机载检测装置检测蓄电池温度故障信号	加强装配质量 控制使用温度 定期检测维护

机载镉镍蓄电池组是将多个单体电池通过数个跨极片串联而成，经过一个大电流的输出接插件向外供电。其中，跨极片用于连接各单体电池形成电流通路，它的失效模式有两种：断裂和老化。实际上跨极片一般不会断裂，老化才是主要的失效原因，特别是镉镍蓄电池组工作电流很大，跨极片产生的热量很大，工作时间一长，就会发生老化，使内阻增加，蓄电

池组电压输出降低。因此维护时，应经常观察跨极片老化的程度，及时更换有缺陷的跨极片，保证蓄电池组的正常输出电性能。输出接插件同样存在大电流的影响，它的失效模式也有两种：烧毁和接触不良。由于通过的电流大，很可能被烧毁，实际使用中发生过基座被烧焦的现象。接触不良是接插件存在的共性问题，虚接触导致接触电阻增加，一方面降低了输出电压，另一方面也是导致被烧毁的原因之一。

单体镉镍蓄电池是由正负极板、隔膜、电解液以及极柱、壳体、壳盖等部件组成。镉镍蓄电池失效主要由于镉镍蓄电池内部各部件的物理和化学变化造成。

（1）泄漏失效主要在于电池密封质量不高导致碱液爬出。机载镉镍蓄电池组是一种开口式半密封型电池。在壳体与壳盖处通常用环氧树脂密封或者采用超声波焊接技术，一般不易泄漏。泄漏失效主要发生在极柱与壳盖接合处和气塞上。极柱与壳盖的密封取决于橡胶垫圈的质量，特别是弹性性能和抗腐蚀性能，另外接合处孔与柱的尺寸配合精度也有较大影响。实际中如果设计和加工质量差，经常在极柱周围产生大量的碱垢。气塞的作用主要是避免过充时产生过量的气体。这种气体的积累将导致电池内压升高并可能发生电池爆炸。在电池正常充电时，一般不会产生气体，而充足后继续过充，正极上氢氧根离子将分解成水、释放电子并产生氧气；负极上水与电子合成氢氧根离子并产生氢气。结果生成的氧气和氢气导致碱液的损耗，造成电解液干涸，最终导致电池容量衰减。产生的气体需要经气塞及时排出，排气时往往会有部分碱液带出，导致泄漏。因此气塞的功能既要排气又要防漏，对它的结构设计和加工工艺要求较高。在实际充放电时可以看到，只有过充时，才会发生电解液的泄漏，从气塞泄漏的速度远较从极柱接合处爬碱的速度快[1]。所以对于控制泄漏要求严格的场合，必须有一种质量很高的气塞。

（2）断路失效。单体镉镍蓄电池的断路基本上发生在极耳与极板连接处。连接方式通常采用点焊，如操作质量差或者材料不匹配，就会产生虚焊。由于电池常常要经受振动、冲击等作用，虚焊就会导致脱开而断路。另外如果极耳强度不够，且受力方向与轧制方向垂直，也极易产生断裂，若是内有裂纹，则更有可能断裂。然而实际中如加强注意，严格控制原材料质量和制作工艺，一般不会发生断路。

（3）短路失效。短路分外短路和内短路。外短路是操作粗心引起正负极柱间的接触，如不小心掉下的扳手、螺钉、螺丝等都可能导致蓄电池单体或蓄电池组的外短路。内短路发生在电池内部，有三方面的可能原因：① 极片本身带有毛刺穿透了隔膜，或者未消除的多余粉尘散落在电池中导致极片短路；② 电池使用过程中正极膨胀、起泡而脱落的小颗粒导致短路；③ 隔膜衰退、强度较差、致密度不够等引起使用过程中，特别是振动、冲击时隔膜的损坏而导致短路。另外由于经常大电流充放电，极板活性物质化学正反应与逆反应并不充分，加上电池内阻产热等问题，更加大了发生短路的可能性。但如果有效地控制这些问题，一般不容易发生内短路，实际也是如此，到目前为止还未发现此现象。据国外一些资料对镉镍蓄电池的寿命试验报道，在大量的试验中，只有少数这类情况发生。

（4）电性能衰减失效。电性能衰减包括容量衰减和电压衰减，二者常常同时发生，原因差别不大。电池在使用过程中正极膨胀会使极片厚度增加（10%~15%），甚至使活性物质脱落。另外负极也略微变厚，从而将隔膜压紧，改变了电极间隙，使隔膜的孔率和所包含的电解液减少。电极变厚时，吸收了从隔膜中挤出的电解液，使电解液再分配，电池内阻增加，放电电压下降，同时容量也降低。在电化学反应中，正负极活性物质的活性降低与损耗可导致容量衰减与电压衰减，特别是锡由极片内部向表面迁移时趋向聚合成大晶体，使孔堵塞，限制了电解液向其内部扩散，在给定的放电率下，大大降低了其活性，从而导致容量和电压的明显下降。隔膜也会随时间的延长而降解，造成膜电阻增大，降低了电池的放电电压。

（5）热失控。热失控主要是由大电流充放电导致。由于电池存在内阻，大电流放电时电流达几百安培，将产生很大的热量，如不能及时散热，就可能烧毁整个蓄电池组。另外几十安培的恒流充电特别是过充情况下也将产生较大的热量。过充时在正极产生氧气、负极产生氢气，由于采用了致密度较高的聚丙烯膜，阻止了氧气在锡电极上的复合，虽然有效地防止了因此而产生的复合热，但是仍不能消除过充电后期因充电效率下降而产生的热能，所以必须对其进行热设计。

3. 机载镉镍蓄电池故障失效影响分析

尽管蓄电池存在多个失效模式，但每个模式对蓄电池及外界环境的影响却不一样。泄漏一般不会导致电池失效，只是稍稍降低电池的容量，但对外界环境有一定的腐蚀作用。虽然可以通过定期维护来消除其影响，但仍应消除和克服爬碱现象。断路使得蓄电池组无法供电，对外功能失效。电池短路的后果就是蓄电池组无法正常供电、甚至功能丧失。容量衰减与电压衰减导致蓄电池组承载能力下降，甚至丧失。热失控是很不希望发生的，因为其他几种失效模式通过一定的维护、修理可得到一定程度的恢复，但热失控却能使电池组烧毁，甚至于给负载带来致命的破坏。

4. 机载镉镍蓄电池失效的故障树分析

故障树分析是对造成机载镉镍蓄电池故障的各种因素进行分析，画出逻辑结构的故障树，确定故障原因的各种可能组合方式或其发生概率，以计算顶事件发生的概率。通过对机载镉镍蓄电池组实际分析，确定了图 6.4 所示的机载镉镍蓄电池组的故障树[1]，从中可见各种可能的故障因素及相互逻辑关系。图 6.4 中符号意义如下。

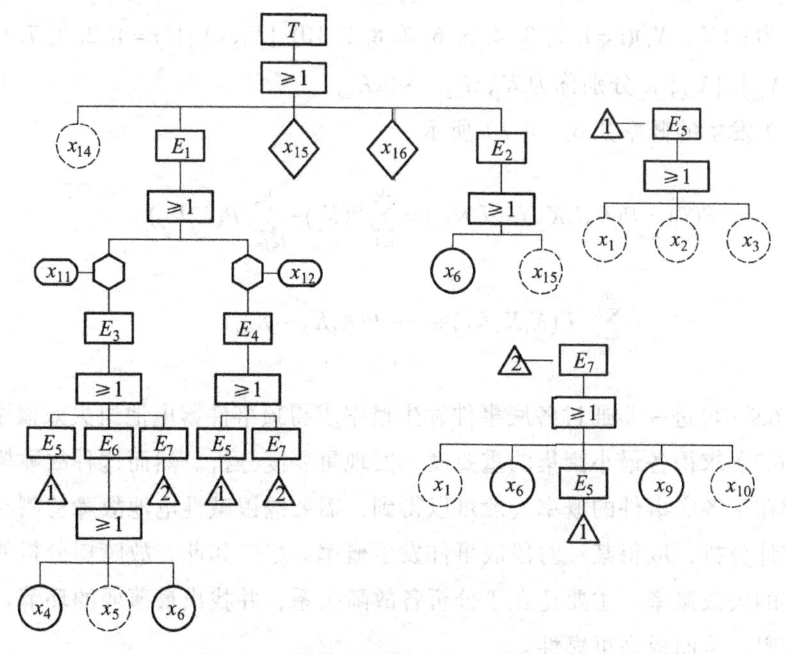

图 6.4　机载镉镍蓄电池失效故障树

T—蓄电池组失效（这是顶事件）

以下为中间事件：

E_1—蓄电池电性能衰退；　　E_2—蓄电池组烧坏；

E_3—电池电压输出降低；　　E_4—大电流性能下降；

E_5—电池泄漏；　　E_6—电池单体短路；

E_7—电池容量衰减

以下为底事件：

X_1—电池盖封口密封质量较差；　　X_2—气塞、橡胶圈密封质量较差；

X_3—极柱与盖结合处密封质量较差；　　X_4—电池隔膜被穿透；

X_5—镉迁移；　　X_6—极柱短路；

X_7—极片性能下降；　　X_8—电池工作温度过高；

X_9—大电流充放；　　X_{10}—过充过放；

X_{11}—电池电压低于某一极限；　　X_{12}—最大放电电流低于某一极限；

X_{13}—极端操作短路；　　X_{14}—电池跨极片断裂

以下为待发展事件：

X_{15}—电池内断路；　　X_{16}—蓄电池组接插件失效

因此由图 6.4 所示故障树，可确定故障树的结构函数如式（6.8）所示。

$$\theta(X)=1-\prod_{i=1}^{10}(1-X_{11}\cdot X_i)\cdot\prod_{j=1}^{10}(1-X_{12}\cdot X_j)\cdot(1-X_8)\cdot\prod_{k=13}^{16}(1-X_k) \tag{6.8}$$

其中，$i\neq 8,\ j\neq 4,\ 5,\ 6,\ 8$。

最小割集为：$\{X_{11}\cdot X_i)(i=1,\ 2,\ 3,\ 4,\ 5,\ 6,\ 7,\ 8,\ 9,\ 10),\ \{X_{12}\cdot X_j\}(j=1,\ 2,\ 3,\ 7,\ 9,\ 10),\ \{X_8\}$, $\{X_{13}\},\ \{X_{14}\},\ \{X_{15}\},\ \{X_{16}\}$，分别称为 $K_1,\ K_2,\ \cdots,\ K_{20}$。

则顶事件 T 发生的概率如式（6.9）所示。

$$P(T)=P(K_1UK_2U\cdots UK_{20})=\sum_{i=1}^{20}P(K_i)-\sum_{i<j=2}^{10}P(K_iK_j)+$$

$$\sum_{i<j<k=3}^{20}P(K_iK_jK_k)+\cdots-P(K_1K_2\cdots K_{20}) \tag{6.9}$$

根据式（6.9）可进一步通过各底事件发生概率求得顶事件蓄电池组失效概率，再利用式（6.6）或式（6.7）求得各最小割集的重要度，实现重要度分析。然而这种故障树定量计算并不容易，关键在于各底事件的概率一般难以得到，需要镉镍碱性电池故障检测与维修实践中加强记录与统计分析，取得某一时段底事件发生概率。尽管如此，故障树分析的目的也不仅是求得顶事件的失效概率，主要还在于分析各故障关系，并找出最薄弱的环节，以便及时采取措施加以克服，从而提高可靠性。

6.4 基于故障树的航空磁电机故障检测

1. 航空磁电机结构与工作原理

航空活塞发动机点火系统主要由航空磁电机、高压导线、起动开关、起动振荡器和点火电嘴组成，其结构如图 6.5 所示。其中航空磁电机本质上是一台永磁交流发电机，它在发动机启动和工作过程中利用电磁感应原理产生高压电使点火电嘴点火。推动活塞在正常工作时，点火由航空活塞发动机带动磁电机来驱动。高速运转的磁电机利用电磁感应原理产生 20 kV 高压电，并适时地将 20 kV 高压电通过高压导线按照点火次序分配到各个气缸点火电嘴，使其正负电极微间距内产生强烈电火花放电点燃混合油气，推动活塞使螺旋桨转动。在航空活塞发动机启动时，旋转起动开关使起动电路接通，起动振荡器利用机载电瓶产生高压电，点燃气缸内混合气带动航空活塞发动机起动。起动完毕，根据定时器分配时序，各气缸电嘴持续轮换点火，推动活塞对螺旋桨做功。磁电机如果出现故障，发动机会出现掉转、功率不够等情况，飞机飞行时的速度也会下降。因此航空磁电机的故障直接影响发动机的功率和发动机工作的可靠性，严重时甚至会导致点火电嘴断火，引起发动机空中停车，威胁飞行安全。点火电嘴、高压导线、磁电机、起动振荡器等是航空活塞发动机点火系统常见故障点[3]。点火电嘴故障会造成点火电嘴点火强度减弱甚至为零；高压导线破损漏电故障会导致当磁电机转速达到一定值后点火电嘴点火强度随磁电机转速增长变化减慢；起动振荡器故障会导致起动时点火强度不够大或断火；磁电机常见故障表现为磁电机转速达到一定值后，点火系统点火强度不再随磁电机转速加快而增长。所以点火系统点火强度的变化表现可作为航空活塞发动机点火系统故障判断的依据。

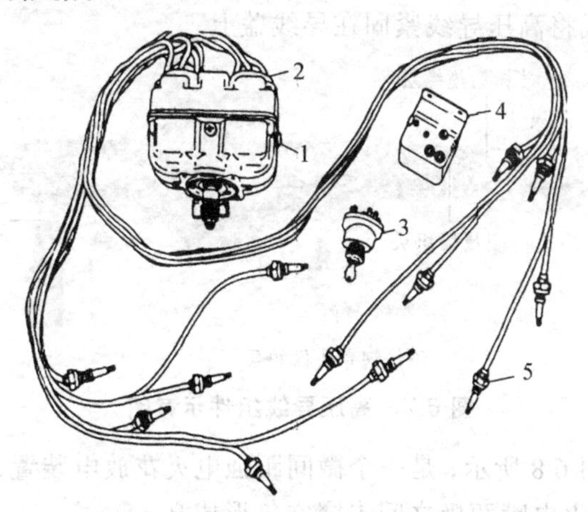

图 6.5 航空活塞发动机点火系统

1—磁电机；2—高压导线；3—启动开关；4—启动振荡器；5—点火电嘴

航空活塞发动机点火系统的结构简图如图 6.6 所示，通常装有两台磁电机形成双冗余备份，两台磁电机对称设置于发动机左右两边，各自独立工作，这样可以提高点火能量、加快点火速度、提高发动机功率和经济性。这种设计还可以提高安全性，一旦某一台磁电机出现问题，另外一台可以维持发动机继续工作。一般左磁电机给左边气缸上排点火电嘴和右边气缸下排点火电嘴供电，而右磁电机给左边气缸下排点火电嘴和右边气缸上排点火电嘴供电。

磁电机安装在发动机附件机匣上，由发动机带动工作，利用电磁感应原理产生高压电，并适时地将高压电通过高压导线按照点火次序分配到各个气缸，供电嘴产生电火花。

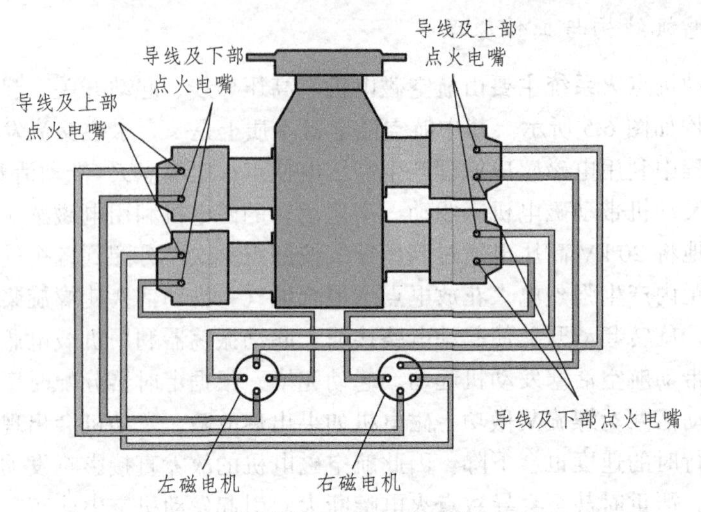

图 6.6　磁电机点火系统结构简图

高压导线连接在磁电机和点火电嘴之间，磁电机产生的 20 kV 高压电通过高压导线传送到点火电嘴，供发动机点火。高压导线组件示意图如图 6.7 所示。高压导线的芯线是螺旋线，螺旋线由镀铜的不锈钢丝绕成。这根导线被包裹在硅树脂和玻璃纤维内，外面由金属编织层保护，金属编织层与玻璃纤维之间是用硅树脂填满的。高压导线的磁电机端接头由唇状的铝制压套、耐高温的尼龙或硅树脂绝缘套、耐腐蚀的不锈钢压缩弹簧和保持电极螺针组装而成。唇形铝制压套以机械方式将高压导线紧固在导线盖上。

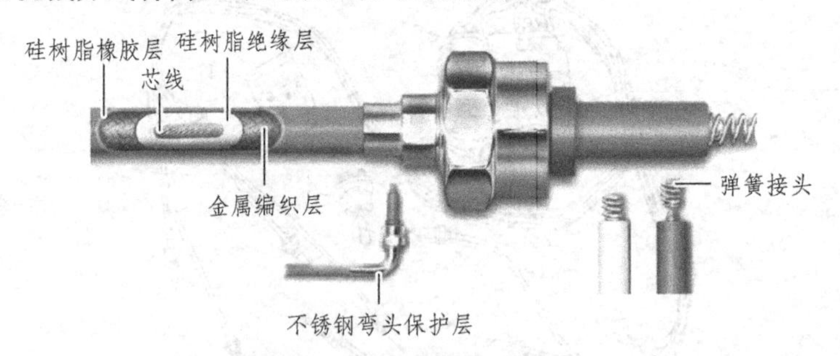

图 6.7　高压导线组件示意图

磁电机点火电嘴如图 6.8 所示，是一个微间距强电火花放电装置，20 kV 高压电通过高压导线传至点火电嘴，在点火电嘴两极之间击穿空气形成高压离子流放出电火花，点燃气缸中的油气混合气。

图 6.8　点火电嘴

图 6.9 为磁电机基本结构，包括冲击联轴器、壳体、分电器、电容器、断电器、线包、磁铁转子等组成。冲击联轴器是一种纯机械构件，它由主动盘、发条式弹簧、被动盘三部分构成，其中飞重和飞重销钉安装在被动盘上。冲击联轴器的主动盘通过齿轮系连接到发动机曲轴；被动盘固定在磁电机轴上，被动盘上装有一对离心块（飞重），离心块的作用是在低转速时的一定条件下阻止被动盘旋转；发条式弹簧在主动盘与被动盘中间，弹簧两

端分别与主动盘和被动盘相连接。发动机刚开始启动时，由于转速低，磁电机的二级线圈产生的电压不足以在点火电嘴处产生电火花，所以采用冲击联轴器。启动过程中，发动机曲轴带动主动盘旋转，由于主动盘与发条式弹簧连接，所以发条式弹簧在主动盘的带动下旋紧，同时储存大量弹性势能。当活塞到达上死点，满足点火条件时，旋紧的弹簧突然松开，弹簧带动被动盘快速旋转，被动盘带动磁电机轴快速旋转。由于有离心块的存在，旋转可以持续一会儿，从而使磁电机的二级线圈产生让点火电嘴处生成电火花的电压。

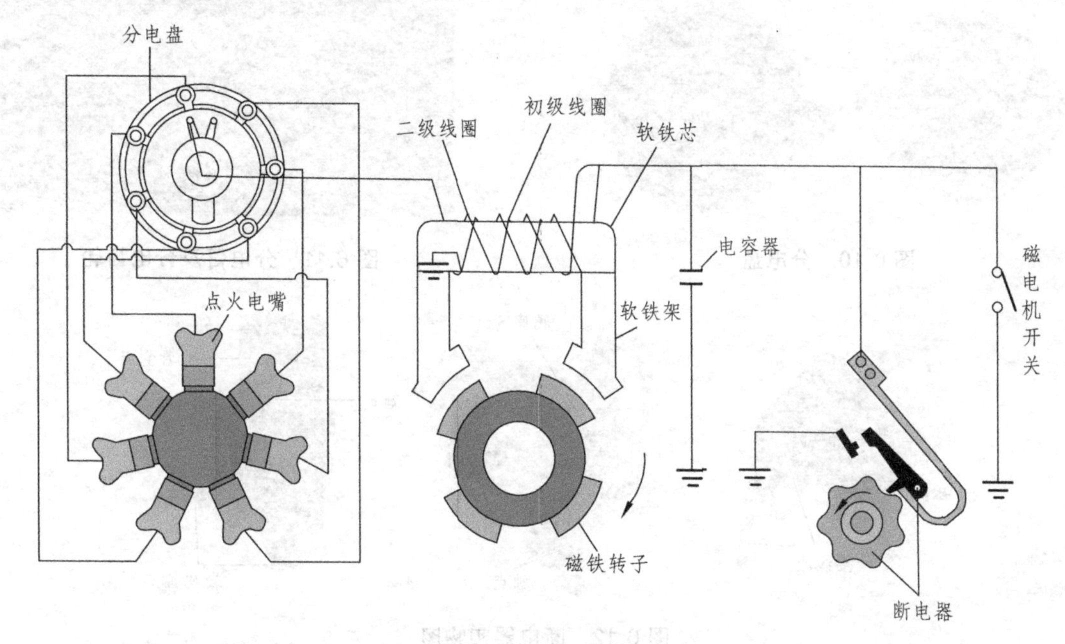

图 6.9　磁电机结构

磁电机的壳体是由铝合金制成的，它的作用就是容纳磁电机内部组件，壳体内部装有磁铁转子、软铁架、线包。软铁架是由多个具有良好导磁性的硅铁片叠加制成，片与片之间涂有绝缘漆。壳体上面有通气孔，用于磁电机散热，而对于部分型号磁电机，通气孔除了散热功能，还可以用来定时。在定时开始时拆下通气塞，可以通过通气孔观察到分电齿轮上定时标记线的位置。分电器可以形象地称为磁电机的“输出端”，分电器由分电盘、分电臂、分电齿轮等部分组成。分电盘上装有分电站，每一个分电站连接着一根高压导线。分电臂装在分电齿轮上，分电齿轮由安装在转子轴上的另外一个齿轮带动；在分电齿轮轴内部装有炭刷。分电盘如图 6.10 所示。当发动机运转时，每当分电臂与分电站对准时，正好断电器的触点断开、磁电机的二级线圈产生高压电，高压电会传输至分电臂，然后通过分电臂和分电站传输给高压导线，最后在点火电嘴处产生电火花。分电臂如图 6.11 所示。电容器是并联在低压电路中的。其主要功能是防止断电器的触点在低压电路突然断电时产生电火花。断电器由底座、弹簧片、接线座、触点等部分组成。底座是钢制成的，用螺钉固定在壳体上。松开螺钉，可以通过移动底座来调整触点间隙。每个断电器上有一个弹簧片、两个接线座、两个触点。两个接线座一个接一级线圈，另一个接电容器。这两个触点。一个接地，另外一个与一级线圈连接。如图 6.12 所示为断电器。在磁电机运转时，当初点接触时，低压电路形成通路，一级线圈产生感应电流。在磁场最大时，凸轮将弹簧片推开，两个接触点分开，低压电路不通，一级线圈的磁场消失，以此来增大磁场变化率。线包中包括一级线圈和二级线圈。一级线圈缠在软铁芯上，一端接地，另一端与电容器、断电器和磁电机开关等相连。当磁电机运转时，磁铁转子转动会在软铁芯中产生磁通变化，一级线圈中因此会有低压电流。二级线圈同样缠绕在软铁芯上，一端接地，另一端与分电臂的炭刷相连。磁电机运转过程中，断电器触点分开，一级线圈中的磁场消失，二级线圈中产生感应电动势。图 6.13 所示为线包。

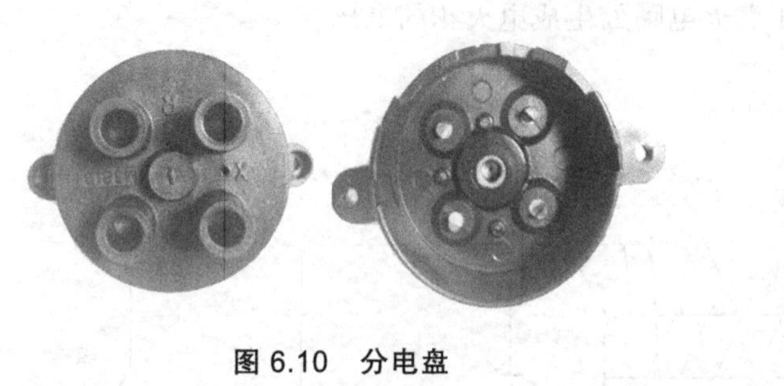

图 6.10　分电盘

图 6.11　分电臂及分电齿轮

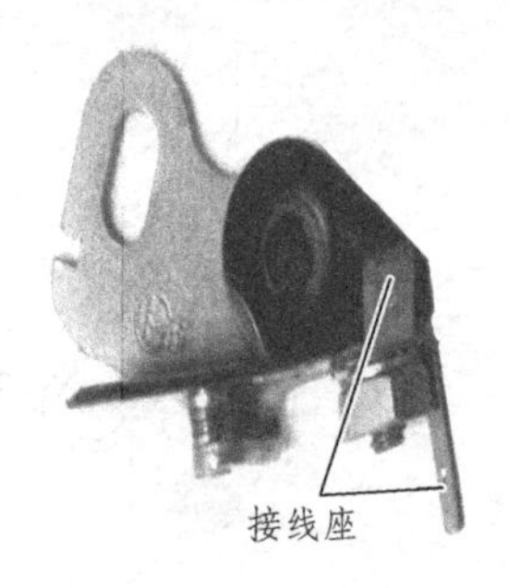

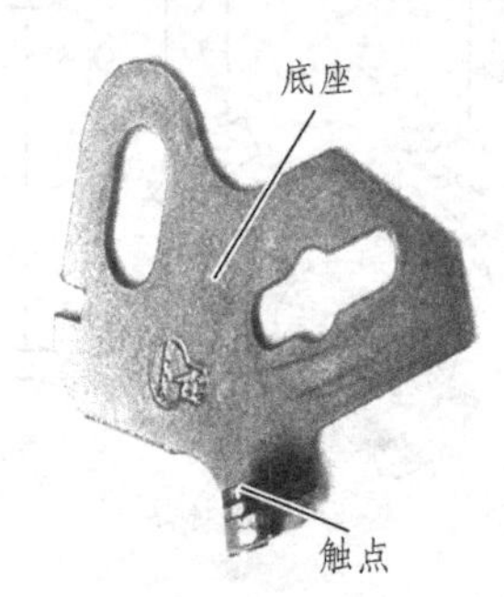

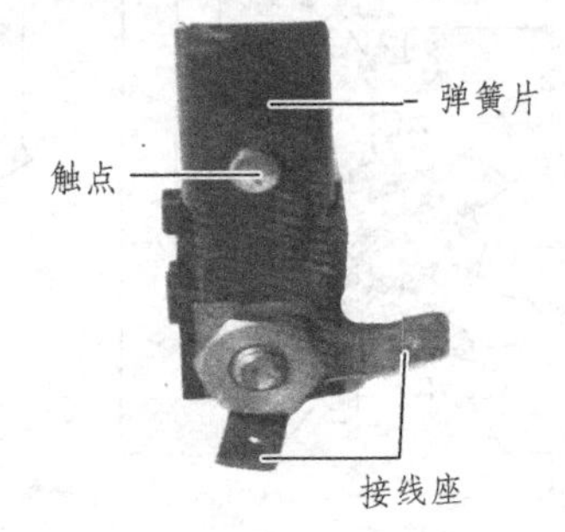

图 6.12　断电器实物图

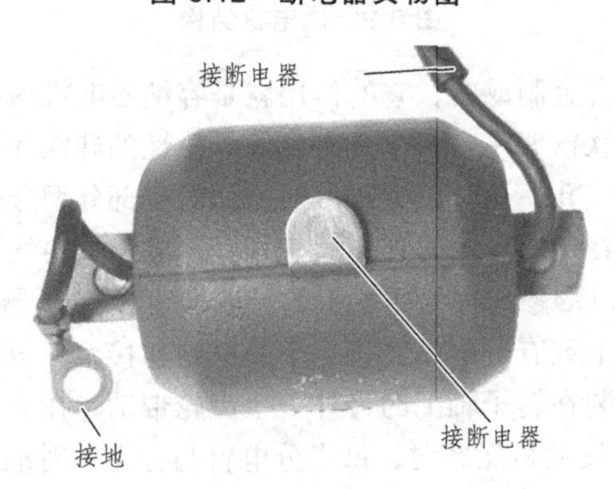

图 6.13　线包

图 6.14 为磁铁转子，它是由永久磁铁和转子轴组成的。永久磁铁是由铁镍铅合金制成的圆柱体，沿周向磁化成两极（N 极和 S 极）的永久磁铁，与其外面的钢块形成互为 90° 的四个磁极。转子轴由前后两个轴承支撑在转子壳体上。在转子轴上装有传动齿轮、冲击联轴器和凸轮（部分型号磁电机是一个塑料作动片），传动齿轮上有定时标记。

磁电机的常见故障现象表现为，发动机气缸上的点火电嘴点火强度小或是不点火，发动机启动过程困难，启动后发动机转速不稳定，或是单磁电机工作时掉转严重。

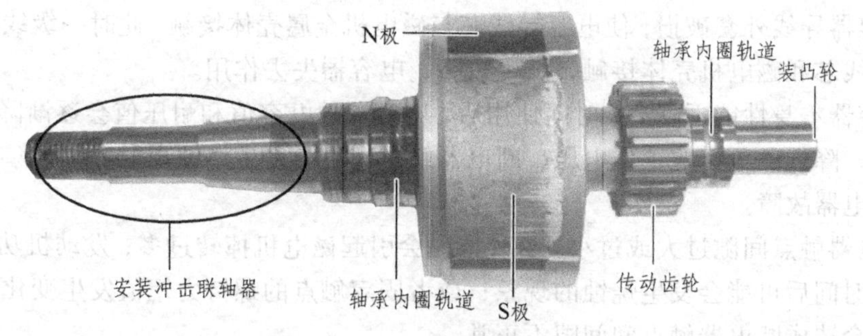

图 6.14　磁铁转子

2. 航空磁电机故障树建立

磁电机的故障原因往往是多方面的，而故障的发展也受多方面因素的影响。磁电机的部件很多，由冲击联轴器、壳体、分电器、电容器、断电器、线包、磁铁转子等部分组成，一旦其中某个或某几个部件出现问题，磁电机就会工作异常，因此从磁电机各个部件出发，分别对磁电机故障进行分析。

（1）密封件损坏。

磁电机传动轴前轴承密封件损坏，发动机内部的润滑油通过损坏的轴承密封件渗入磁电机。这种故障比较容易发现，故障后果比较严重。如果断电器触点受到润滑油污染，虽然断电器在规定时机断开，但润滑油在一定的条件下在断电器触点间形成一定的通路，磁电机低压电路不能完全打开，磁路中的磁通变化率变小，导致二级线圈中产生的高压电动势减小，点火电嘴处产生的电火花强度减弱，严重时由于高压电动势过低不能使点火电嘴产生电火花，使发动机产生振动。

（2）分电器故障。

① 分电齿轮轴磨损，使轴与轴承的径向间隙增大。这是一种多发故障，轴承的径向间隙增大后，分电齿轮不能沿轴心转动，因此使分电臂与各分电站之间的间隙不断发生变化，间隙忽大忽小，使磁电机输出到各点火电嘴的电压也不断发生变化，在发动机试车检查单个磁电机掉转情况时，会发现磁电机的掉转转速不稳定。

② 分电齿轮轴里的炭刷在长时间使用过后也会出现磨损，导致炭刷与线包高压输出接触片之间接触不良，炭刷弹簧也会因烧蚀、生锈或腐蚀引起变形，这都会影响磁电机工作。

③ 分电站、分电臂有烧蚀或松动。烧蚀是由于分电臂与分电站之间的间隙过大引起跳火产生的。松动和烧蚀会使分电臂与各分电站之间间隙不一样，导电效果差。

④ 分电齿轮轴轴承甩油，污染接线柱。这种故障在分电齿轮轴承润滑脂过多的情况下发生。

⑤ 分电盘出现裂纹，导致漏电，传输给点火电嘴的高压电动势因此降低。

（3）电容器故障。

① 电容器导线折断。使电容器与一级线圈断开，电容器不能工作，丧失提升磁电机电压和消除断电器跳火的功能。这时断电器触点间会产生跳火，导致磁电机单磁不工作，发动机抖动。

② 电容器与护套之间松动，内部接线折断。电容器与护套之间松动，长时间振动条件下工作，内部导线折断，使电容器失去作用。

③ 电容器导线外套破损，使电容导线芯与磁电机金属壳体接触。此时一级线圈的电流通过破损的导线芯和磁电机壳体接触，发生短路，电容器失去作用。

④ 电容器本身性能下降。长时间使用后，电容器的电容值和耐压值会逐渐降低，使电容器性能下降，降低磁电机的工作电压，断电器触点间也会发生烧蚀现象。

（4）断电器故障。

① 断电器触点间隙过大或过小。这种情况会引起磁电机掉转过多，发动机功率下降。触点使用一段时间后可能会发生烧蚀的现象；或者固定触点的螺钉力矩值发生变化，使螺钉松动，这些都会造成断电器触点间间隙不正常。

② 接触点表面氧化、挂油。由于断电器触点间会产生微弱的电火花，触点表面在高温下逐渐氧化，形成一层氧化层，使触点接触时电阻增大，低压电流减小，磁电机电压降低，导致点火电嘴产生的电火花强度减弱。触点挂油或有杂质，也会使触点接触电阻增大，导致相同后果。

③ 接触点烧蚀。断电器触点在连续断电过程中，电火花造成的高温使触点烧蚀，烧蚀后的触点间间隙会发生变化。

④ 凸轮（某些型号磁电机是塑料作动片）磨损或缺失。电容的性能下降，会使断电器触点跳火，烧损了塑料作动片，引起断电间隙减小很多。凸轮或塑料作动片磨损也会造成同样的故障。

（5）冲击联轴器故障。

冲击联轴器工作异常包括冲击联轴器卡阻、冲击联轴器锈蚀、冲击联轴器弹簧疲软。冲击联轴器卡阻会导致磁电机无法正常产生高压电；锈蚀对冲击联轴器的强度有影响；冲击联轴器弹簧疲软会导致发动机在启动过程中不能瞬间快速旋转，磁电机产生的高压电不足以点燃气缸内混合气体。

（6）线包故障。

线包故障有磨损、线圈烧蚀、线圈绝缘性变差和接触片磨损。发动机工作过程中，线包长时间处于振动环境下，线包与壳体之间会有摩擦，外部会出现磨损情况。这会导致线包绝缘性下降，使线圈与壳体之间放电，损失磁能，降低二级线圈电压。发动机工作过程中本身会产生很多热量，磁电机也产生热量，再加上线圈中电流、软铁芯中的涡流和磁滞损耗产生的热量，线圈工作的环境温度是很高的。如果线圈本身质量再有问题，就很容易烧蚀。线圈烧蚀，磁电机将完全无法工作。接触片磨损会导致接触片与炭刷之间接触不良，影响磁电机工作。

（7）磁铁转子故障。

磁铁转子上主要是磁铁转子磨损、转子齿轮磨损、转子轴承磨损以及甩油环损坏。齿轮磨损严重会使分电臂在断电器断电时无法正对分电站。轴承磨损会使转子不能沿轴心转动，导致转子和壳体损伤。甩油环位于转子轴上，它和转子一起转动，作用是将发动机内的滑油阻挡在磁电机外部。如果甩油环损坏，滑油就会进入并污染磁电机，影响磁电机正常断电。

（8）壳体裂纹。

磁电机壳体出现裂纹，一方面会有漏电，使磁电机工作性能下降；另一方面使整个磁电机时刻处于一个危险状态。

（9）传动轴扭断。

传动轴在长时间的使用下会有磨损，强度、刚度都会下降。虽然这种情况出现的概率较小，但是一旦出现，就会引发航空安全事故。因此要绝对注意。

磁电机故障树的建立。故障树的顶事件是系统中最不希望发生的故障状态，对于磁电机的故障树来说，最不希望发生的事件就是磁电机产生的高压电传导至点火电嘴处时产生的电火花强度不够，甚至不产生电火花。

故障树的中间事件是直接导致顶事件发生的事件，能够导致磁电机工作不正常的原因很多。磁电机众多部件中（如断电器、分电器、电容器、线包、磁铁转子等），只要其中一个或几个部件出现故障，磁电机都会工作不正常。因此，对于磁电机的故障树来说，中间事件就是磁电机的各个部件出现故障。

故障树的底事件是系统中不可再细分的事件，对于磁电机的故障树来说，底事件就是导致磁电机各个部件发生故障的直接原因。根据对磁电机的故障分析以及在飞机修理厂收集的磁电机常见故障，绘制出如图 6.15 所示的磁电机故障树，磁电机故障原因如表 6.7 所示。

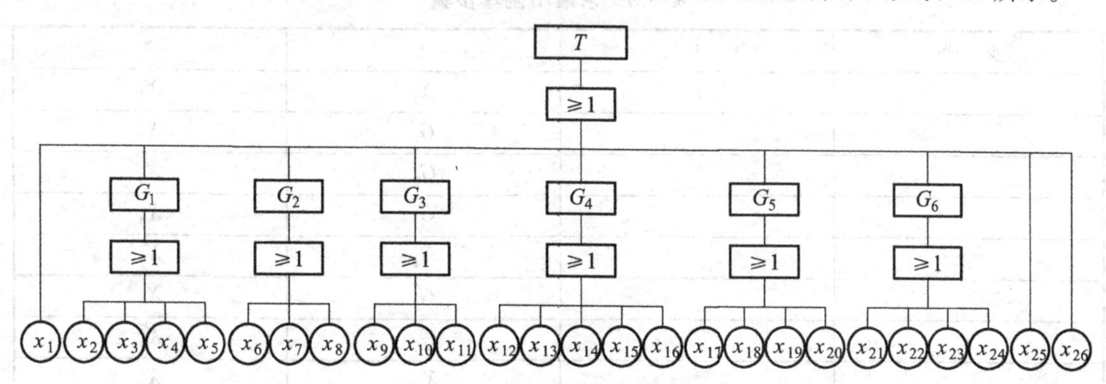

图 6.15 航空磁电机故障树

表 6.7 磁电机故障原因一览表

X_1—密封件损坏	X_2—磁铁转子磨损
X_3—转子齿轮磨损	X_4—转子轴承磨损
X_5—甩油环损坏	X_6—电容器与护套之间松动
X_7—电容器导线破损或折断	X_8—电容器本身故障
X_9—冲击联轴器卡阻	X_{10}—冲击联轴器锈蚀
X_{11}—冲击联轴器弹簧疲软	X_{12}—分电盘裂纹或损坏
X_{13}—分电站、分电臂松动或烧蚀	X_{14}—炭刷磨损
X_{15}—炭刷弹簧变形	X_{16}—分电盘齿轮轴磨损
X_{17}—断电器间隙过大或过小	X_{18}—接触点烧蚀
X_{19}—接触点表面氧化、挂油	X_{20}—凸轮磨损或缺失
X_{21}—线圈磨损	X_{22}—线圈烧蚀
X_{23}—线圈接触片磨损	X_{24}—线圈绝缘性变差
X_{25}—壳体裂纹	X_{26}—传动轴扭断

对故障树的定性分析，主要是为了寻找导致顶端事件发生的所有可能的故障模式，弄清系统出现最不希望发生的事件有多少种可能性。而要找到这些可能性，需要先找割集和最小割集。通过下行法对故障树进行定性分析，求出故障树的最小割集。故障树如图 6.15 所示。设 T 为顶端事件：磁电机不点火或点火强度不够，中间事件：G_1 为磁铁转子故障，G_2 为电容器故障，G_3 为冲击联轴器故障，G_4 为分电器故障，G_5 为断电器故障，G_6 为线包故障，其余 $X_1 \sim X_{26}$ 为底事件。

利用下行法求故障树的最小割集。从顶端事件开始，遇到与门时，将输入事件写在同一行下，遇到或门时，将输入事件写在同一列的不同行下。再将中间事件按照上面的方法继续往下，直至最后的事件都是底端事件为止。具体做法如表 6.8 所示。因为从 X_1 到 X_{26}，各个故障之间两两之间没有包含关系，因此，每个底端事件都是一个最小割集。

表 6.8　求最小割集步骤

步　骤	1	2	3
	T	X_1	X_1
		G_1	X_2
		G_2	X_3
		G_3	X_4
		G_4	X_5
		G_5	X_6
		G_6	X_7
		X_{25}	X_8
		X_{26}	X_9
			X_{10}
			X_{11}
			X_{12}
			X_{13}
			X_{14}
			X_{15}
			X_{16}
			X_{17}
			X_{18}
			X_{19}
			X_{20}
			X_{21}
			X_{22}
			X_{23}
			X_{24}
			X_{25}
			X_{26}

故障树的定量分析。首先要知道底事件发生的规律，从而计算出中间事件和顶事件的发生概率，再进一步利用部件重要度的定义，计算出各最小割集的重要度。底端事件发生概率获取是一个相对困难的事情，往往需要从维修一线获取。为此，中国民航飞行学院飞机修理厂对2015年12月23日至2016年5月25日期间共计400份磁电机维修报告进行了统计，统计得到各底事件发生概率如表6.9所示，它列出了具体的故障、每个故障在400份维修报告中对应出现的次数和该故障出现的概率。

表6.9　磁电机常见故障统计表

故　障	出现次数	出现概率
触点烧蚀	205	51.25%
炭刷磨损	94	23.50%
线圈磨损	49	12.25%
分电盘裂纹或损坏	30	7.50%
密封件损坏	25	6.25%
壳体裂纹	20	5.00%
线圈烧蚀	21	5.25%
断电器间隙过大或过小	17	4.25%
线圈接触片磨损	17	4.25%
分电臂、分电站松动或烧蚀	13	3.25%
转子齿轮磨损	12	3.00%
接触点表面氧化、挂油	11	2.75%
分电盘齿轮轴磨损	11	2.75%
冲击联轴器卡阻	10	2.50%
电容器导线破损或折断	9	2.25%
电容值超标	7	1.75%
电容器与护套之间松动	6	1.50%
磁铁转子磨损	5	1.25%
转子轴承磨损	5	1.25%
凸轮磨损或缺失	4	1.00%
甩油环损坏	2	0.50%
炭刷弹簧变形	3	0.75%
线圈绝缘性变差	1	0.25%
冲击联轴器锈蚀	1	0.25%
冲击联轴器弹簧疲软	1	0.25%
传动轴扭断	1	0.25%

中间事件发生概率计算。根据图6.15可以知道故障树的中间事件有G_1磁铁转子故障、G_2电容器故障、G_3冲击联轴器故障、G_4分电器故障、G_5断电器故障、G_6线包故障。又知道了

底端事件的发生概率，则中间事件和顶事件的发生概率计算如下：

$$P_{G_1}=1-(1-P_{X_2})(1-P_{X_3})(1-P_{X_4})(1-P_{X_5})=0.058\,83$$
$$P_{G_2}=1-(1-P_{X_6})(1-P_{X_7})(1-P_{X_8})=0.054\,01$$
$$P_{G_3}=1-(1-P_{X_9})(1-P_{X_{10}})(1-P_{X_{11}})=0.029\,87$$
$$P_{G_4}=1-(1-P_{X_{12}})(1-P_{X_{13}})(1-P_{X_{14}})(1-P_{X_{15}})(1-P_{X_{16}})=0.339\,19$$
$$P_{G_5}=1-(1-P_{X_{17}})(1-P_{X_{18}})(1-P_{X_{19}})(1-P_{X_{20}})=0.550\,59$$
$$P_{G_6}=1-(1-P_{X_{21}})(1-P_{X_{22}})(1-P_{X_{23}})(1-P_{X_{24}})=0.205\,89$$
$$P_T=1-(1-P_{X_1})(1-P_{G_1})(1-P_{G_2})(1-P_{G_3})(1-P_{G_4})(1-P_{G_5})(1-P_{G_6})(1-P_{X_{25}})(1-P_{X_{26}})$$
$$=0.819\,04$$

此时已经求出了顶端事件的发生概率。当顶端事件发生时，各个最小割集重要度可根据式 $P_{M/T}=P_M/P_T$ 计算。$P_{M/T}$ 表示最小割集重要度，P_M 表示最小割集的发生概率，由于每个底事件就是一个最小割集，所以最小割集发生的概率就是底事件发生的概率。因此公式可以表示为 $P_{M/T}=P_{Xn}/P_T$。则可以得到各个最小割集的重要度见表 6.10。

表 6.10　最小割集的重要度

最小割集	重要度	最小割集	重要度
$M_1(X_1)$	0.076 309	$M_2(X_2)$	0.015 262
$M_3(X_3)$	0.036 628	$M_4(X_4)$	0.015 262
$M_5(X_5)$	0.006 105	$M_6(X_6)$	0.018 314
$M_7(X_7)$	0.027 471	$M_8(X_8)$	0.021 366
$M_9(X_9)$	0.030 524	$M_{10}(X_{10})$	0.003 052
$M_{11}(X_{11})$	0.003 052	$M_{12}(X_{12})$	0.091 571
$M_{13}(X_{13})$	0.039 681	$M_{14}(X_{14})$	0.286 921
$M_{15}(X_{15})$	0.009 157	$M_{16}(X_{16})$	0.033 576
$M_{17}(X_{17})$	0.051 890	$M_{18}(X_{18})$	0.625 733
$M_{19}(X_{19})$	0.033 576	$M_{20}(X_{20})$	0.012 209
$M_{21}(X_{21})$	0.149 565	$M_{22}(X_{22})$	0.064 099
$M_{23}(X_{23})$	0.051 890	$M_{24}(X_{24})$	0.003 052
$M_{25}(X_{25})$	0.061 047	$M_{26}(X_{26})$	0.003 052

可以通过中间事件的发生概率和顶端事件的发生概率求出中间事件在顶端事件发生时的重要度。中间事件的重要度 $P_{Gn/T}=P_{Gn}/P_T$，如表 6.11 所示。

表 6.11　中间事件的重要度

中间事件	重要度	中间事件	重要度
G_1	0.071 828	G_2	0.065 943
G_3	0.036 470	G_4	0.414 131
G_5	0.672 238	G_6	0.251 380

根据表 6.10 所示的各最小割集的重要度，可以进行重要度排序如式（6.10），这就是查找部件故障优先检测方向，即根据各最小割集的重要度进行排序，按最小割集的重要度从大到小的顺序进行故障检测。

$$M_{18} > M_{14} > M_{21} > M_{12} > M_{1} > M_{25} \tag{6.10}$$

根据表 6.11 所示的各中间事件的重要度，可以进行重要度排序如式（6.11），这就是查找磁电机基本组成模块故障优先检测方向，即根据各中间事件的重要度进行排序，按中间事件的重要度从大到小的顺序进行故障检测。

$$G_{5} > G_{4} > G_{6} > G_{1} > G_{2} > G_{3} \tag{6.11}$$

6.5 本章小结

本章介绍了航电设备故障检测与诊断中常用到的故障树诊断法，详细描述了故障树的基本概念、定性分析方法和定量分析方法；并以机载镉镍蓄电池和航空磁电机为例，从维修工程角度详细说明了故障树构建、故障树定性分析、底事件发生概率确定方法、中间事件和顶事件发生概率计算方法、最小割集和部件重要度计算方法，以及如何应用于具体的工程实践。

参考文献

[1] 朱大奇. 电子设备故障诊断原理与实践[M]. 北京：电子工业出版社，2004.

[2] 徐传继，胡剑豪，方吉士. 航空机载镉镍蓄电池组的故障分析[J]. 电池，1996，26（4）：153-157.

[3] 李汝辉，吴一黄. 活塞式航空动力装置[M]. 北京： 北京航空航天大学出版社，2008.

[4] 丁发军，麦海波. 活塞式发动机故障诊断技能培训教程[M]. 成都：西南交通大学出版社，2013.

[5] 严军. 基于故障树分析法的航空活塞发动机故障诊断专家系统研究[D]. 成都，电子科技大学，2010.

[6] 吕伟. TB-200 飞机航空电机的使用可靠性及故障分析[J]. 航空航天，2012，32（12）：8803-8806.

[7] 杜占军，李景华，胡任伟. 磁电机点火线圈温度的测量与分析[J]. 天津大学学报，2000，33（6）：791-794.

[8] 张德银，罗英，罗文田. 环境温度变化对航空铅酸蓄电池性能的影响[J]. 中国民航飞行学院学报，2009，20（2）：30-32.

7 专家系统诊断方法

7.1 专家系统基础

1. 专家系统定义

专家系统（Expert System），定义为一种模拟人类专家解决领域问题的智能计算机程序系统，其内部包含有大量某个领域专家水平的知识和经验，能够利用人类专家的知识和解决问题的方法来处理该领域的问题。这种计算机程序能够运用知识及推理过程，解决那些只有人类专家才能够解决的复杂问题。称为“专家”的必备条件：一是拥有丰富的专业知识；二是具有独特的分析问题和解决问题的方法。

2. 专家系统结构

建立一个专家系统，应使计算机能够尽可能模拟人类专家解决某些实际问题的决策过程，主要指人类专家运用他们的专业知识和经验来解决所面临问题的策略及步骤。一个专家系统结构至少要包含五个组成部分（见图 7.1），即：知识库、知识管理系统、数据库、推理机、解释器和人机接口。

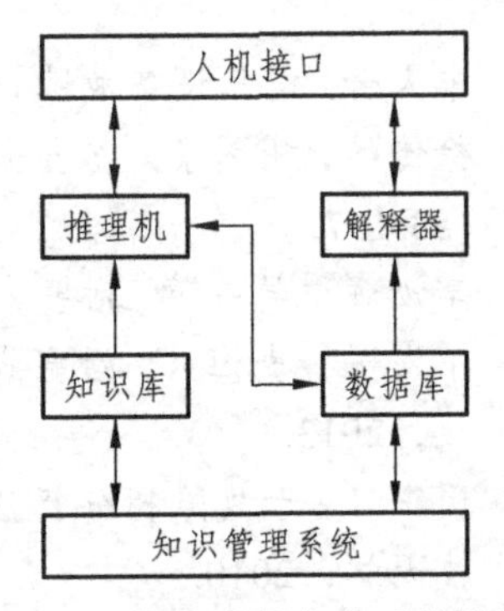

图 7.1 故障诊断专家系统结构

① 知识库（Knowledge Base），以某种存储结构存储领域专家的知识，包括基本事实、规则和其他有关信息。领域知识是决定专家系统能力的关键，所以知识库是专家系统的核心组成部分。建立知识库必须解决知识获取（Knowledge Requirement）和知识表示（Knowledge Representation）问题。知识获取是指如何从领域专家那里获得将要纳入知识库的知识；知识表示是指如何以计算机能够理解的形式来表示和存储知识。

② 数据库（Global Database），又称为全局数据库，主要用于临时存放求解问题所需的各种初始数据或证据，以及求解期间由专家系统产生的各种中间信息和推理过程中得到的中间数据。全局数据库中由各种事实、断言和关系组成的状态，既是推理机选用知识的依据，也是解释机制获得推理路径的来源。

③ 推理机（Reasoning Machine），主要由调度程序与解释程序组成，是实施问题求解的核心执行机构。调度程序依据全局数据库中的当前问题状态及有关信息，按一定的控制策略从知识库中识别和选取可用的知识。控制策略有数据驱动、目标驱动和混合驱动之分，它们

分别称为正向推理、逆向推理或混合推理。解释程序的任务是根据知识的语义，对找到的知识进行解释执行，当有多个可用规则时找出消解规则冲突的策略。

④ 解释器（Expositor），是专家系统中回答用户询问、对自己的问题求解过程或对自己当前的求解状态提供说明的一个重要机构。解释机制涉及程序的透明性，它让用户理解程序正在做什么和为什么这样做，向用户提供了关于系统的一个认识窗口。为实现各种询问的回答，系统通常需要反向跟踪全局数据库中保存的解链或推理路径，并把它翻译成用户能接受的自然语言表达方式。

⑤ 人机接口（Man-machine Interface），是系统与用户进行对话的界面。用户通过人机接口输入必要的数据、提出问题、获得推理结果及系统作出的解释；系统通过人机接口要求用户回答系统的询问，回答用户的问题和解释。

⑥ 知识管理系统（Knowledge Management System），用于对知识库和数据库进行管理。知识库和推理机是专家系统的核心。两者在结构上是完全分离的，即解决问题所需的知识和使用知识进行推理的程序相分离，这是专家系统区别于传统程序的一个基本特点，这种结构便于知识库的修改和扩充。

3. 专家系统的特点与特征

专家系统是一种智能计算机程序，它是以符号推理为基础的知识处理系统，主要依据知识进行推理、判断和决策。因此，专家系统有许多不同于传统程序的特点，主要有：

① 启发性。专家系统能运用专家的知识与经验进行推理、判断和决策。世界上大部分工作和知识都是非数学性的，只有一小部分人类活动是以数学公式或数字计算为核心（约占8%）。即使是化学和物理学科，大部分也是靠推理进行思考的；对于生物学、大部分医学和全部法律，情况也是如此。企业管理的思考几乎全靠符号推理，而不是数值计算。

② 透明性。专家系统能够解释本身的推理过程并回答用户提出的问题，以使用户能够了解推理过程，提高对专家系统的信赖感。

③ 灵活性。专家系统能不断增长知识，修改原有知识，不断更新。由于这一特点，使得专家系统具有十分广泛的应用领域。

专家系统基本特征：

① 具有专家水平的专门知识；

② 拥有符号处理能力；

③ 一般的逻辑推理、目标搜索和常识处理；

④ 具有相当的复杂度和难度；

⑤ 具有解释功能；

⑥ 具有获取知识的能力；

⑦ 知识与推理机构相互独立。

4. 专家系统的分类

专家系统的分类的标准并不唯一，按专家系统的特性和所解决的问题性质分类，专家系统可分为十种类型，如表 7.1 所示。按任务性质的分类并不十分严格，实际的专家系统通常并不是严格属于其中一类，而是兼有多种类型的功能。

表 7.1　专家系统的分类

类　型	主要解决的领域问题
解释型	通过对采集到的数据进行分析，解释这些数据的真实含义
诊断型	根据得到的事实推断出诊断对象（如一台机械设备）可能存在的故障
预测型	在给定的情况下，推测未来可能发生的情况
设计型	根据给定的要求，设计出所需要的方案或模型
监测型	将监测对象的行为同期望的行为进行比较，实时监测系统的工作
规划型	根据给定目标制定行动步骤，用于机器人行动、军事行动等规划问题
控制型	能自动控制系统的全部行为，通常用于生产过程的实时控制
维修型	根据纠错方法的特点，制定合理的行动规划并实施纠错计划
教育型	能诊断和纠正学生的行为，主要用于教学和培训
调试型	给出已确认故障的排除方法

专家系统还可以从另外的角度进行分类。从推理方向的角度划分，可以分为正向推理和逆向推理专家系统以及混合推理专家系统；从知识表示方法的角度划分，有基于规则、基于框架、基于模型、面向对象的专家系统；从知识分类角度划分，可分为精确推理型和不精确推理型（如模糊专家系统）专家系统。从专家系统的特点及分类的角度来看，航空电子设备故障诊断专家系统属于诊断型专家系统。

美国史坦福大学是最早深入研究专家系统的研究机构，一些早期进入实用的专家系统就在这个大学的实验室中诞生。较为知名的有用于传染病诊断的 Mycin 和用于识别有机分子的 Dendral，这些专家系统具有较高的实用价值，但系统本身不具备普遍适用性，无法推广到其他知识领域。19 世纪 80 年代以后，美国和欧洲开始研究通用的专家系统软件开发平台，其中具有代表性的是 LISP 开发环境和 Prolog 语言。这些平台大大降低了专家系统软件的开发难度，使得非计算机软件开发人员也可以进行专家系统软件的开发。同时，计算机的广泛应用和性能的提高，也使各个应用领域都出现了可以提高效率的自动化专家系统。

为了简化专家系统的开发过程，专家系统的开发通常被分解为两个部分：逻辑推理机和知识库。这两个部分的设计是相互影响的。知识的结构和表达方法会影响逻辑推理的方法；而逻辑推理的方法一旦确定，就需要将所有的领域知识用特定的格式进行表达。经过长时间广泛的研究，逻辑推理机已经发展成熟，一个专家系统是否实用的关键常常取决于其知识库是否严谨、全面、充分。由于其常常应用于逻辑复杂领域，实现这一点并非易事，大量知识的逻辑化表达需要领域知识专家和计算机专家巨大的工作量。人类专家在使用不准确和不完善的知识时，可以利用其经验和常识来进行弥补，而这对于计算机来说是无法实现的，因为其逻辑推理只能基于已经输入计算机的规则知识来进行。因此专家系统的开发过程实际上是在可用性和准确性之间进行衡量的过程。随着计算机技术的不断发展，2000 年前后开始出现基于贝叶斯网络的知识库产生技术。贝叶斯网络是用因果概率模型对系统知识建模的方法，特别适用于基于推理的决策系统，如电子设备故障诊断等领域。而特定系统的贝叶斯网络的构建，可以利用大数据技术从历史数据集合中自动生成，不需要人类专家来建立和输入知识规则。基于数据的知识库产生技术不仅大大提高了知识库的生成速度，也能够有效提高专家系统的性能。其缺陷在于，基于数据自动生成的知识对人来说并不直观，无法对推理的过程进行适当的解释。这项技术的出现推动专家系统迎来了又一个发展高潮。

7.2 专家系统的知识获取与知识表示

1. 专家系统的知识获取

知识获取（Knowledge Requirement）、知识表示（Knowledge Representation）和知识利用（Knowledge Application）是专家系统的三个基本问题。其中知识获取是专家系统中最基本的一个问题。

领域专家在解决实际问题时使用的专业知识一般可分为两类：理论知识和经验知识。理论知识包括领域内相关的定义、事实、理论和方法，知识获取的方法可在公开的文献中找到，也称为公共知识。经验知识是帮助人类专家解决问题、做出决定的经验规则或策略，是领域专家通过长期实践积累起来的私有知识，在公开的文献中难以找到。经验知识也称为启发知识，通常没有严谨的理论依据，不能保证在所有情况下都是正确的，但它们在解决实际问题时往往十分简洁、有效。对于人类专家而言，经验知识比理论知识更为重要，人类专家正是由于掌握了大量的经验知识，遇到复杂问题时才能够做出高水平的分析和判断。

专家系统的应用是一个获取知识并应用知识解决实际问题的过程。影响专家系统性能的因素有多种，但关键因素还是知识，知识是专家系统的核心。专家系统的性能主要取决于它所拥有知识的数量和质量。所以开发一个专家系统的主要任务就是将相关问题的领域知识，从专家头脑中或教科书和文献资料等其他知识源中提取出来，并以某种知识表示形式（如产生式规则）将这些知识存入计算机中，这个过程称为知识获取。知识获取分间接获取和直接获取两种方式。知识的间接获取过程分两步：第一步，知识工程师通过与领域专家进行交谈，查阅各种文献资料，获取相关的领域知识，并将这些知识以书面文字的形式整理出来；然后将这些知识形式化，即对知识进行分析、提取和简化，形成易于被计算机理解的产生式规则等知识表示形式。第二步，借助知识编辑器将这些知识输入专家系统知识库。知识编辑器是一种用于知识的输入、修改和维护的软件工具，它能提供丰富的人机交互界面。用户可以很方便地按指定格式输入所获取的知识，系统还能自动对用户输入的知识进行语法错误检查，若发现问题立即提示用户修改，确认无误后才将其存入知识库。这种知识获取方法实际上就是由知识工程师代替机器去获取知识，然后再“传授”给机器，是故障诊断专家系统开发中主要的知识获取途径。这种方法要求知识工程师不仅要掌握专家系统的结构、工作原理和开发过程，而且还要了解相关领域的基本概念和背景知识。只有这样才能与领域专家进行交流，充分理解所获取的领域知识。实践表明，这种人工获取领域知识的方法需要消耗大量的时间，延长了专家系统的研制周期，成为专家系统开发中的突出问题。

就知识获取的自动化程度而言，又可以将知识获取分为两种：自动知识获取和非自动知识获取。自动知识获取指系统自身具有获取知识的能力。系统可以直接与领域专家对话，通过对话从专家提供的原始信息中“学习”到专家系统所需要的知识；另外，系统还能从自身运行实践中总结、归纳出新知识，不断地进行自我完善，建立起性能优良、知识完善的知识库。非自动知识获取主要是通过知识工程师从领域专家或相关技术文献资料那里获取知识，然后再由知识工程师把知识转化成计算机能够识别的形式输入到知识库中。

2. 专家系统的知识表示

知识表示，就是研究在计算机中如何用最合适的形式对系统中所需的各种知识进行组织，它与问题的性质和推理控制策略有着密切的关系。一方面获取的知识必须表示成某种形式，才能把知识记录下来；另一方面只有将知识表示成合理的形式，才能利用知识进行问题求解。而且知识表示方法的优劣直接影响到系统的知识获取能力和知识利用效率，所以知识表示是专家系统研究中的核心问题。

知识表示是为了描述世界所作的一组约定，是知识的符号化和形式化过程。知识表示方法就是研究如何设计各种数据结构，以便将已获得的某个问题领域的各种知识以计算机内部代码的形式加以合理地描述和存储。知识表示的目的在于通过知识的有效表示，使专家系统能够利用这些知识进行推理和作出决策。正如我们可以用不同的方式描述同一事物一样，对于同一种知识，也可以采用不同的知识表示方法，但在解决某一问题时，不同的表示方法可能会产生完全不同的效果。因此，对于不同领域的求解问题，选择合适的知识表示方法是非常重要的。

3. 知识的层次结构

专家系统在进行问题求解时所用到的知识可以表示为四个层次结构。最底层是数据层，数据可以定义为“客观事物的属性、数量、位置及其相互关系的抽象表示”。数据的上一层是信息层，信息可以定义为“数据所表示的含义”。因此也可以说信息是对数据的解释。同一个数据赋予不同单位和含义可能包含完全不同的信息。数据和信息一般被称为事实知识，它们是有关特定问题领域的部分专业知识，故障诊断专家系统就是以事实作为推理的直接依据。信息的上一层是领域知识层，它是指故障诊断专家系统在进行故障识别时所用的知识，主要是领域专家的启发性经验知识，它表示有关诊断对象的故障和故障征兆之间的对应关系。最高层是元知识（Meta-knowledge）层。元知识是关于如何有效地选择和使用领域知识的知识，所以说它是关于知识的知识。元知识主要用于控制故障诊断过程，它相当于人的智力，即运用知识解决问题的能力。

4. 公共知识和私有知识

专家系统所拥有的知识主要是与故障诊断对象相关的领域知识。领域知识按其使用范围一般可分为公共知识（Public Knowledge）和私有知识（Private Knowledge）。公共知识是指进行故障诊断时所需要的一般知识和方法，包括航空电子设备教科书和某机型机务维修手册中关于航空电子设备的定义、事实和各种理论、方法等。这种知识一般已为机务航空电子设备维修领域内专业人员普遍接受。私有知识是指航空电子维修高级专家在长期的实践中积累起来的大量经验知识，即启发性知识。这种启发性知识是航空电子设备维修高级专家所私有的，在公开的文献中找不到。航空电子设备维修高级专家正是由于具备了这种启发性知识，在遇到复杂问题时才能迅速抓住问题的关键，作出高水平的分析、判断，找到解决问题的方法。依据启发性知识还能有效地处理不完全和不确定信息。比如，在飞机方向舵行程限制功能失效故障诊断中，面对大量的多种多样的复杂信息，航空电子设备维修高级专家凭方向舵行程限制系统控制模块故障的几率最大这个经验知识，迅速判断出控制模块中的故障。但是启发性私有知识是领域专家在长期的实践中不自觉地学到的知识，领域专家本人对这种知识也缺乏本质的认识，所以很难清楚描述出来；另一方面，启发性私有知识本身缺乏严格的理论依据，不具备通用性、确定性和有效性。因此，获取和表示启发性私有知识是建造航空电子设备故障诊断专家系统的中心任务。

5. 陈述性知识与过程性知识

各种知识必须表示成计算机所能操作的内部形式才能为专家系统所利用。专家系统知识表示方法主要分为陈述性知识表示和过程性知识表示两大类。陈述性知识表示用于描述事实性知识，知识表示与知识处理是分开的，知识是静态描述的。这种表示优点在于形式简单、易于知识的修改和扩充。过程性知识表示用于描述控制策略，说明知识的使用过程，知识表示形式就是含有一系列操作的计算机程序，知识的表示与推理相结合，是动态描述。这种表示优点在于形式灵活、易于表达启发性知识及比较复杂的问题求解知识。

由于上述两种知识表示方法各有优点，一般在建造实用故障诊断专家系统时，常常把这两种知识表示方法结合起来使用，以便同时满足易于理解和高效推理两方面的要求。另外，知识表示一般还要求简洁、清楚、易于扩充。

6. 知识的产生式规则表示

在众多知识表示方法中，产生式规则（Production Rule）是最常用的一种知识表示方法，很适用于航空电子设备故障诊断专家系统的知识组织。它结构简单、自然，易于表达人类的经验知识，同时也是基于规则的专家系统（Rule-based Expert System）。产生式系统（Production System）主要是利用符号交换规则，对符号串进行替换运算，其中每条规则就称为一个产生式。

产生式规则有时也简称为产生式，或简称为规则。其一般形式为：IF<条件>THEN<动作>，表示当条件满足时，可执行相应的动作。规则的条件部分也称为规则的前提，它可以是多个子句的逻辑组合。规则的动作部分也称为规则的结论部分，它可以是一个或一组结论或动作。产生式规则的前提部分和结论部分都可以采用多种形式来表达，如谓词逻辑、符号串及复杂的过程语句等。

一个典型的产生式系统由三部分组成：规则库（Set of Rules）、动态数据库（Dynamic Database）和控制策略（Control Strategies）。

① 规则库是产生式规则的集合，它包含问题领域的一般性知识。使用产生式规则的一个基本思想就是从已知事实出发，将综合数据库中的事实与规则库中规则的前提相匹配，一旦匹配成功，则执行该规则结论部分，一般是产生一些新的事实添加到综合数据库中，或者修改数据库中的旧事实。规则库中的规则相互之间是独立的，它们只有通过数据库才能发生相互作用。

② 数据库又称事实数据库，它包含解决特定问题的事实或断言。一条规则在被激活之前，规则的条件部分必须出现在事实库中。事实可用任何方便的形式进行表示，如数组、符号串和表结构等，但无论采用哪种表示形式，都应便于和规则的条件部分相匹配。

③ 控制策略是执行问题求解过程的规则解释程序。它的任务就是确定下一步哪些规则是可用的。它确定所选定的规则的条件部分如何与数据库中事实匹配并监控问题求解过程。当

数据库中没有所需的事实时，它还能向用户提问以获取相应的事实信息。

产生式系统的规则解释程序以循环方式进行操作，这种循环称为“识别-作用”循环。每次“识别-作用”循环可分为三步：匹配、冲突消解和执行。

在进行匹配时，若规则的条件部分和数据库中的事实是用符号串来表示的，则匹配就是简单的符号串比较。若规则的条件部分是一个含有变量的数学表达式，这时匹配就是从数据库中找到表达式中各变量的值，并经过数学运算后判断该表达式是否为真，若为真，则匹配成功，这种匹配是一种广义匹配。当一条规则的条件部分与数据库匹配成功时，称该规则被激活，规则解释程序即执行该规则。

在一个实际的产生式系统中，对于某一问题求解状态，被激活的规则可能不止一条，这时，规则解释程序就需按着一定的控制策略，确定启用哪条被激活的规则，这一过程称为冲突消解。冲突消解的策略通常有以下几种：

① 将所有规则合理排序，选择最先匹配成功的一条规则。

② 选择优先级最高的规则。这种优先级是由程序员根据具体任务事先定义的。

③ 选择条件较多的规则。

④ 选择条件部分含有数据库中最新生成事实的规则。

⑤ 选择一个原先没有用过的新规则。

产生式系统有多种控制策略，不同的产生式系统可以采用不同的控制策略，产生式系统之间的区别主要就体现在控制策略方面。对于一般问题求解的产生式系统，若不加限制，它就必须采用非常复杂的控制策略来解决模式匹配、冲突消解及回溯等问题。目前，多数基于规则的专家系统都是通过对所用产生式系统做一些限制来降低控制策略的复杂性，但这种限制往往对系统的问题求解能力没有太大影响。

知识的产生式表示有以下优点。

① 模块化。在产生式系统中规则是相互独立的，它们只对数据库进行操作，规则之间并不直接调用，对规则的增加、修改和删除独立进行，使系统具有可扩充性。

② 表示形式的一致性。所有知识都严格按产生式规则的形式来表示，而且用规则条件与数据库进行模式匹配，用规则结论更新数据库，各自功能明确，控制及操作易实现。

③ 自然性。产生式规则的“IF-THEN”结构接近人类思维和会话的自然形式，易于被人们理解，易于实现人-机对话。

产生式知识表示也存在一些缺点。

① 推理效率可能较低。因为产生式系统的推理是靠一系列的“匹配-冲突消解-执行”过程循环实现的。而且在每一个推理周期，都要不断地对全部规则的条件部分进行模式匹配，这种做法必然会降低推理效率，而且随着规则数量的增加，效率问题会越来越突出。

② 非透明性。虽然个别规则容易理解和定义，但规则之间是相互独立的，当规则数量达到数百条以上时，规则间的关系是模糊的，系统的功能和行为都难以理解。

③ 依赖于已有的经验。如果缺少经验，则产生式系统将遇到困难。缺少专家的经验，产生式系统就不能适用。

所以产生式系统适合于具有经验知识的故障诊断领域，而且对于小规模的问题其优点较明显，当规则数目较大时，其缺点较突出。因此，必须对知识库和数据库的结构做改进，才能使之适应较复杂的问题求解。

7.3 专家系统的推理方式与控制策略

故障诊断专家系统不但需要拥有大量的领域知识，而且还要具有选择和运用诊断知识解决实际问题的能力。这种选择知识和运用知识的过程称为基于知识的推理。利用计算机程序实现基于规则的推理过程就构成了推理机。推理机作为专家系统的核心部分，其主要任务就是在问题求解过程中适时地决定知识的选择和运用。推理机包括推理方式和控制策略两部分，推理方式确定知识的运用，控制策略确定知识的选择。

航空电子设备故障诊断推理是指依据一定的原则从已有的航空电子设备故障征兆事实中推断出故障原因的过程。采用基于规则的推理是演绎推理。所谓演绎推理是指由一组前提必然地推导出某个结论的过程，是从一般到个别的推理。由于结论的正确性蕴含在前提中，所以只要前提为真，结论也必然为真。对于一个复杂的故障诊断系统，诊断推理效率是非常重要的。系统的诊断效率取决于诊断过程的控制策略。所谓“控制策略”，主要是指推理方向的控制和推理规则的选择策略。根据控制策略的不同，可以将基于规则的诊断推理分为三种类型，即正向推理、反向推理和混合推理。

① 正向推理（Forward Chaining），是由已知征兆事实到故障结论的推理，因此又称为数据（事实）驱动的控制策略。正向推理的基本思想是：将诊断对象已知的征兆事实存入事实库中，从这些征兆事实出发，正向使用规则，即将规则的条件与事实库中已知的征兆事实相匹配。若匹配成功，则激活该规则，将规则的结论部分作为新的事实添加到事实库中。重复上述过程，直到没有可匹配的新规则为止。正向推理的优点是：用户可以主动提供与诊断对象有关的已知征兆事实，而不必等到诊断系统需要时才提供，系统可以很快地对用户所输入的征兆事实做出反应；而且这种推理控制简单，容易实现。正向推理的缺点是：规则的执行似乎漫无目标，可能执行许多与目标无关的操作，从而导致推理的低效性；另外，由于正向推理目标不明确，其解释功能也较难实现。因此，正向推理比较适合于已知初始数据，且目标空间较大的问题，如设备的在线监测和控制。

② 反向推理（Backward Chaining），是由目标到支持目标的证据推理过程，因此又称为目标驱动的推理。其基本思想是：先假设一个目标成立，然后在知识库中查找结论与假设目标匹配的规则，验证该规则的条件是否存在。若该条件能与事实库中的已知事实相匹配，或是通过与用户对话得到满足，则假设成立；否则把规则的条件部分作为一个新的子目标，重复上述过程，直到所有子目标被证明成立为止。若子目标不能被验证，则假设目标不成立，推理失败，需重新提出假设目标。反向推理是一种递归的过程，采用的是自动回溯策略，即深度优先搜索策略。在反向推理中，初始目标的选择非常重要，它直接影响到系统的推理效率。如果初始目标选择不对，就会引起一系列无用操作。反向推理的优点是：推理过程的方向性强，不必使用那些与假设目标无关的规则，而且这种推理方式能对其推理过程提供明确的解释信息，告诉用户它所要达到的目标及为此所使用的规则。反向推理的缺点是：初始目标的选择较为盲目，用户不能主动提供有用信息来控制推理，当可能的结论数目很多，即目标空间很大时，推理效率不高。因此，它适合于目标空间较小的问题。

③ 混合推理。正向推理和反向推理是控制策略中两种极端的方法，各有其优缺点。正向推理的主要缺点是推理盲目；反向推理的主要缺点是初始目标的选择盲目。解决这些问题的

有效办法是将正向推理和反向推理结合起来使用，即混合推理。混合推理控制策略有多种模式，其中最常用的是双向推理，其推理过程为：首先，根据已知事实，采用正向推理初步确定候选目标集。然后，采用反向推理，进一步验证候选目标集中的目标是否成立。

7.4 基于 CLIPS 的飞机电气系统专家系统案例

1. CLIPS 系统简介

为了能更直观地掌握专家系统的应用实际，以下简要介绍中国民航飞行学院研制的便携式故障诊断仪器中的飞机电气系统故障诊断专家系统。该专家系统的推理机采用 CLIPS（C Language Inte-grated Production System）专家系统壳程序。CLIPS 是美国航空航天局/约翰逊太空中心用 C 语言设计开发的，具有可移植性高、成本低和易于与外部系统集成的特点，是目前应用最为广泛的专家壳程序，它集成了高效的多模式匹配 Rete 算法作为推理机核心算法，具有规范的规则编码格式，依据其开发参考文档即可以掌握 CLIPS 的运行逻辑和知识库建立的一般方法。

该专家系统软件可以运行在 Android 系统上，应用程序分为故障诊断界面程序和 CLIPS 推理机库程序两部分。专家系统的知识库以文本文档形式存在，运行时在应用程序中调用，用户可以使用通用的文档编辑器按照 CLIPS 知识库规则编写、修改规则。在 CLIPS 专家系统中，知识以规则和事实的形式进行编码，其中规则采用类似 IF.../Then...结构，左边（IF...）用于事实的匹配，若内存中有匹配的事实存在，则执行右边（Then...）的操作，如产生新的事实。CLIPS 推理机本质上只支持正向推理，但可以通过适当的设计规则利用正向推理逻辑来实现逆向推理目标。

2. 基本推理规则的建立

为了保证知识库知识覆盖的完整性和高效率，飞机电气系统故障诊断规则集合同时采用两种方法建立。一种是根据飞机维护手册和线路手册，按照飞机电气系统的架构建立故障树，然后再将故障树转化为规则编码。假设以故障 FaultA 为顶事件的故障树中，有 3 个基本事件（Fact1、Fact2 和 Fact3）为所有可能的故障源，则确认 Fact1 为故障源需要以下 3 个事实作为左边条件：① FaultA 存在；② Fact2 不成立；③ Fact3 不成立。这条规则用 CLIPS 语言编码如下：

```
(defrule Fact1-confirming
                    (FaultA exist)
                    (Fact2 negative)
                    (Fact3 negative)
                    =>
                    (assert (Fact1 positive))
                    )
```

其中，defrule 关键词表明括号内是对一条规则的定义，其后“Fact1-confirming”是这条规则的名称。在“=>”之前的三条信息为左边条件。如果在专家系统运行的时候，这三个条件成立（存在于程序条件集合缓存之中），则“=>”之后的操作将被执行，即申明（assert）Fact1 positive，这样 Fact1 positive 就会被加入到程序条件集合中去，作为最终推断的结论的一部分或者用于下一步的推论（因为 Fact1 positive 可能是另外一个规则的左边条件）。可以按这些基本事件出现的可能性大小给规则设定优先级以控制条件检查（故障隔离检测）的顺序。

另一种更为简单直接的规则建立方法是直接采用经验知识。假设若 FaultA 出现，那么很有可能是 Fact2 导致的。则可直接将 FaultA 作为规则的左边条件，将对 Fact2 的检测作为规则的右边操作。通过给经验知识设定更高的的优先级参数，可以使经验知识先于故障树知识被检测，从而提高故障诊断效率。

3. 基于规则的故障树处理技术

在基本推理规则的两种建立方式中，基于故障树的建立方式可以保证系统知识的完整性，而基于经验的规则可以大大提高推理的效率和实用性。后者通常数量较少，可以由软件开发人员和飞机维修工程师合作开发。飞机电气系统出于安全性等的考虑，通常设计比较复杂，线路之间的交联较多，人工建立完备的故障树需要耗费大量精力且容易出错，而系统的配置和版本间的差异又会导致建立的规则不能用于不同的飞机，因此需要设计元数据处理方法。

该专家系统设计了基于规则的故障树生成和修剪技术。考虑到故障树实际上是根据系统结构以及信号交联等信息建立起来的，因此用事实直接描述这些知识，设计故障树的建立规则和删减规则，根据故障现象和系统状态参数动态建立故障树，并根据故障树节点的特性选择最优的故障树删减顺序。经验知识则直接编码为优先进行故障树删减的步骤，从而和系统知识有机地融合在一起，起到提高效率的作用。需要建立的知识库模块和专家系统工作流程如图 7.2 所示。

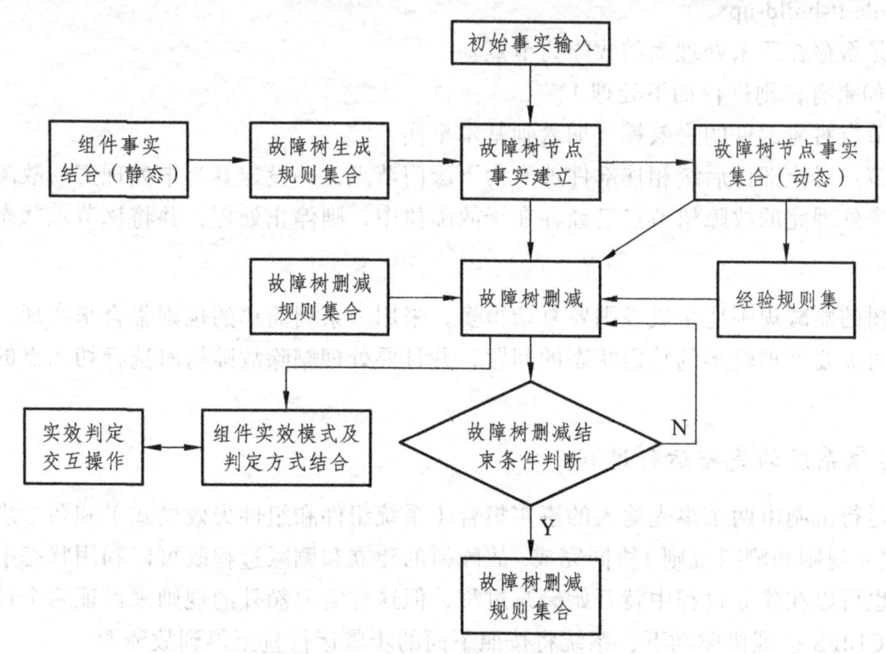

图 7.2 基于规则的故障树处理流程

为了统一和简化系统知识的输入，需要设计统一的事实（知识信息）模型，基于这些模型输入的系统结构和信号交联关系的信息应足够建立起有效的故障树，同时又足够简洁，使排故工程师可以快速进行知识的收集和录入。CLIPS 中支持模式化事实编码，下面分别为系统组件事实模型和组件失效模式事实模型：

```
(deftemplate part  (slot name)(multislot pre-parts)(slot pre-logic)(multislot fol-parts)
(slot is-trouble)(slot is-failure)(slot engagement))
(deftemplate failure-mode  (slot part-name)(slot id)(slot description)(slot state)(slot
check-method)(slot statement)(slot check-type))
```

由于系统知识只涉及到系统结构和信号交联的描述，因此可以十分容易地根据飞机维护手册和线路手册上的内容建立完整的事实集合。配合一整套故障树生成和删减规则集合，就可以将事实集合处理为故障树的节点信息数据。故障树节点信息也用事实模型进行编码，以下分别为故障树中基本事件和逻辑节点的事实模型：

```
(deftemplate ft-node  (slot part-name)(slot logical-node-ahead)(slot failure-mode)(slot
state))
(deftemplate ft-logical-node  (slot logical-node-name)(slot logical-node-ahead)(slot
branch-count)(slot depth)(slot state))
```

这两个事实模型用于描述故障树节点的信息，包括基本事实的组件失效模式和门节点的逻辑类型和其上级节点等信息。其中，branch-count 表示门节点分支计数，state 表示故障树删减状态。

故障树的生成规则设计伪码如下：

```
(defrule ft-build-up
查找是否存在还未处理完的故障树节点
=>(如果有，则进行如下处理)
将该节点对应部件的失效模式加入到基本事实
将该节点对应部件后续相连部件加入为下级门节点，并设定其为未处理完的故障树节点
如果未处理完的故障树节点已经存在于故障树中，则停止处理，并将该节点状态定义为
循环节点)
```

故障树的删减规则比生成规则要复杂得多，采用一系列简单的规则集合来实现，因为删减故障树时需要处理较多的特定状态的问题，并且要处理删除故障树时选择切入点的优先级问题。

4. 专家系统的完整运行过程

整个运行机制由两个事先输入的事实集合（系统组件和组件失效模式）和两个规则集合（故障树建立规则和删减规则）协同完成。故障树的建立和删减过程既可以利用状态事实来明确区分，也可以在建立过程中就开始删减过程，但这样需要额外的规则来保证两个过程的独立性。在 CLIPS 推理机驱动下，系统将按照下面的步骤运行直至得到故障源：

步骤 1：输入初始故障模式事实，此时会激活相应的建立树规则，这些规则会分析系统

组件事实中描述的组件之间的链接关系，依次产生故障树节点事实，从而形成完整的故障树。

步骤 2：当故障树形成后，相应的删减树规则根据以下三个条件选择将要进行失效模式判断的故障树节点事实：① 该节点是否更接近故障树顶节点；② 该节点组件的失效模式判定难易程度；③ 该节点组件失效模式判定所需的工具、场地、备件等条件具备与否。

步骤 3：应用程序界面以交互方式提示维护人员当前需要进行操作步骤（即选定节点组件失效模式判定方法），然后再将检测结果返回给应用程序。

步骤 4：反馈参数修改失效模式是否成立的标志位，失效模式事件的改变会激活相应的删减树规则对故障树进行删减操作，并设置删减的故障树节点事实状态。

步骤 5：如果已确定故障树所有节点组件失效模式状态并找到故障源，则输出故障源和故障链信息，诊断结束；如果故障树中还有未确定失效模式状态节点，则返回步骤 2 继续故障树的删减。

5. 飞机电气系统航线维护专家系统

该专家系统知识库中，组件事实集合利用飞机手册中电气系统章节描述内容建立，包含了所有的电源、汇流条、跳开关、电源开关以及用电设备。组件的失效模式及判定方式事实集合则根据各个组件的原理和功用分析后得到。经验规则通过收集整理航线维护故障记录及与维护技术人员沟通后得到。该系统能够按照设计目标生成故障树并交互式地引导技术人员对节点状态进行排查最终获得故障定位，图 7.3 为故障树显示界面和交互式排故人机界面。

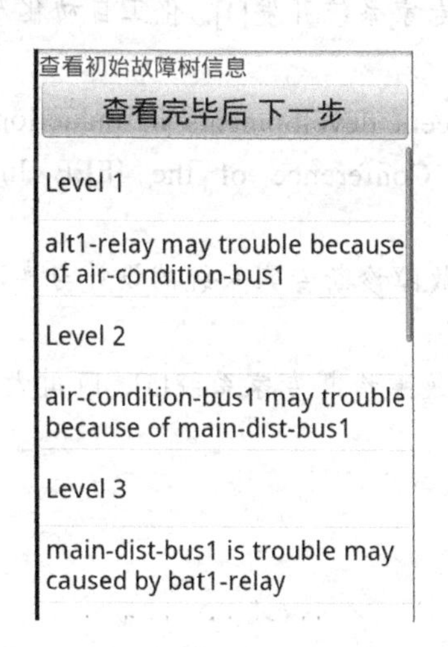

（a）故障树显示页面

（b）交互式排故指引页面

图 7.3 飞机电气系统故障诊断专家系统程序界面

7.5 本章小结

本章介绍了专家系统的基本概念、分类、知识获取、知识表示，说明了专家系统的推理方式和控制策略，最后介绍了基于 CLIPS 的飞机电气系统专家系统故障诊断案例。该专家系统案例中，知识库中电气组件事实集合利用飞机手册中电气系统章节描述内容建立，包含了所有的电源、汇流条、跳开关、电源开关以及用电设备；电气组件的失效模式及判定方式事实集合则根据各个组件的原理和功用分析后得到；专家经验规则通过收集整理航线维护故障记录及与维护技术人员沟通后得到；该系统案例能够按照设计目标生成故障树并交互式地引导技术人员对节点状态进行排查最终获得故障定位。

参考文献

[1] Richard Forsyth. Expert systems: Principles and case studies[M]. London: Chapman and Hall, 1984.

[2] Joesph Giarratano, Gary Riley. Expert systems: principles and programming[M]. Boston, PS-KENT Publication Co., 1989.

[3] Joesph Giarratano. Expert Systems PrineiPles and Programming[J]. American, 2002.

[4] 杨叔子，丁洪，史铁林，等. 基于知识的诊断推理[M]. 北京：国防科技大学出版社，1993.

[5] 徐章遂，房立清，王希武，等. 故障信息诊断原理及应用[M]. 北京：科学出版社，1999.

[6] 耿宏，樊建梅. 基于故障树模型的波音 777 故障诊断专家系统[J]. 自动化与仪表，2005，20（4）：1-3.

[7] 沈大伟，庄诚，王学雷. 基于 CLIPS 的故障诊断专家系统开发[J]. 化工自动化及仪表，2012，39（4）：450-453.

[8] Filippetti F, Franceschini G, Tassoni C, Et al. Recent developments of induction motor drives fault diagnosis using AI technology[C]. Conference of the IEEE Industrial Electronics Society, 1998, 47(5): 1966-1973.

[9] 温国谊，查光东，张翔. 基于 CLIPS 的某型飞机故障诊断专家系统的设计与实现[J].中南大学学报（自然科学版），2013（s1）：157-161.

[10] 包勇，张德银，庄绪岩. 基于动态故障树技术的故障诊断专家系统[J]. 四川大学学报（自然科学版），2014，51（6）：1211-1216.

8 故障诊断的神经网络方法

8.1 神经网络基础

20 世纪 40 年代，心理学家 Mcculloch 和 Pitts 提出神经网络（Neural Network，NN）模型，Hebb 博士提出改变神经元连接强度的 Hebb 规则，开创了神经网络研究。70 年代，美国 MIT 的 Minsky 和 Papert 教授在研究感知机（Perceptrons）神经网络中悲观地指出单层感知机神经网络的致命局限性，这种偏颇的看法给神经网络研究泼了凉水，使神经网络研究几乎停滞了十年。80 年代，Hopfield 教授提出内容寻址的电路可实现的 Hopfield 网络，加上 Rumelhart，Mcclelland，Adderson，Feldman，Grossberg，Kohonen 所做研究贡献，在学术界重新掀起神经网络研究热潮，1990 年后大量神经网络应用实例横空出世，神经网络为大量简单并行运算提供了新的技术手段，特别是在故障诊断领域，更显示了其独特的优势。

神经网络独特的优点在于：具有并行结构和并行处理方式，能将输入的诊断信息很快传给神经元进行并行处理，克服了传统智能诊断系统的无穷递归、组合爆炸、匹配冲突等一系列问题，使计算速度大大提高。其次是神经网络具有自适应能力，在知识表示、诊断求解策略与实施方面可根据环境变化自适应、自组织地达到自我完善。神经网络是一种变结构系统，具有很强的可塑性和自学习能力，能根据环境提供信息，进行自动联想、记忆和聚类等方面的自组织学习，也可在导师监督下学习特定的任务。神经网络还有很强的容错性，即使部分神经元丢失或外界输入到神经网络的信息存在局部错误，也不会影响到整个系统的输出。神经网络缺点在于：训练样本很难获得，网络学习没有一个确定或固定模式，学习算法可能收敛很慢或不收敛，不能解释推理过程和推理结果，自脱机训练中需要很长时间训练，可能需要多次试验才能确定一个理想的网络拓扑结构。

神经网络故障诊断方法是一种人工智能故障诊断方法，它不需要建立精确的故障对象数学模型，与传统故障诊断方法相比，神经网络具有故障分类辨识与推理能力。神经网络能从输入的数据中自动提取系统故障特征，神经网络能与之前存储的系统故障特征进行比较，从而达到故障模式识别的目的。神经网络在微观结构上模拟人的认识能力，它以连接结构为基础，通过模拟人类大脑结构的形象思维来解决实际问题，特别是在缺乏清楚表达规则和精确数据情况下，神经网络可产生合理的输出结果。

图 8.1 为一个典型的单输入单输出神经网络，其神经元输入（input）简记为 u，输出为（actual output）简记为 a，连接权值（weight）简记为 w，偏置值（bias）简记为 b，净输入为 $n=w*u+b$，神经元的传输函数 $f(n)$ 又称为激活函数。该神经网络输入/输出满足式（8.1）：

$$a=f(w*u+b) \tag{8.1}$$

其中神经元激活函数 $f(n)$ 可能有多种形式，常见的激活函数有：

① 硬极限函数（hardlim 函数）：$a=0,\ n<0;\ a=1,\ n\geqslant 0$

② 对称硬极限函数（hardlims 函数）：$a=-1,\ n<0;\ a=+1,\ n\geqslant 0$

③ 线性函数（purelin 函数）：$a=n$

④ 饱和线性函数（satlin 函数）：$a=0,\ n<0;\ a=n,\ 0\leqslant n\leqslant 1;\ a=1,\ n>1$

⑤ 对称饱和线性函数（satlins 函数）：$a=-1,\ n<-1;\ a=n, -1\leqslant n\leqslant 1;\ a=+1,\ n>+1$

⑥ 对数-S 形函数（logsig 函数）：$a=\dfrac{1}{1+\mathrm{e}^{-n}}$

⑦ 双曲正切 S 形函数（tansig 函数）：$a=\dfrac{\mathrm{e}^{n}-\mathrm{e}^{-n}}{\mathrm{e}^{n}+\mathrm{e}^{-n}}$

⑧ 正线性函数（poslin 函数）：$a=0,\ n<0;\ a=n,\ n\geqslant 0$

⑨ 竞争函数（compet 函数）：$a=1$，具有最 n 的神经元；$a=0$，其他神经元。

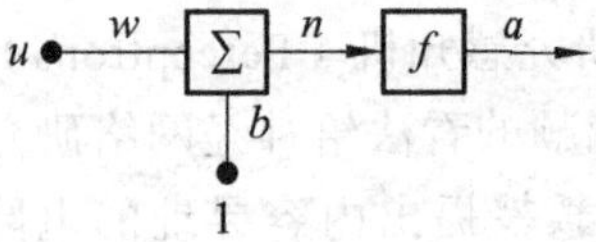

图 8.1　单输入单输出神经元结构

图 8.2 为一个具有 R 个输入、S 个输出的多输入多输出人工神经网络，它输入分别为 $u_1,\ u_2,\ \cdots,\ u_R$；输出分别有 $a_1,\ a_2,\ \cdots,\ a_S$；分别对应的权值元素为 $w_{1,1},\ w_{1,2},\ \cdots,\ w_{s,R}$；各神经元对应的偏置值分别是 $b_1,\ b_2,\ \cdots,\ b_S$；该神经网络输入/输出关系满足式（8.2），

$$A=f(WU+B) \tag{8.2}$$

式（8.2）中，A 为输出向量，B 为偏置矩阵，W 为权值矩阵，P 为输入向量，它们分别是

$$U=\begin{bmatrix} u_1 \\ u_2 \\ \vdots \\ u_R \end{bmatrix},\quad W=\begin{bmatrix} w_{1,1} & w_{1,2} & w_{1,3} & w_{1,R} \\ w_{2,1} & w_{2,2} & w_{2,3} & w_{2,R} \\ \vdots & \vdots & \vdots & \vdots \\ w_{S,1} & w_{S,2} & w_{S,3} & w_{S,R} \end{bmatrix},\quad A=\begin{bmatrix} a_1 \\ a_2 \\ \vdots \\ a_s \end{bmatrix},\quad B=\begin{bmatrix} b_1 \\ b_2 \\ \vdots \\ b_s \end{bmatrix}$$

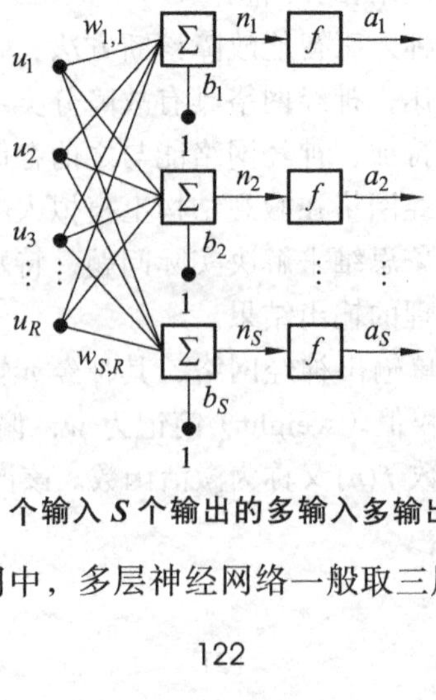

图 8.2　具有 *R* 个输入 *S* 个输出的多输入多输出神经网络结构

在故障诊断的实际工程应用中，多层神经网络一般取三层神经网络就够用了。每一层独

有自己的权值向量阵 W 、偏置向量 b 、净输入向量 n 、输出向量 a 。为了区分这些参数是属于哪一层的，采用上标做标记，比如 W^1 表示第一层权值矩阵，W^2 表示第二层权值矩阵，W^3 表示第三层权值矩阵。图 8.3 为三层神经网络，第一层有 R 个输入，第一层有 S^1 个神经元，第二层有 S^2 个神经元，第三层有 S^3 个神经元。第一层的输出 a^1 为第二层的输入，第二层的输出 a^2 为第三层的输入，第三层的输出 a^3 为全部神经网络的总输出。图 8.3 所示的三层神经网络，第三层为网络输出层，第一层和第二层为网络的隐含层，第一层的输入可以简单认为是系统的输入层。图 8.3 所示三层神经网络输入/输出关系满足式（8.3）

$$a^3 = f^3(W^3 f^2(W^2 f^1(W^1 p + b^1) + b^2) + b^3) \tag{8.3}$$

一个单层网络的神经元个数非常重要，一般有多少个输出就应该有多少个神经元。对于两层或以上的神经网络，如何确定神经元的个数呢？问题的关键在于外部问题并没有直接指明隐含层需要的神经元的数目。实际上，精确预测隐含层所需要的神经元的数目至今是一个在理论上没有很好解决的问题。工程上，有一些解决这个问题的基本方法，如一个三层 BP 神经网络，输入层网络神经元个数为 N_1，该网络输出层神经元个数为 N_2，则隐含层神经元个数为 N_2，N_2 可用经验式（8.4）进行估算

$$N_2 = \sqrt{N_1 \times N_3} + \alpha \tag{8.4}$$

式（8.4）中 α 取 1 ~ 12，如 $N_1 = 5,\ N_3 = 10,\ \alpha = 6$，则隐含层神经元个数 $N_2 = 13$。

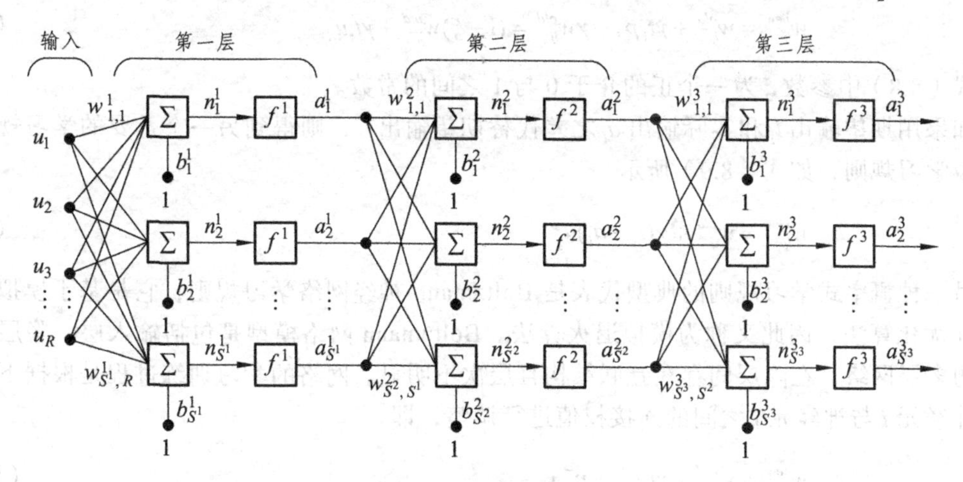

图 8.3　三层神经网络

神经网络的智能是通过“学习”获得的，神经网络“学习”的本质就是调整各神经元之间的连接权值，如何获得调整连接权值就构成了不同的学习算法。神经网络的学习算法主要分为有监督的学习算法和无监督的学习算法。在有监督的学习方法中，神经网络的输出与期望的输出相比较，然后根据两者之间的误差函数（目标函数）来调整网络的权值，最终使误差函数达到最小值。神经网络的学习方法规则主要有以下几种。

Hebb 学习规则源自于 Hebb 博士关于生物神经元学习过程的假设：当两个神经元同时处于兴奋状态时，它们之间的连接应当加强。由于两个神经元连接在一起，一个神经元 A 输出 u_j 即为另一个神经元 B 的输入 u_j，另一个神经元 B 输出设为 a_i，u_j 和 a_i 之间的连接权值 w_{ij}。

按照Hebb假设，如果一个正的输入u_j产生一个正的输出a_i，应该增大权值w_{ij}，即

$$w_{ij}^{new}=w_{ij}^{old}+\gamma f_i(a_i)g_j(u_j) \tag{8.5}$$

式(8.5)中γ为一个称为学习速度的正的常数。如果神经网络权值w_{ij}的变化直接与p_j和a_i乘积成正比，则式（8.5）改写为式（8.6）

$$w_{ij}^{new}=w_{ij}^{old}+\gamma a_i p_j \tag{8.6}$$

式（8.6）是无监督的学习规则，它不需要关于目标输出的任何相关信息。

如果某神经网络采用的是有监督的学习规则，则存在标准输入/标准输出向量对：

$$\{u_1,t_1\},\{u_2,t_2\},\cdots,\{u_Q,t_Q\}$$

如果神经网络接收一个输入$p=p_q$，那么它应能产生一个输出$a=t_q$，这里$q=1,2,\cdots,Q$。对采用有监督的Hebb学习规则的神经网络，将用目标输出t_i取代公式(8.6)中的实际输出a_i，则有监督的Hebb学习规则可记为

$$w_{ij}^{new}=w_{ij}^{old}+\gamma t_i u_j \tag{8.7}$$

式（8.7）中γ为一个称为学习速度的介于0与1之间的常数。也可以为上式增加一个衰减项，使学习规则的行为像一个平滑过滤器，更加清晰地记忆最近提供给网络的输入

$$w_{ij}^{new}=w_{ij}^{old}+\gamma t_i p_j-\gamma w_{ij}^{old}=(1-\xi)w_{ij}^{old}+\gamma t_i u_j \tag{8.8}$$

式（8.8）中参数ξ为一个正的介于0与1之间的常数。

如果用期望输出t_i和实际输出a_i之差代替期望输出t_i，则得到另一个重要的学习规则，即增量学习规则，如式（8.9）所示

$$w_{ij}^{new}=w_{ij}^{old}+\gamma(t_i-a_i)u_j \tag{8.9}$$

另一种概率式学习规则的典型代表是Boltzmann神经网络学习规则，它是基于模拟退火的统计优化算法，因此又称为模拟退火算法。Boltzmann网络模型是包括输入层、隐层和输出层的多层网络，在隐层间存在互联结构且层次不明显。网络的学习训练过程是根据下述规则对神经元i与神经元j之间的连接权值进行调整，即

$$w_{ij}^{new}=w_{ij}^{old}+\gamma(p_{ij}^{+}-p_{ij}^{-}) \tag{8.10}$$

式（8.10）中γ为学习速度，p_{ij}^{+}, p_{ij}^{-}分别是两个神经元在系统处于a状态和自由状态时实现连接的概率。当$p_{ij}^{+}>p_{ij}^{-}$时，权值w_{ij}增加，否则w_{ij}减小。

在生物神经网络中存在一种侧抑制现象，即一个神经细胞兴奋后，通过它的分支会对周围其他神经细胞产生抑制。这种侧抑制使神经细胞之间出现竞争，一个兴奋最强的神经细胞对周围神经细胞的抑制作用也最强，虽然一开始各个神经细胞都处于兴奋状态，但最后兴奋最强、输出最大的一个神经细胞竞争获胜，而其周围的其他神经细胞则竞争失败。另一方面，在人类及动物的认知过程中，除了通过教师学习获得知识之外，还普遍存在一种不需要教师指导、直接依靠外界刺激获取知识的方式，即“自组织、自学习”的方式。“自组织竞争人工

神经网络”就是一种用模拟这类生物神经网络结构和现象的人工神经网络模型。这种神经网络模型可以采用多种学习规则，而“竞争式学习规则”是自组织竞争神经网络中的一种基本学习规则。

竞争式学习规则属于无监督学习方式。它认为，神经网络是由许多“区域”组成的，各个区域包含一定数量的神经元，当有外界刺激输入时，在同一个区域里的各个神经元发生竞争性响应，其结果是只有一个神经元获胜从而达到兴奋状态，其余的则被抑制。在竞争式学习规则中，网络的权值仍然基于 Hebb 规则或类似的规则调整。

8.2 BP 神经网络算法及其改进算法

8.2.1 基本 BP 神经网络

反向传播（Back Propagation，BP）神经网络是 1986 年由以 Rumelhart 和 Mc Celland 为首的科学家提出的，是一种按误差逆传播算法训练的多层前馈神经网络，是电路故障诊断中应用最广的神经网络之一。BP 神经网络的算法也称误差反向传播算法（Error Back Propagation Algorithm，EBPA）。BP 神经网络通过计算网络实际输出与目标矢量之间的总误差，根据一定的处理方法修正网络连接权值和阈值，使实际输出在赋予训练次数范围内尽可能地接近目标矢量，即让输出层的误差平方和达到最小。BP 算法通过不断地按误差函数斜率下降的方向修正网络权值和阈值的偏差，每一次权值和偏差的变化都与误差成反向正比，并以反向传播的方式传递到前一层。

如图 8.3 所示的 3 层 BP 神经网络，整个网络的输入为 a^0 也就是 u

$$a^0 = u \tag{8.11}$$

多层网络中前一层的输出是后一层的输入，即满足式（8.12）

$$a^{m+1} = f^{m+1}(W^{m+1}a^m + b^{m+1}),\ m = 0,1,2 \tag{8.12}$$

网络的最终输出满足公式（8.13）

$$a = a^M = a^3 \tag{8.13}$$

假如神经元 i 在第三层即网络输出层，则神经元 i 的实际输出为 a_i，通过 a_i 与所期望的输出 t_i 之间的误差 e_i 反向传播来修改各权值。定义近似误差 e_i 满足式（8.14）

$$e_i(k) = t_i(k) - a_i(k) \tag{8.14}$$

定义神经网络目标函数 $F(x)$ 为期望输出和实际输出之近似均方误差，满足公式（8.15）

$$\hat{F}(X) = E[e^{\mathrm{T}}e] = E[(t(k) - a(k))^{\mathrm{T}}(t(k) - a(k))] \tag{8.15}$$

网络权值采用近似最速下降法沿 $F(x)$ 函数梯度下降方向修正

$$w_{i,j}^m(k+1) = w_{i,j}^m(k) - \alpha \frac{\partial \hat{F}}{\partial w_{i,j}^m} \tag{8.16}$$

式（8.16）中，参数γ为学习速度，且$0<\gamma<1$。
网络偏置值采用近似最速下降法沿$F(x)$函数梯度下降方向修正

$$b_i^m(k+1)=b_i^m(k)-\gamma\frac{\partial\hat{F}}{\partial b_i^m} \tag{8.17}$$

式（8.17）中，参数γ为学习速度，且$0<\gamma<1$；式（8.16）与式（8.17）中的γ相同。
梯度计算采用链式法则，如式（8.18）和式（8.19）所示

$$\frac{\partial\hat{F}}{\partial w_{i,j}^m}=\frac{\partial\hat{F}}{\partial n_i^m}\times\frac{\partial n_i^m}{\partial w_{i,j}^m} \tag{8.18}$$

$$\frac{\partial\hat{F}}{\partial b_i^m}=\frac{\partial\hat{F}}{\partial n_i^m}\times\frac{\partial n_i^m}{\partial b_i^m} \tag{8.19}$$

而网络的净输入可式（8.20）计算

$$n_i^m=\sum_{j=1}^{s^{m-1}}w_{i,j}^m a_j^{m-1}+b_i^m \tag{8.20}$$

从式（8.20）做偏导可得到式（8.21）和式（8.22）

$$\frac{\partial n_i^m}{\partial w_{i,j}^m}=a_j^{m-1} \tag{8.21}$$

$$\frac{\partial n_i^m}{\partial b_i^m}=1 \tag{8.22}$$

用式（8.23）来定义敏感性为

$$s_i^m=\frac{\partial\hat{F}}{\partial n_i^m} \tag{8.23}$$

则梯度式（8.18）和式（8.19）可以重新表示为式（8.24）和式（8.25）

$$\frac{\partial\hat{F}}{\partial w_{i,j}^m}=\mathrm{s}_i^m\times a_j^{m-1} \tag{8.24}$$

$$\frac{\partial\hat{F}}{\partial b_i^m}=s_i^m \tag{8.25}$$

则网络权值沿$F(x)$函数梯度近似最速下降得到的权值修正式（8.26）为

$$w_{i,j}^m(k+1)=w_{i,j}^m(k)-\gamma s_i^m a_j^{m-1} \tag{8.26}$$

则网络权值沿$F(x)$函数梯度近似最速下降得到的偏置值修正式（8.27）为

$$b_i^m(k+1)=b_i^m(k)-\gamma s_i^m \tag{8.27}$$

把上述公式（8.26）和公式（8.27）改写成矩阵形式，如式（8.28）和式（8.29）

$$W^m(k+1)=W^m(k)-\gamma S^m(a^{m-1})^{\mathrm{T}} \tag{8.28}$$

$$b^m(k+1)=b^m(k)-\gamma S^m \tag{8.29}$$

把上述两个公式中敏感性矩阵 S^m 记为列向量式（8.30）

$$S^m=\frac{\partial\hat{F}}{\partial n^m}=\left[\frac{\partial\hat{F}}{\partial n_1^m},\frac{\partial\hat{F}}{\partial n_2^m},\cdots,\frac{\partial\hat{F}}{\partial n_{s^m}^m}\right]^{\mathrm{T}} \tag{8.30}$$

敏感性反向传播计算公式（8.30）可改写为式（8.31）

$$S^m=\frac{\partial\hat{F}}{\partial n^m}=\left(\frac{\partial n^{m+1}}{\partial n^m}\right)^{\mathrm{T}}\frac{\partial\hat{F}}{\partial n^{m+1}} \tag{8.31}$$

式（8.31）中，$\partial n^{m+1}/\partial n^m$ 可展开写成如式（8.32）

$$\frac{\partial n^{m+1}}{\partial n^m}=\begin{bmatrix}\frac{\partial n_1^{m+1}}{\partial n_1^m}\frac{\partial n_1^{m+1}}{\partial n_2^m}\cdots\frac{\partial n_1^{m+1}}{\partial n_{s^m}^m}\\ \frac{\partial n_2^{m+1}}{\partial n_1^m}\frac{\partial n_2^{m+1}}{\partial n_2^m}\cdots\frac{\partial n_2^{m+1}}{\partial n_{s^m}^m}\\ \vdots\quad\vdots\quad\vdots\\ \frac{\partial n_{s^{m+1}}^{m+1}}{\partial n_1^m}\frac{\partial n_{s^{m+1}}^{m+1}}{\partial n_2^m}\cdots\frac{\partial n_{s^{m+1}}^{m+1}}{\partial n_{s^m}^m}\end{bmatrix} \tag{8.32}$$

式（8.32）中，$\partial n_i^{m+1}/\partial n_j^m$ 可计算为式（8.33）

$$\frac{\partial n_i^{m+1}}{\partial n_j^m}=\frac{\partial\left(\sum_{l=1}^{s^m}w_{i,l}^{m+1}a_l^m+b_i^{m+1}\right)}{\partial n_j^m}=w_{i,l}^{m+1}\frac{\partial a_l^m}{\partial n_j^m}=w_{i,l}^{m+1}\frac{\partial f^m(n_j^m)}{\partial n_j^m} \tag{8.33}$$

定义 BP 网络中神经元传输函数的导数为式（8.34）

$$\dot{f}^m(n_j^m)=\frac{\partial f^m(n_j^m)}{\partial n_j^m} \tag{8.34}$$

则式（8.33）可以改写成式（8.35）

$$\frac{\partial n_i^{m+1}}{\partial n_j^m}=w_{i,l}^{m+1}\dot{f}^m(n_j^m) \tag{8.35}$$

则式（8.35）的矩阵形式可改写成式（8.36）

$$\frac{\partial n^{m+1}}{\partial n^m}=W^{m+1}\dot{f}^m(n^m) \tag{8.36}$$

其中神经元传输函数的导数矩阵可表示为式（8.37）

$$\dot{F}^m(n^m)=\begin{bmatrix}\dot{f}^m(n_1^m) & 0\cdots 0 \\ 0 & \dot{f}^m(n_2^m)\cdots 0 \\ \vdots & \vdots \quad \vdots \\ 0 & 0\cdots \dot{f}^m(n_{s^m}^m)\end{bmatrix} \tag{8.37}$$

更新式（8.31），则敏感性矩阵计算改为式（8.38）

$$\begin{aligned}S^m&=\frac{\partial\hat{F}}{\partial n^m}=\left(\frac{\partial n^{m+1}}{\partial n^m}\right)^{\mathrm{T}}\frac{\partial\hat{F}}{\partial n^{m+1}}=\dot{F}^m(n^m)(W^{m+1})^{\mathrm{T}}\frac{\partial\hat{F}}{\partial n^{m+1}}\\&=\dot{F}^m(n^m)(W^{m+1})^{\mathrm{T}}S^{m+1}\end{aligned} \tag{8.38}$$

将敏感性反向传播公式（8.38）简单记为式（8.39）:

$$S^m=\dot{F}^m(n^m)(W^{m+1})^{\mathrm{T}}S^{m+1} \tag{8.39}$$

敏感性从最后一层开始计算，然后通过网络反向传播到第一层，如式（8.40）

$$S^M\to S^{M-1}\to\cdots\to S^2\to S^1 \tag{8.40}$$

初始化最后一层敏感性计算使用式（8.41）

$$S_i^M=\frac{\partial\hat{F}}{\partial n_i^M}=\frac{\partial(t-a)^{\mathrm{T}}(t-a)}{\partial n_i^M}=\frac{\partial\sum_{j=1}^{s^M}(t_j-a_j)^2}{\partial n_i^M}=-2(t_j-a_j)\frac{\partial a_i}{\partial n_i^M} \tag{8.41}$$

由于是最后一层，网络输出就是最后一层的输出，所以

$$\frac{\partial a_i}{\partial n_i^M}=\frac{\partial a_i^M}{\partial n_i^M}=\frac{\partial f^M(n_i^M)}{\partial n_i^M}=\dot{f}^M(n_i^M) \tag{8.42}$$

式（8.41）可简单改写成式（8.43）

$$S_i^M=-2(t_j-a_j)\dot{f}^M(n_i^M) \tag{8.43}$$

最后一层的敏感性矩阵式（8.42）可改写成式（8.44）

$$S^M=-2\dot{F}^M(n^M)(t-a) \tag{8.44}$$

则最速下降的 BP 神经网络权值矩阵和偏置矩阵修正改为式（8.45）和式（8.46）

$$W^m(k+1)=W^m(k)-\gamma S^m(a^{m-1})^{\mathrm{T}} \tag{8.45}$$

$$b^m(k+1)=b^m(k)-\gamma S^m \tag{8.46}$$

基本 BP 神经网络算法收敛慢，可能有多个局部极小点，网络隐含层的神经元个数选取没有理论上的指导，只能凭借经验选取。基本 BP 神经网络算法在调整权值时只按当前 t 时刻误差的梯度下降方向调整，没有考虑 t 时刻之前的误差梯度方向，训练过程极易发生振荡，可能导致无正确网络输出。所以需要对基本 BP 神经网络进行改进，主要方法有增加动量项，或可变的学习速度。

8.2.2 改进的 BP 神经网络

1. 动量 BP（MOBP）算法

在调整权值和偏置值修正项时，增加动量项，则基本 BP 网络的最速下降算法式（8.45）和式（8.46）改为式（8.47）和式（8.48）

$$W^m(k+1)=\xi W^m(k)-(1-\xi)\gamma S^m(a^{m-1})^{\mathrm{T}} \tag{8.47}$$

$$b^m(k+1)=\xi b^m(k)-(1-\xi)\gamma S^m \tag{8.48}$$

经 MATLAB 软件环境仿真验证发现，动量 BP 算法与基本的最速下降 BP 算法相比，在保证稳定的同时，动量 BP 算法的收敛速率快，学习时间大大缩短。

2. 学习速度可变的 BP 算法

在动量 BP 算法与基本的最速下降 BP 算法程序中，学习速度是自行设定的，其数值一般为固定常数，即在训练过程中保持不变。但是，在网络计算中，很难确定一个从始至终的最佳学习速度值。在算法中，连接权值的调整策略主要取决于学习速度的设置和梯度方向，因此，学习速度的选择对整个网络性能好坏有直接影响。学习速度可变的 BP 算法可以使学习速度在训练过程中不断变化，为每一个可调参数单独设置一个学习速度，并在每次调整网络参数前动态调整学习速度。

3. LM 算法

结合高斯-牛顿法和最速下降法提出的 LM 算法，具有高斯-牛顿法的局部收敛性与梯度下降法的全局特性。LM 算法通过自适应调整阻尼因子以达到收敛特性，相同条件下迭代次数少收敛速度快。

4. 变梯度算法

在变梯度算法中，网络沿着变化的方向搜索，使它的收敛速度比最陡下降梯度的收敛速度更快。

通过 MATLAB 软件环境仿真验证发现，将最速下降 BP 算法、动量 BP 算法、学习速度可变的 BP 算法、变梯度算法与 LM 算法的训练次数值和输出均方误差两方面综合比较得出：LM 算法达到了程序中设置的目标误差且训练次数最少；五种算法均方误差的排序结果由好到差依次为：LM 算法、变梯度算法、学习速度可变的 BP 算法、动量 BP 算法、最速下降 BP 算法。

8.3 BP 神经网络在模拟电路故障诊断中的应用

1. BP 神经网络故障分类器

BP 神经网络在模拟电路故障诊断中一般用于模式识别，做故障分类器使用。使用 BP 神经网络进行故障分类诊断时分为两步：一是选择合适的网络结构、合适的神经网络学习方法，用一个合适的变量作为神经网络的输入，以对应的状态编码为期望输出，构成输入、期望输出样本对，对神经网络进行训练，确定神经网络的权值和阈值；二是当训练学习收敛后，固定神经网络的权值和阈值，然后对于一个给定的实际输入神经网络，产生一个对应的实际输出，由实际输出与故障编码进行比较，即可方便地确定模拟电路是否故障。

2. 前置放大模拟电路结构与故障特点

BP 神经网络诊断前置放大模拟电路如图 8.4 所示，为参考文献[3]中的例子。共由 8 个电阻 R_1、R_2、…、R_8，3 个晶体三极管 T_1、T_2、T_3，3 个电容 C_1、C_2、C_3，2 个稳压二极管 ZD_1、ZD_2，1 个 27 V 直流电源 V2，1 个 5 V/400 Hz 交流电源 V1 组成。该电路中电阻、电容等元件的可靠性较高，发生故障的概率很小；相对而言，3 个晶体三极管 T_1、T_2、T_3 发生故障的概率则较大，而且导致晶体三极管故障的原因也很多，包括三极管基极开路、三极管发射极短路、三极管集电极短路等。结合实际维护经验和电路特点，只需考虑以下 4 种状态就能够很好地定位故障，达到快速排除故障的目的：0：正常；1：三极管 T_1 故障；2：三极管 T_2 故障；3：三极管 T_3 故障。

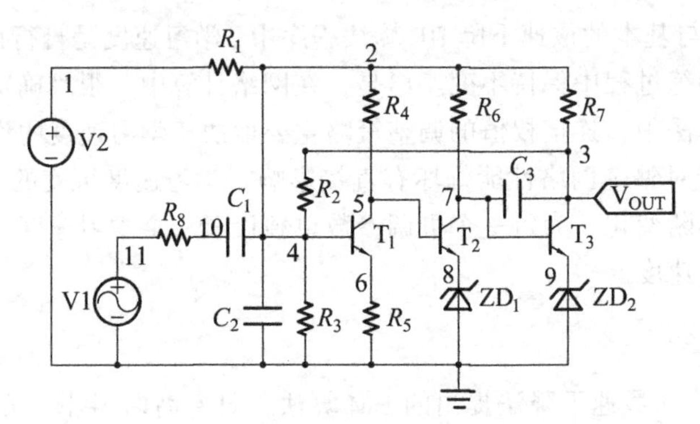

图 8.4 神经网络故障诊断的前置放大模拟电路

3. 故障状态样本数据获取

在图 8.4 中选取电路中节 N_4、N_5、…，N_{11} 作为测量节点，用 EDA 软件对电路进行仿真，得到各测量节点在不同故障状态下的电压值，并分为上述 4 类故障，正常/故障状态各节点样本数据见表 8.1。

表 8.1 前置放大电路故障状态数据表

节点状态	N_4	N_5	N_6	N_7	N_8	N_9	N_{10}	N_{11}	类别
正常	26.06	3.99	12.59	3.22	13.31	3.18	2.69	12.49	0
T_1 BE 短路	26.77	2.55	24.04	13.24	12.47	2.58	12.47	11.88	1
T_2 BC 短路	26.05	3.92	12.56	3.94	13.32	3.14	3.36	12.45	1
T_1 B 断开	26.86	19.43	26.07	13.23	12.47	2.55	12.47	11.85	1
T_2 BE 短路	26.02	3.96	12.55	3.24	13.33	3.19	3.24	12.46	2
T_2 BC 短路	26.67	5.67	24.38	4.88	4.89	4.87	4.31	4.31	2
T_2 B 断开	26.06	3.95	12.57	3.27	13.34	3.19	15.85	12.45	2
T_3 BE 短路	26.77	5.21	24.33	4.43	12.45	4.42	3.85	12.40	3
T_3 BC 短路	26.09	4.07	13.31	3.31	13.31	3.28	2.76	12.47	3
T_3 B 断开	26.73	5.22	24.32	4.44	26.74	4.42	3.87	0.04	3

4. BP 网络结构参数设计

根据故障诊断分类要求并结合具体前置放大模拟电路特点，设计一个 3 层 BP 神经网络作为状态分类器。用 N 表示输入特征向量的个数，M 表示输出状态类别个数，本例中设置 BP 网络输入量个数 $N=8$，输出量个数 $M=4$。为了简化网络结构，用（0，0，0）表示正常状态，（0，0，1）表示故障类别 1（对应三极管 T_1 故障），（0，1，0）表示故障类别 2（对应三极管 T_2 故障），（1，0，0）表示故障类别 3（对应三极管 T_3 故障），这样 BP 网络中只设计 3 个输出神经元表示这 3 种故障 + 1 种正常类别。由此可定，输入层为 8 个输入，输出层（见图 8.3 第二层）有 3 个神经元，中间层（见图 8.3 第一层）神经元个数凭经验，用试验的方法寻求相对最优或次优值，最后定为 17 个神经元。中间层神经元的传递函数定为 S 型正切函数，输出层神经元的传递函数为 S 型对数函数，可满足状态分类器的输入/输出要求。由表 8.1，将节点电压表达为列向量，比如把 N_4 节点对应的 10 个样本数据作为第 1 列列向量，其他以此类推，得到

$$N_4=[26.03,26.73,26.04,26.85,26.04,26.69,26.04,26.70,26.08,26.72]^{\mathrm{T}}$$

$$N_5=[3.98,2.57,3.91,19.41,3.98,5.66,3.98,5.20,4.05,5.20]^{\mathrm{T}}$$

……

$$N_{11}=[12.48,11.86,12.48,11.86,12.48,4.32,12.48,12.42,12.48,0.03]^{\mathrm{T}}$$

令 U 表示网络的输入样本向量

$$U=[N_4,N_5,N_6,N_7,N_8,N_9,N_{10},N_{11}]$$

令 T 表示对应目标输入的目标输出样本向量

$$T=[0,0,0;0,0,1;0,0,1;0,0,1;0,1,0;0,1,0;0,1,0;1,0,0;1,0,0;1,0,0]$$

5. BP 网络学习训练

设置 BP 网络隐层神经元个数为 17，训练步长取 0.1，训练误差为 0.001，网络的训练函数定义为 tminlm，学习函数取默认值 learngdm，性能函数取默认值 mse。将故障样本数据矩阵 U 输入 BP 网络，对网络进行训练。经过 62 次训练后，网络误差达到设定的最小值，可将此训练好的网络作为故障状态分类器使用。

6. 网络测试

将故障样本数据 P 作为检验样本输入网络，查看 BP 网络输出是否满足要求。仿真结果为 Y 矩阵。

$$Y=\begin{bmatrix} 0.009 & 0.000 & 0.002 & 0.000 & 0.000 & 0.018 & 0.000 & 0.996 & 0.990 & 0.996 \\ 0.011 & 0.066 & 0.000 & 0.034 & 0.992 & 0.973 & 0.993 & 0.015 & 0.009 & 0.015 \\ 0.007 & 1.000 & 0.987 & 1.000 & 0.002 & 0.004 & 0.004 & 0.000 & 0.000 & 0.000 \end{bmatrix}$$

比较测试结果 Y 矩阵与目标输出 T 矩阵，该网络组成的状态分类器可以有效准确地识别本例前置放大模拟电路的 4 类故障状态样本，证明该 BP 网络作为模拟电路故障诊断的有效性。

在前置放大模拟电路故障状态下，测试得到 4 组状态数据，如表 8.2 所示。

表 8.2　前置放大器故障状态下测试样本数据

样本	测试样本数据								类别
11	26.02	3.98	12.63	3.25	13.28	3.24	2.67	12.48	0
12	06.04	3.93	12.57	3.87	13.87	3.15	3.38	12.48	1
13	26.03	3.99	12.58	3.26	13.31	3.17	15.84	12.49	2
14	06.74	5.22	24.34	4.45	26.72	4.41	3.87	0.04	3

将这 4 组状态数据输入到设计好的 BP 网络，判别它们属于哪一种故障状态。仿真结果 Y 矩阵为

$$Y=\begin{bmatrix} 0.018 & 0.003 & 0.003 & 0.999 \\ 0.001 & 0.002 & 0.981 & 0.003 \\ 0.007 & 0.990 & 0.001 & 0.006 \end{bmatrix}$$

由 Y 矩阵结果可见，第 11 组状态数据属于故障类别（000），第 12 组状态数据属于故障类别（001），第 13 组状态数据属于故障类别（010），第 14 组状态数据属于故障类别（100）。这与实际情况是相符的，所设计的前置放大模拟电路故障状态分类器是合理的。

8.4　径向基神经网络在自动驾驶仪故障诊断中的应用

8.4.1　RBF 正规化神经网络

如图 8.5 所示，径向基（RBF）神经网络是一种三层前向网络，第一层为输入层；第二层为隐含层，隐单元的个数 N 由所描述的问题而定，隐单元节点的变换函数是以中心点径向对称且衰减的非负非线性函数；第三层为输出层，它对输入模式做出响应。

图 8.5 中表示了一个多输入多输出且具有 N 个隐层神经元的 RBF 网络模型的结构图，输入层有 M 个神经元，其中任一神经元用 m 表示；隐层有 N 个神经元，任一神经元用 i 表示，G_i 为“基函数”，它是第 i 个隐单元的激励输出；输出层有 J 个神经元，其中任一神经元用 j 表示。隐层与输出层突触权值用 $w_{ij}(i=1,2\cdots N;\ j=1,2\cdots J)$ 表示。

RBF 神经网络的数学基础是：分类问题在高维空间（某种特殊意义下的）比在低维空间中更可能是线性可分的。构成 RBF 网络的基本思想是：用径向基函数（RBF）作为隐单元的“基”，构成隐含层空间，隐含层对输入矢量进行变换，将低维的模式输入数据变换到高维空间内，使得在低维空间内线性不可分的问题在高维空间内线性可分。隐含层空间到输出层空间的映射是线性的，即网络的输出是隐层神经元输出的线性加权和，此处的权为网络的可调参数。由此可见，从总体上来说，网络由输入到输出的映射是非线性的，而网络对可调参数而言是线性的。这样网络的权就可由线性方程组解出或用 RLS（递推最小二乘）方法递推计算，从而大大加快学习速度并避免局部极小问题。

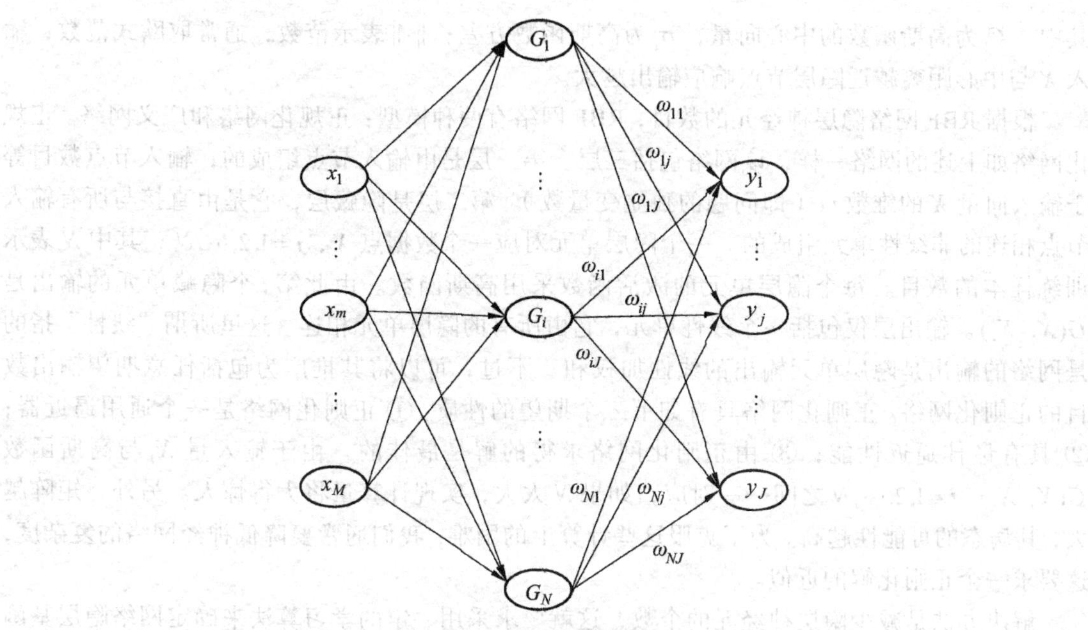

图 8.5　RBF 神经网络结构

设任一训练样本集如下

$$X_k = [x_{k1}, x_{k2}, \cdots, x_{km}, \cdots x_{kM}], (k = 1, 2, \cdots, P) \tag{8.49}$$

任一训练样本，对应的输出为

$$Y_k = [y_{k1}, y_{k2}, \cdots, y_{km}, \cdots y_{kM}], (k = 1, 2, \cdots, P) \tag{8.50}$$

期望输出为

$$d_k = [d_{k1}, d_{k2}, \cdots, d_{km}, \cdots d_{kM}], (k = 1, 2, \cdots, P) \tag{8.51}$$

对应网络第 j 个输出神经元的实际输出如公式（8.52）

$$y_{kj}(X_k) = \sum_{i=1}^{N} w_{ij} G(X_k, G_i), j = 1, 2, \cdots, J \tag{8.52}$$

“基函数”一般选用关于中心点对称的非线性函数，通常用的是高斯（Gaussian）函数，多为二次函数，薄板样条函数等。常见的高斯函数如式（8.53）所示。

$$G(r) = \exp\left(-\frac{(r-c)^2}{2\sigma^2}\right) \tag{8.53}$$

其中 c 为高斯函数的中心；σ 为高斯函数的宽度，也称作方差。则对应网络隐单元的高斯函数如式（8.54）所示：

$$\begin{aligned} G(X_k, C_i) &= G(\| X_k - C_i \|) = \exp\left(-\frac{1}{2\sigma^2} \| X_k - C_i \|^2\right) \\ &= \exp\left(-\frac{1}{2\sigma^2} \sum_{m=1}^{M} (x_{km} - c_{im})^2\right) \end{aligned} \tag{8.54}$$

其中，C_i为高斯函数的中心向量；σ_i为高斯函数方差；$\|\cdot\|$表示范数，通常取欧式范数；输入X与中心距离越近隐层节点响应输出越大。

根据RBF网络隐层神经元的数目，RBF网络有两种模型：正规化网络和广义网络。正规化网络如上述的网络一样，该网络包括三层。第一层是由输入节点组成的，输入节点数目等于输入向量X的维数m（即问题的独立变量数）。第二层是隐藏层，它是由直接与所有输入节点相连的非线性单元组成的。一个隐层单元对应一个数据点X_i，$i=1,2,\cdots,N$，其中N表示训练样本的数目。每个隐层单元的激活函数采用高斯函数。由此第i个隐藏单元的输出是$G(X, X_i)$。输出层仅包括一个线性单元，它由所有的隐层单元相连。这里所谓“线性”指的是网络的输出是隐层单元输出的线性加权和。不过，可以将其推广为包括任意期望输出数目的正则化网络。正则化网络具有如下三个期望的性质：① 正则化网络是一个通用逼近器；② 具有最佳逼近性能；③ 由正则化网络求得的解是最佳的。由于输入量X_i与高斯函数$G(X, X_i)$，$i=1,2,\cdots,N$之间一一对应，如果N太大，实现计算量将大得惊人。另外，矩阵越大，其病态的可能性越高。为了克服这些计算上的困难，我们通常要降低神经网络的复杂度，这要求一个正则化解的近似。

解决办法是减少隐层神经元的个数，这就要求采用一定的学习算法来确定网络隐层基函数的中心及方差。在实际应用中，为使RBF网络实现方便，习惯上选用RBF广义神经网络。

8.4.2 RBF广义神经网络

RBF广义网络与正规化网络不同，它的径向基函数的个数M与样本个数N不相等，且M常常远小于N；其径向基函数的中心不再限制在数据点上，而是由训练算法确定。RBF广义网络的具有N个输入节点，M个隐节点，L个输出节点，输入数据有P组。一般有$N<M<L$且$M<P$。

这里介绍K-means聚类算法确定径向基函数的中心。K-means聚类算法为无监督自组织学习算法确定隐节点的径向基函数的数据中心。算法步骤如下：

① 给出初始化的中心$c_i(0)$，$1\leqslant i\leqslant M$，一般是从输入样本X_n中选取M个样本作为聚类中心，中心的初始学习速率为$ac(0)$。

② 在时刻t，对每一个输入向量计算与中心的距离，并得到一个最小的距离：

$$d_i(t)=\|X_n(t)-c_i(t-1)\|,1\leqslant i\leqslant M \tag{8.55}$$

$$k=\arg\{\min[d_i(t),1\leqslant i\leqslant M]\} \tag{8.56}$$

按下面规则式（8.57）更新中心值：

$$c_i(t)=\begin{cases}c_i(t-1)+a_c(t-1)[X_n(t-1)-c_i(t-1)],i=k\\ c_i(t-1),\text{其他}\end{cases} \tag{8.57}$$

直至中心值变化量达到要求。

采用k-means聚类算法确定隐层神经元的中心后，高斯函数宽度根据公式可得：

$$\sigma_i=\frac{d_m}{\sqrt{2M}} \tag{8.58}$$

这里 d_m 为所选中心之间的最大距离，M 为隐层节点个数。当隐层基函数的参数 c_i 和 σ_i 确定之后，输出层权值的学习训练就比较容易了，利用训练样本，求取使能量函数最小的权值参数，学习训练采用递推最小二乘法。能量函数如式（8.59）所示：

$$E=\frac{1}{2}\sum_{k=1}^{P}(y_k-d_k)^2 \tag{8.59}$$

8.4.3 基于 RBF 神经网络的飞机自动驾驶仪故障诊断

随着飞机性能的提高，飞机自动驾驶仪的结构越来越复杂，同时，对其可靠性的要求也越来越高。在日常机务维护过程中，对驾驶仪进行故障诊断，是提高其有效性和可靠性的重要手段，是保证飞行安全的重要方面。

1. 自动驾驶仪基本组成

为了保证自动驾驶仪的正常工作，基本组成部件有如下三种：传感器，放大部件与舵机。为了实现所要求的控制律，放大部件实现信号校正和综合。在模拟式自动驾驶仪中，不可能进行十分复杂的计算。发展成为数字式自动驾驶仪后，增加了具有很强计算功能的计算机部件，从而允许实现更为完善的控制律。与此同时，伺服放大部件与舵机组合成为伺服作动系统。由于计算机功能很强，除完成控制律的计算及按飞行状态调参外，同时还可兼顾机内检测，甚至故障检测与报警等任务。因此，计算机成为当代数字式自动驾驶仪中十分重要的一个分系统。此外，执行测量任务的传感器部件（如高度差传感器、送出姿态信号的惯性陀螺平台）实际上也都是一些闭环系统。由上可见，自动驾驶仪的基本组成部件为传感器、计算机、伺服放大器与舵机，后发展为传感器分系统，计算机分系统以及伺服作动分系统。

2. 自动驾驶仪工作原理

飞机偏离原始状态，敏感元件感受到偏离方向和大小，并输出相应信号。信号经放大、计算处理，操纵执行机构（如舵机），使控制面（如升降舵面）相应偏转。由于整个系统是按负反馈原则连接的，其结果是使飞机趋向原始状态，如图 8.6 所示。当飞机回到原始状态时，敏感元件输出信号为零，舵机以及与其相连的舵面也回到原位，飞机重新按原始状态飞行。

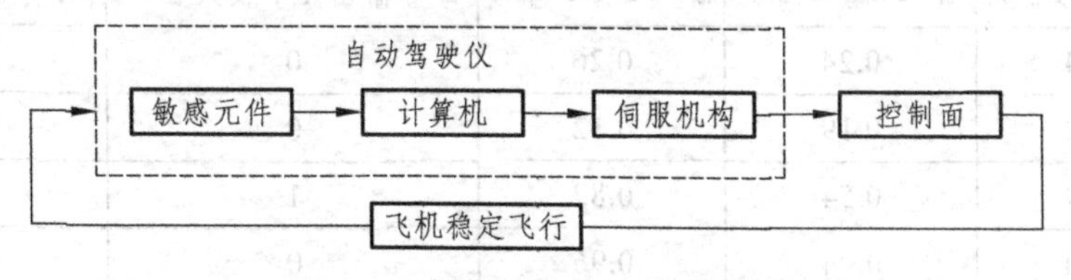

图 8.6 自动驾驶仪工作原理图

为改善多级的性能，通常执行机构引入内反馈（将舵机的输出反馈到输入端），形成随动系统（或称伺服回路），简称为舵回路。舵回路是由舵机、放大器及反馈元件组成，如图 8.7 虚线框图内所示。反馈元件包括测速机和/或位置传感器。测速机测出多面偏转的角速度，反馈给放大器以增大舵回路的阻尼，改善舵回路的性能，位置传感器将舵面位置信号反馈到舵回路的输入端，使舵面偏转角度与控制信号成正比。有的舵回路没有位置传感器，则舵面偏转角速度与控制信号一一对应。

自动驾驶仪与飞机组成一个回路。这个回路的主要功能是稳定飞机的姿态，或者说稳定飞机的角运动。敏感元件用来测量飞机的姿态角，由于该回路包含了飞机，而飞机的动态特性又随飞行条件（如速度，高度等）而异。放大计算机装置对各个传感器信号综合计算，即控制规律应满足各个飞行状态的要求，并可以设置成随飞行条件变化的增益程序。

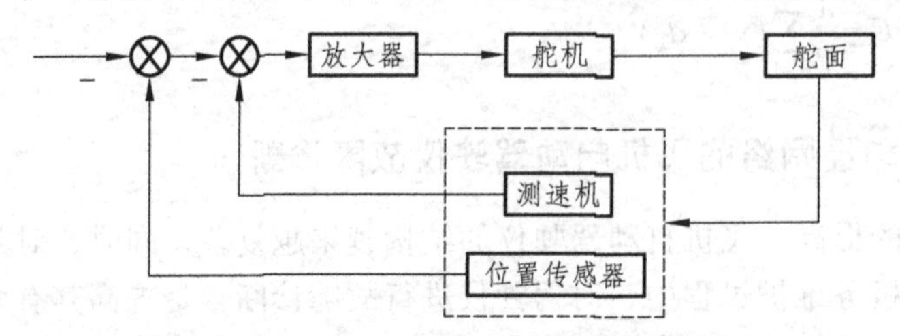

图 8.7　自动驾驶仪系统组图

在自动驾驶仪系统中特征信号的选择对故障诊断来说非常重要，需要根据被测系统特点和故障种类，选取合适的检测点测量特征信号。由于自动驾驶仪具有结构复杂、参数和工作模态多的特点，影响其控制性能的特征信号也很多，但由于各个特征信号对其控制性能变化的敏感程度不同，在选择特征信号的时，应选择敏感性最强、易于检测的量作为特征信号。本文选取控制信号电压 U_{in}、速度回输电压 U_{hut} 及放大器的输出电压 U_{out} 三个物理量为特征信号。输出层根据舵机调速系统的组成部分，分为放大器故障和舵机故障。

由于经过归一化处理后的样本数据，其训练时间大大缩短，训练的成功率有极大的提高。所以本文将数据样本先做归一化处理，归一化的训练样本见表 8.3，测试样本见表 8.4。归一化式（8.60）为

$$x_i = p_i/p_{max} \tag{8.60}$$

式中，x_i 为归一化后的第 i 个样本数据；p_i 为第 i 个样本数据；p_{max} 为所有样本数据的最大值。网络采用有教师学习方式，当网络某个输出节点为“1”时表示对应故障发生；“0”表示对应故障不发生。

表 8.3　网络的训练样本

序号	输入 1（U_{in}）	输入 2（U_{out}）	输入 3（U_{hut}）	目标输出 1（放大器）	目标输出 2（舵机）
1	0.24	0.24	0.26	0	1
2	0.12	0.19	0.12	0	0
3	0.69	0.54	0.82	1	0
4	0.90	0.94	0.96	0	0
5	0.65	0.35	0.78	1	0
6	0.84	0.82	0.91	0	0
7	0.66	0.37	0.72	0	1
8	0.31	0.19	0.35	0	0
9	0.73	0.60	0.87	1	0
10	0.58	0.23	0.68	0	0

表 8.4　网络测试样本

序号	输入 1（U_{in}）	输入 2（U_{out}）	输入 3（U_{hut}）	目标输出 1（放大器）	目标输出 2（舵机）
1	0.87	0.87	0.94	1	0
2	0.65	0.42	0.78	1	0
3	0.83	0.80	0.91	1	0
4	0.88	0.93	0.95	0	1
5	0.81	0.76	0.89	1	0

在 Matlab 环境下，应用其 RBF 神经网络工具包对采集数据样本进行训练与仿真研究。设置网络训练误差精度达到 $e<1\times10^{-8}$ 满足学习要求。网络模型训练误差如图 8.8 所示，从图可以看出经过 9 次迭代后达到训练精度，测试所得结果如表 8.5 所示。

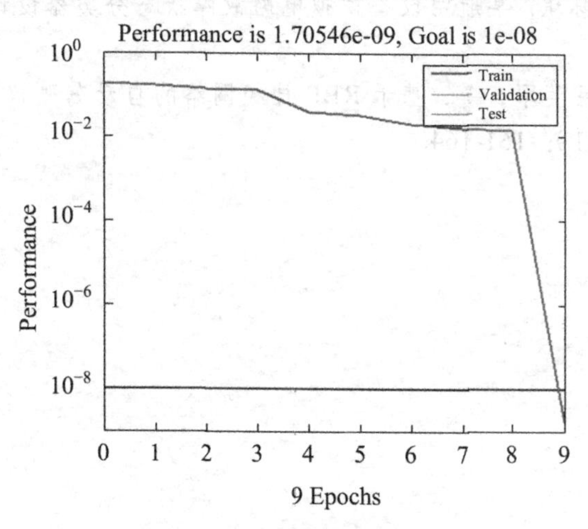

图 8.8　RBF 神经网络训练误差

表 8.5　网络测试结果

序号	输出 1（放大器）	输出 2（舵机）
1	1	0
2	1	0
3	1	0
4	0	1
5	1	0

对比测试样本与测试结果可以发现，通过 RBF 神经网络可以有效识别飞机自动驾驶仪故障类型，当网络输出结果为“1　0”则表明放大器处发生故障，输出结果为“0　1”则表示舵机发生故障，通过该方式可以快速查找到故障点。

8.5 本章小结

本章介绍了多层神经网络基本结构和各种学习算法，重点介绍了电路故障诊断应用最多的 BP 神经网络算法及其改进算法、基于径向基函数神经网络，以及 BP 神经网络在模拟电路故障诊断中应用、径向基函数神经网络在飞机自动驾驶仪中的应用。

参考文献

[1] Martin T. Hagan, Howard B. Demuth, Mark H. Beale 著. 神经网络设计[M]. 戴葵译. 北京：机械工业出版社，2002.

[2] 苏旷宇. 基于神经网络和信息融合的模拟电路故障诊断方法研究[D]. 湖南大学硕士论文，2007.

[3] 曲东才，董万里，陈琪. 某航空设备模拟电路故障状态分类器设计及仿真[J]. 飞机设计，28（6）：55-58.

[4] 张阔，陈柏松，吕英军，等. 基于 RBF 神经网络的自动驾驶仪故障诊断[J]. 数据采集与处理，2006（21）：161-164.

9 模糊诊断方法

9.1 模糊理论概述

9.1.1 模糊隶属度

1965 年，美国加州大学 Zadeh 教授发表了题为《模糊集合论》的论文，提出用“隶属度”这个概念来描述现象差异的中间过渡，从而一举突破了 Cantor 创立的经典集合论中“属于或不属于”的绝对概念，模糊理论（Fuzzy Theory）诞生了，它被用来描述大量存在不确定性的、模糊的事件。现代电子设备系统故障产生原因繁多，且相互交织，导致其故障具相当的模糊性。一方面故障征兆与故障原因之间的对应关系存在模糊性，一种故障征兆可能由多种故障原因引起；另一方面故障征兆的存在具有模糊性，有的故障征兆明显而有的故障征兆则不明显，有些故障征兆是独立存在的，有些故障征兆之间又是相关的；另外设备从完好状态转变为故障状态往往是个渐进的过程，具有模糊性，不能把故障绝对识别为“存在”或“不存在”。

模糊理论经过数十年发展，目前已应用到聚类分析、故障诊断、系统评价、图像模式识别等方面。特别是模糊神经网络等，已成为解决复杂系统故障诊断问题的重要工具。

模糊理论研究和处理模糊现象。由于自身模糊性以及概念外延的模糊而造成的不确定性称为模糊性，用隶属度函数 $\mu(x)$ 来定量描述这种模糊性，它在[0，1]之间取值。隶属度函数 $\mu(x)$ 的确定过程，本质上是客观的，但不同人对模糊概念的认识又有很大差异，因此又使它带有主观性。常用的隶属度函数 $\mu(x)$ 有五种：正态型、Γ 型、戒上型、戒下型、三角型，分别如式（9.1）~（9.5）所示

$$\mu(x)=\mathrm{e}^{-\left(\frac{x-a}{b}\right)^2},b>o \tag{9.1}$$

$$\mu(x)=\begin{cases}\left(\dfrac{x}{\lambda v}\right)^{v}\times \mathrm{e}^{v-\frac{x}{\lambda}}, & x\geqslant 0\\ 0, & x<0\end{cases} \tag{9.2}$$

$$\mu(x)=\begin{cases}\dfrac{1}{1+[a(x-c)]^{b}}, & x>c,a>0,b>0\\ 1, & x\leqslant c,a>0,b>0\end{cases} \tag{9.3}$$

$$\mu(x)=\begin{cases}\dfrac{1}{1+[a(x-c)]^{b}}, & x\geqslant c,a>0,b<0\\ 0, & x<c,a>0,b<0\end{cases} \tag{9.4}$$

$$\mu(x)=\begin{cases}0, & x<-1\ or\ x\geqslant 1\\ x+1, & -1\leqslant x\leqslant 0\\ 1-x, & 0\leqslant x\leqslant 1\end{cases} \tag{9.5}$$

不同的模糊集之间运算关系包含基本模糊补（9.6），基本模糊并（9.7），基本模糊交（9.8）

$$\mu_{\bar{C}}(x)=1-\mu_C(x) \tag{9.6}$$

$$\mu_{C\cup D}(x)=\max[\mu_C(x),\mu_D(x)] \tag{9.7}$$

$$\mu_{C\cap D}(x)=\min[\mu_C(x),\mu_D(x)] \tag{9.8}$$

模糊关系在模糊集合论中占有重要地位，当论域为有限时，用模糊关系矩阵 $R=(r_{ij})_{n\times m}$ 来表示模糊关系。如果论域 U、V、W 是有限论域，R 是 U 到 V 的模糊关系矩阵，S 是 V 到 W 的模糊关系矩阵，Q 是 U 到 W 的模糊关系矩阵，且 Q 是模糊关系 R 对模糊关系 S 的合成，记为 $Q=R\cdot S=(q_{ij})_{n\times m}$。模糊关系的合成，采用矩阵合成来实现，则合成的矩阵 Q 的隶属度函数 $\mu_{R\cdot S}(u,\ w)$ 可用式（9.9）表示：

$$\mu_Q(u,w)=\mu_{R\cdot S}(u,w)=\underset{v\in V}{\vee}(\mu_R(u,v)\wedge\mu_S(v,w)) \tag{9.9}$$

式（9.9）中符号“$\vee$”为取大，即求 max；符号“$\wedge$”为取小，即求 min。式（9.6）中符号“$\overline{C}$”表示为取补。除了基本模糊补（9.6）外，1977 年 Sugeno 定义了一类其他模糊补

$$\mu_{\overline{C}}(\alpha)=\frac{1-\alpha}{1+\lambda\alpha} \tag{9.10}$$

式（9.10）中参数 $\lambda\propto(-1,\ \infty)$，对 λ 的每一个取值，都可得到一个特定的模糊补公式。

除了基本模糊并（9.7）外，1980 年 Yager 定义了一类其他模糊并

$$\mu_{C\cup D}(c,d)=\min[1,(c^w+d^w)^{\frac{1}{w}}] \tag{9.11}$$

式（9.11）中 $w\propto(0,\infty)$，w 的每一个取值都对应一个特定的模糊并运算公式。

除了基本模糊交（9.8）外，1982 年 Dombi 定义了一类其他模糊交

$$\mu_{C\cap D}(c,d)=\frac{1}{1+\left[\left(\frac{1}{c}-1\right)^{\lambda}+\left(\frac{1}{d}-1\right)^{\lambda}\right]^{-\frac{1}{\lambda}}} \tag{9.12}$$

式（9.12）中 $\lambda\propto(0,\infty)$，λ 的每一个取值都对应一个特定的模糊交运算公式。

除了模糊交公式（9.8）、式（9.12）外，还有代数积公式、爱因斯坦积公式等。其他类型模糊补、模糊交、模糊并根据工程设计需要查找使用。

9.1.2 模糊推理

把具有模糊概念的语言定义为模糊语言，模糊语言变量是以自然语言或人工语言中的字或句子作为变量，而不是以数值作为变量。模糊语言变量包含五个方面：语言变量名称、语

言变量名称集合、论域、语法规则、语义规则。比如，在自动控制系统中常用“误差”作为模糊语言变量，假设论域取[-1，+1]；语言变量的原子单词有“大、中、小、零”，对这些原子单词施加适当的语气算子构成语言变量名称，如“较大、中等、较小”等，再考虑误差的正负，则描述误差的模糊语言变量集合可写成式（9.13）。

$$\text{误差}=\text{正大}+\text{正较大}+\text{正中等}+\text{正较小}+\text{正小}+\text{零}+\text{负小}+\text{负较小}+\text{负中等}+\text{负较大}+\text{负大} \tag{9.13}$$

模糊推理与普通推理不同在于，不能给出绝对的真与不真，只能给出真的程度。Zadeh教授给出的模糊推理是三段式的似然推理中的假言推理，其推理规则如式（9.14）

$$\text{大前提：}C\rightarrow D\text{；小前提：}C_1\text{；结论：}D_1=C_1\cdot(C\rightarrow D) \tag{9.14}$$

式（9.14）中符号“·”表示模糊关系的合成。

模糊推理规则由若干模糊条件语句组成，每一模糊条件语句对应一个模糊关系 R，比如

（1）“如果 C，则 D”（“IF C，THEN D”）

$$R=C\times D+\bar{C}\times I \tag{9.15}$$

式（9.15）中 I 为单位向量。

（2）“如果 C，则 D，否者 E”（“IF C，THEN D，ELSE　E”）

$$R=(C\times D)+(\bar{C}\times E) \tag{9.16}$$

（3）“如果 C 或 D 且 F 或 G，则 H”（“IF C OR D AND F OR G，THEN H”）

$$R=[(C+D)\times H]\cdot[(F+G)\times H] \tag{9.17}$$

（4）“如果 C 则 D，且如果 C 则 E”（“IF C THEN D，AND，IF C THEN E”）

$$R=(C\times D)\cdot(C\times E) \tag{9.18}$$

（5）“如果 C 则 D，或如果 E 则 F”（“IF C THEN D，OR，IF E THEN F”）

$$R=C\times D+E\times F \tag{9.19}$$

如何解释上述IF-THEN规则是模糊推理的关键问题。在经典模糊条件语句中，表达式IF C THEN D可以写成 $C\rightarrow D$，推理“→”可定义为表9.1的一种连接，这里 C 和 D 是模糊条件语句中的变量，其值为真（T）或为假（F）。

表9.1　$C\rightarrow D$ 真值表

C	D	$C\rightarrow D$	C	D	$C\rightarrow D$
T	T	T	F	T	T
T	F	F	F	F	T

表9.1中逻辑关系 $C\rightarrow D$ 等价解释为式（9.20）和式（9.21）。

$$C\rightarrow D=\bar{C}\vee D \tag{9.20}$$

$$C \to D = (C \wedge D) \vee \overline{C} \tag{9.21}$$

式（9.20）和式（9.21）中，符号“ - ”“ ∨ ”“ ∧ ”分别代表逻辑运算的逻辑补、逻辑并、逻辑交。设 C 是定义在论域 $X = X_1 \times X_2 \times \cdots \times X_n$ 上的模糊关系，设 D 是定义在论域 $Y = Y_1 \times Y_2 \times \cdots \times Y_n$ 上的模糊关系，x、y 分别是 X 和 Y 上的语言变量。

式（9.20）和式（9.21）的 IF-THEN 规则有若干种具体化的解释，主要罗列如下：

（1）Zadeh 定义：直接用基本模糊补（9.6），基本模糊交（9.7），基本模糊并（9.8）分别取代式（9.21）中的符号“ - ”“ ∨ ”“ ∧ ”，就得到了 Zadeh 定义。这样，模糊 IF-THEN 规则可解释成 $X \times Y$ 中的一个模糊关系 R_Z，其隶属度可根据式（9.22）计算。

$$\mu_{R_Z}(x,y) = \max[\min(\mu_C(x), \mu_D(y)), 1 - \mu_C(x)] \tag{9.22}$$

（2）Mamdani 最小算子定义：用最小算子取代式（9.21）中符号“ ∧ ”，就得到了 Mamdani 定义 1。则模糊 IF-THEN 规则的模糊关系 R_{MM}，其隶属度可根据式（9.23）计算。

$$\mu_{R_{MM}}(x,y) = \min[\mu_C(x), \mu_D(y)] \tag{9.23}$$

（3）Mamdani 代数积定义：用代数积取代式（9.21）中符号“ ∧ ”，就得到了 Mamdani 定义 2。则模糊 IF-THEN 规则的模糊关系 R_{MP}，其隶属度可根据式（9.24）计算。

$$\mu_{R_{MP}}(x,y) = \mu_C(x)\mu_D(y) \tag{9.24}$$

此外，模糊 IT-THEN 规则也可解释成一个从 X 到 Y 的映射。关键的问题是，如何对模糊规则库中一条以上的规则进行组合推理，常用推理方法有两种：组合推理和独立推理。

9.1.3 组合推理

关于组合推理，有两种观点，一种是用对所有各条 IT-THEN 规则，全都采用逻辑“并”进行组合，称为 Mamdani 组合，则所有规则合成的隶属度 $\mu_{QM}(x,y)$ 可根据式（9.25）计算。

$$\mu_{QM}(x,y) = \mu_{R1}(x,y) \dot{\vee} \mu_{R2}(x,y) \dot{\vee} \cdots \dot{\vee} \mu_{Rn}(x,y) \tag{9.25}$$

式（9.25）中，R_1 到 R_n 条模糊 IT-THEN 规则之间采用符号“ $\dot{\vee}$ ”连接，表示模糊并，可采用基本模糊并式（9.7）计算，也可以采用其他模糊并式（9.11）进行计算。

另一种是用对所有各条 IT-THEN 规则，采用逻辑“交”进行组合，称为 Godel 组合，则所有规则合成的隶属度 $\mu_{QG}(x,y)$ 可根据式（9.26）计算。

$$\mu_{QG}(x,y) = \mu_{R1}(x,y) \dot{\wedge} \mu_{R2}(x,y) \dot{\wedge} \cdots \dot{\wedge} \mu_{Rn}(x,y) \tag{9.26}$$

式（9.26）中，R_1 到 R_n 条模糊 IT-THEN 规则之间采用符号“ $\dot{\wedge}$ ”连接，表示模糊交，可以采用基本模糊交式（9.8）进行计算，也可以采用其他模糊交式（9.12）计算。

假设 C^* 是 X 上的一个任意模糊集合，将其输入到模糊推理机中，将 QM 看作一条独立的模糊 IF-THEN 规则并使用 Mamdani 组合推理式（9.25），可得到输出 D^* 隶属度为

$$\mu_{D*}(y) = \dot{\wedge}[(\mu_{C*}(x), \mu_{QM}(x,y)] \tag{9.27}$$

式（9.27）中符号“$\dot{\wedge}$”表示模糊交，可采用基本模糊交公式（9.8）进行计算，也可以采用其他模糊交公式（9.12）计算。

假设 C^* 是 X 上的一个任意模糊集合，将其输入到模糊推理机中，将 QG 看作一条独立的模糊 IF-THEN 规则并使用 Godel 组合推理式（9.26），可得到输出 D^* 隶属度为

$$\mu_{D^*}(y)=\dot{\wedge}[(\mu_{C^*}(x),\mu_{QG}(x,y)] \tag{9.28}$$

式（9.28）中符号“$\dot{\wedge}$”表示模糊交，可采用基本模糊交式（9.8）进行计算，也可以采用其他模糊交式（9.12）计算。

如果某模糊系统的模糊规则库由以下 $i=1,2,\cdots,m$ 条模糊 IF-THEN 规则组成

$$R_i：如果\ x_1\ 为\ C_1\ 且\ x_2\ 为\ C_2\ 且\cdots且\ x_n\ 为\ C_n，则\ y_i\ 为\ D_i \tag{9.29}$$

则组合推理该模糊规则库的计算程序如下，分 4 步骤进行：

步骤 1：对于 $R_i(i=1,2,\cdots,m)$ 条规则中 x_1 为 C_1 且 x_2 为 C_2 且…且 x_n 为 C_n，用下式计算，

$$\mu_{C_1\times C_2\times\cdots\times C_n}(x_1,x_2,\cdots x_n)=\mu_{C_1}(x_1)\dot{\wedge}\mu_{C_2}(x_2)\dot{\wedge}\cdots\dot{\wedge}\mu_{C_n}(x_n) \tag{9.30}$$

步骤 2：把 $C_1\times C_2\cdots C_n$ 看作 IF C THEN D 规则中的 C，把 $D_i(i=1,2,\cdots,m)$ 看作 IF C THEN D 规则中的 D，根据 $R_i(i=1,2,\cdots,m)$ 条 IF-THEN 规则中依据式（9.22）至式（9.24）所确定的各种定义来计算 μ_{R1}，μ_{R2}，…，μ_{Rm}。

步骤 3：根据式（9.25）或式（9.26）来组合推理计算得到隶属度 $\mu_{QM}(x,y)$ 或 $\mu_{QG}(x,y)$。

步骤 4：对于给定的输入 C^*，上述模糊推理机会根据式（9.27）或式（9.28）来计算得到输出 D^* 隶属度。

9.1.4 独立推理

在独立推理中，模糊规则库中每一条规则都请确定一个模糊输出集合，整个模糊推理机的输出是 M 个独立模糊集合的组合，这一组合既可以由并集得到，也可以由交集得到。

则独立推理的计算程序如下，也分 4 个步骤进行：

步骤 1 和步骤 2：与组合推理的步骤 1 和步骤 2 相同。

步骤 3：对于 X 上给定的输入模糊集合 C^*，根据式（9.27）或式（9.28）来确定每一条规则 R_i 的输出模糊集合 $D_i(i=1,2,\cdots,m)$，即用式（9.31）计算

$$\mu_{D_1}(y)=\dot{\wedge}[(\mu_{C^*}(x),\mu_{R_1}(x,y)],\ i=1,2,\cdots m \tag{9.31}$$

步骤 4：模糊推理机的输出是 M 个模糊集 $\{D_1,D_2,\cdots D_m\}$ 的并组合或交组合。

当取并组合时，输出 D^* 的隶属度由式（9.32）计算得到

$$\mu_{D^*}(y)=\mu_{D_1}(y)\dot{\vee}\mu_{D_2}(y)\dot{\vee}\cdots\dot{\vee}\mu_{D_M}(y) \tag{9.32}$$

式（9.32）中，符号“$\dot{\vee}$”表示模糊并计算，可采用基本模糊并式（9.7）或模糊并式（9.11）进行计算。

当取交组合时，输出 D^* 的隶属度由式（9.33）计算得到

$$\mu_{D^*}(y)=\mu_{D_1}(y)\dot{\wedge}_{D_2}(y)\dot{\wedge}\cdots\dot{\wedge}\mu_{D_m}(y) \tag{9.33}$$

式（9.33）中“$\dot{\wedge}$”表示模糊交计算，可采用基本模糊交式（9.8）或模糊交式（9.12）计算。

9.1.5 模糊推理机

在选择模糊推理机时，考虑三个因素：直观力、计算效率、特性。常用模糊推理机有

1. 乘积推理机（Product Inference Engine）

① 使用模糊并组合的独立推理［式（9.32）］;

② Mamdani 最小算子定义［式（9.23）］;

③ 所有模糊交计算采用代数积，所有模糊并计算采用最大（max）。

这样得到的乘积推理机计算式（9.34）如下

$$\mu_{D^*}(y)=\max_{i=1}^{M}[\mu_{C^*}(x)\prod_{j=1}^{n}\mu_{R_i}(x_j)\mu_{D_i}(y)] \tag{9.34}$$

2. 最小推理机（Minimum Inference Engine）

① 使用模糊并组合的独立推理［式（9.32）］;

② Mamdani 代数积定义［式（9.24）］;

③ 所有模糊交计算采用最小（min），所有模糊并计算采用最大（max）;

这样得到的最小推理机计算式（9.35）如下。

$$\mu_{D^*}(y)=\max_{i=1}^{m}[\min(\mu_{C^*}(x),\mu_{C_1}(x_1),\mu_{C_2}(x_2),\cdots,\mu_{C_N}(x_N),\mu_{D_i}(y))] \tag{9.35}$$

3. Zadeh 推理机（Zadeh Inference Engine）

① 使用模糊交组合的独立推理［式（9.33）］;

② Zadeh 定义［式（9.22）］;

③ 所有模糊交计算采用最小（min）;

这样得到的 Zadeh 推理机计算式（9.36）如下。

$$\mu_{D^*}(y)=\min_{i=1}^{\mathrm{m}}[\min(\mu_{C^*}(x),\max(\min(\mu_{C_1}(x_1),\mu_{C_2}(x_2),\cdots\mu_{C_n}(x_n),$$
$$\mu_{D_i}(y)),1-\min_{j=1}^{m}(\mu_{C_j^i}(x_j))))] \tag{9.36}$$

9.1.6 模糊器与解模糊器

由于在大多数应用系统中，模糊系统的输入/输出都是实值数，所以必须在模糊推理机与外部环境之间建立某些界面，即输入系统时需要使用模糊器，输出模糊系统时需要解模糊器。

1. 模糊器

模糊器（Fuzzifier），可定义为由一实值点 $x^* \in X \in R^n$ 向 X 上的模糊集 C 的映射。那么设

计模糊器的准则是什么呢？第一要满足在清晰点 x^* 处模糊集 C 应该有一个更大的隶属度值；第二如果模糊系统受到干扰，要求模糊器有助于克服噪声的影响；第三模糊器应该简化模糊推理机的计算。

常用的模糊器有两种：高斯模糊器和三角模糊器。

（1）高斯模糊器。高斯模糊器就是将清晰实值点 $x^* \in X$ 映射成 X 上的一个模糊集 C，它具有高斯隶属度函数，如式（9.37）所示。

$$\mu_{C*}(x) = \mathrm{e}^{-\left(\frac{x_1 - x^*}{a_1}\right)^2} \mathrm{e}^{-\left(\frac{x_2 - x^*}{a_2}\right)^2} \cdots \mathrm{e}^{-\left(\frac{x_n - x^*}{a_n}\right)^2} \tag{9.37}$$

（2）三角模糊器。三角模糊器就是将清晰实值点 $x^* \in X$ 映射成 X 上的一个模糊集 C，它具有三角形隶属度函数，如式（9.38）所示。

$$\mu_{C*}(x) = \begin{cases} \left(1 - \dfrac{|x_1 - x_1^*|}{b_1}\right)\left(1 - \dfrac{|x_2 - x_2^*|}{b_2}\right) \cdots \left(1 - \dfrac{|x_n - x_n^*|}{b_n}\right), & |x_i - x_i^*| \leqslant b_i (i = 1, 2, \cdots, n) \\ 0, \ other & \end{cases} \tag{9.38}$$

2. 解模糊器

解模糊器（Defuzzifier），可定义为 $Y \in R^n$ 上模糊集 D^*（模糊推理机的输出）向清晰点 $y^* \in Y$ 的一种映射。选择解模糊器主要考虑三条原则：言之有据、计算方便和连续性。常用的解模糊器有两种：重心解模糊器、中心平均解模糊器。

（1）重心解模糊器，即确定 y^* 是 D^* 的隶属度函数所覆盖区域的中心，如式（9.39）所示。

$$y^* = \frac{\int_Y y \mu_{D^*}(y) \mathrm{d}y}{\int_Y \mu_{D^*}(y) \mathrm{d}y} \tag{9.39}$$

重心解模糊器的优点在于直观合理，缺点在于当隶属度函数不规则时，计算难度高。

（2）中心平均解模糊器，由于模糊集 D^* 是 m 个模糊集的模糊并合成或模糊交合成，所以解模糊器的计算逼近就是 m 个模糊集中心的加权平均，其权重等于相应模糊集的高度。故，令 $\overline{y}_L$ 是第 L 个模糊集的中心，w_L 为其高度，则中心平均解模糊器可由式（9.40）确定。

$$y^* = \frac{\sum_{L=1}^{m} \overline{y}_L w_L}{\sum_{L=1}^{m} w_L} \tag{9.40}$$

从工程应用角度讲，如果采用单值模糊器可大大简化模糊推理机的计算；如果采用的模糊系统隶属度函数类型为高斯型或三角型，则采用高斯型或三角型模糊器能大大简化模糊推理机的计算。注意，高斯或三角模糊器能克服输入变量中包含的噪声，而单值模糊器却不能克服噪声。根据言之有据、计算简便和连续性指标来评价解模糊器，中心平均解模糊器是最好的解模糊器。

9.2 基于模糊理论的机载气象雷达故障诊断

1. 机载气象雷达故障现象与故障原因

民航飞机机载彩色气象雷达主要故障现象与故障原因如下。

（1）故障现象主要有：

X_1：PFR上“WXR1（SQ1）”信息；

X_2：雷达风切变警告；

X_3：五边 N AV PRED W/S DET FAULT；

X_4：雷达 SYS 1 显示不正常；

X_5：回波显示不正常；

X_6：红色警告信息 WXR ANT。

（2）故障原因主要有：

Y_1：雷达收发机故障；

Y_2：雷达天线故障；

Y_3：雷达控制面板故障；

Y_4：雷达驱动机构故障；

Y_5：雷达计算机故障。

2. 故障现象与故障原因之间相关出现频次统计

某航空公司统计的某型飞机机载气象雷达故障数据中，故障现象与故障原因相关出现频次次数如表 9.3 所示。

表 9.3　故障事件中统计得到的故障现象与故障原因之间出现相关频次

故障原因＼故障现象	X_1	X_2	X_3	X_4	X_5	X_6
Y_1	5	2	1	0	2	0
Y_2	2	1	0	0	0	0
Y_3	1	0	0	1	0	0
Y_4	0	0	0	0	0	1
Y_5	0	0	1	0	0	1

3. 隶属度矩阵构建

由机载雷达维修经验得到隶属度值矩阵 $V=(V_{ij})_{6\times5}$ 如式（9.44）：

$$V=\begin{bmatrix} 0.63, 0.25, 0.13, 0.00, 0.00 \\ 0.67, 0.33, 0.00, 0.00, 0.00 \\ 0.50, 0.00, 0.00, 0.00, 0.50 \\ 0.00, 0.00, 1.00, 0.00, 0.00 \\ 1.00, 0.00, 0.00, 0.00, 0.00 \\ 0.00, 0.00, 0.00, 0.50, 0.50 \end{bmatrix} \tag{9.44}$$

式（9.44）中，矩阵 V 的经验隶属度值元素 V_{ij} 由式（9.45）确定

$$V_{ij}=\frac{\text{第 } i \text{ 现象属于第 } j \text{ 原因次数}}{\text{第 } i \text{ 现象出现总次数}} \tag{9.45}$$

由技术专家择优得到气象雷达故障诊断隶属度值矩阵 $S=(S_{ij})_{6\times5}$ 如式（9.46）

$$S=\begin{bmatrix}0.60,0.20,0.20,0.00,0.00\\0.70,0.30,0.00,0.00,0.00\\0.50,0.00,0.00,0.00,0.50\\0.00,0.00,1.00,0.00,0.00\\1.00,0.00,0.00,0.00,0.00\\0.00,0.00,0.00,0.50,0.50\end{bmatrix} \tag{9.46}$$

设隶属度值的专家权重为 $w_1=0.6$，设隶属度值的经验权重为 $w_2=0.4$，融合专家维修与经验维修后的融合隶属度值 R_{ij} 计算公式如式（9.47）

$$R_{ij}=0.6S_{ij}+0.4V_{ij} \tag{9.47}$$

由式（9.47）得到的融合隶属度矩阵 $R=(R_{ij})_{6\times5}$ 如式（9.48）

$$R=\begin{bmatrix}0.61,0.22,0.17,0.00,0.00\\0.69,0.25,0.00,0.00,0.00\\0.50,0.00,0.00,0.00,0.50\\0.00,0.00,1.00,0.00,0.00\\1.00,0.00,0.00,0.00,0.00\\0.00,0.00,0.00,0.50,0.50\end{bmatrix} \tag{9.48}$$

4. 机载气象雷达故障诊断实例

由故障诊断模型 $Y=X\times R$，输入故障现象向量 X，即可得出故障原因向量 Y，再由最大隶属度原则可诊断出故障原因。

当输入 $X=(1,1,1,0,0,0)$ 时，经过 $Y=X\times R$ 得到 $Y=(1.798,0.472,0.170,0,0.500)$。由最大隶属度原则，得到最大隶属度的是第一种原因 Y_1，即雷达收发机故障。其次可能还有第 5 种和第 2 种原因。针对实际发生的几起雷达维修中发生的故障现象，得到实际诊断的结果如表 9.4 所示。

表 9.4 模糊模型诊断结果表

序 号	1	2	3	4
故障现象	X_2,X_3	X_1,X_2	X_2,X_4	X_2,X_3,X_4
诊断原因	Y_1	Y_1	Y_3	Y_1,Y_3

在实际雷达维修操作中，对 5 种原因进行筛选排查，从而缩短了机务维修过程中查找故障原因的时间，降低了机务维修的难度。此外，根据累积得到的维修数据，对专家经验和历史故障数据权重进行修改，可进一步提高精度，缩小故障定位范围，缩短雷达维修排故时间。

9.3 基于模糊信息融合的运算放大器电路故障诊断

多传感器信息融合技术是近年来非常活跃的研究领域，它应用的范围越来越广。本例利用模糊信息融合技术实现运算放大器电路故障诊断，通过检测电路工作时运算放大器元件的温度和关键点电压，结合模糊理论，对这些温度和电压的数据信息进行模糊融合，从而定位故障运算放大器元件。

首先用探针测出各待诊断元件关键点的电压信号，再用红外测温仪测出电路板待诊断元件的温度信号。对每一个电压信号来讲，被测元件故障的可能性可由故障隶属度值来表示；同样，对每一个温度信号来讲，被测元件故障的可能性也可由故障隶属度值来表示。由于电路中前后元件的相互影响，采用一种测量信息故障隶属度值来判别元件故障，往往会出现误差，解决办法是：应用模糊集合理论对电压、温度两种测量信息的故障隶属度值进行信息融合处理，得到两种测量信息融合后的故障隶属度值，再根据一定的判定规则进行电路故障元件的判定。

1. 模糊信息融合故障隶属函数

对电路系统某一特定元件，当系统正常工作时，其关键点电压值应是稳定的，其温度也在一定范围内是确定值，当元件出现故障时，电压、温度都会偏离正常范围，偏差越大，元件出现故障的概率就越大，定义元器件隶属函数 $\mu_{ij}(x)$ 的分布如图 9.1 所示，定义 $\mu_{ij}(x)$ 表达式如式（9.49）所示

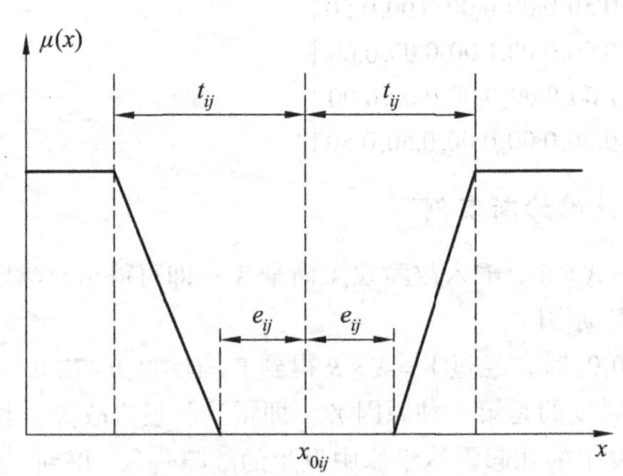

图 9.1 元器件隶属函数分布图

$$\mu_{ij}=\begin{cases}1, x_{ij}\leqslant x_{0ij}-t_{ij}\\ -\alpha(x_j-x_{0ij}+e_{ij})/(t_{ij}-e_{ij}), x_{0ij}-t_{ij}<x_{ij}\leqslant x_{0ij}-e_{ij}\\ 0, x_{0ij}-e_{ij}<x_{ij}\leqslant x_{0ij}+e_{ij}\\ \alpha(x_j-x_{0ij}-e_{ij})/(t_{ij}-e_{ij}), x_{0ij}+e_{ij}<x_{ij}<x_{0ij}+t_{ij}\\ 1, x_{ij}>x_{0ij}+t_{ij}\end{cases} \tag{9.49}$$

式（9.49）中，x_{0ij} 为电路工作正常时被测元件的标准参考值；e_{ij} 为待测元件参数的正常变化范围；t_{ij} 为待诊断元器件参数的极限偏差；α 为修正系数，由具体电路和经验而定；μ_{ij}

为传感器 i 测定被诊断元件 j 属于故障的隶属度；x_{ij} 为传感器 i 测定元件 j 的实际数值，如被测元件的电压值或温度值。

图 9.2 为待诊断的运算放大器电路图，该图引用自参考文献[4]。其中 3 个运算放大器为待诊断元器件，取 U_1, U_2, U_3 分别为运放元件 A_1, A_2, A_3 的电压测试点，取 T_1, T_2, T_3 分别为运放元件 A_1, A_2, A_3 的温度值，诊断步骤如下。

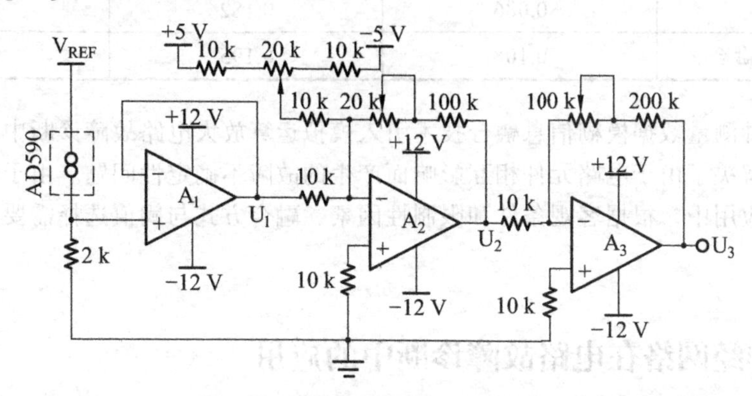

图 9.2　待诊断的运算放大器电路

（1）通过改变输入信号 U_i，测得多组 U_1, U_2, U_3 和 T_1, T_2, T_3 实验数据，包括正常值和故障值。

（2）由式（9.49）计算出元件电压数据和温度数据的故障隶属度 μ_{ij}，根据 μ_{ij} 可得到模糊关系矩阵 R，并对其归一化处理，得到归一化隶属度 μ'_{ij}。

（3）进行模糊信息融合。由归一化隶属度 μ'_{ij} 得归一化关系矩阵 $R'=[\mu'_{ij}]$；将电压、温度可靠性系数用权函数 $W=(w_1,\ w_2)$ 表示，其中 $0\leqslant w_1,\ w_2\leqslant 1,\ w_1+w_2=1$，对于本例，从实验结果来看，元件温度的不确定性小于电压的不确定性，故取温度权限 $w_1=0.6$，电压权限 $w_2=0.4$。按照模糊加权线性变换得融合后的故障隶属度式（9.50）：

$$\mu_Y=W\times R'=[w_1,w_2]\begin{bmatrix}\mu'_{11},\mu'_{12},\mu'_{13}\\ \mu'_{21},\mu'_{22},\mu'_{23}\end{bmatrix} \tag{9.50}$$

（4）故障判定规则。故障判定的基本规则有：首先判定的故障元器件应具有最大的隶属度值。其次判定的故障元器件的隶属度值要大于某一阈值。最后判定的故障元器件和其他元器件的隶属度值之差要大于某个门限。

表 9.5 为元件电压测量信息、温度测量信息故障隶属度值及两种信息融合后的故障隶属度值，实际测量时设置了人为故障，目的是为了说明信息融合的效果。对表 9.5 中每一种元件来说，其中第 1 行、第 2 行分别为由电压和温度测量值得到的各元件属于故障的隶属度值，第 3 行为融合后的隶属度值。从表 9.5 中可看出，融合后的隶属度值和单信息（电压或温度）隶属度值相比，其故障隶属度值更合理，这使系统的不确定性得到降低。对两种信息单独识别时，如果无法判别故障元件，采用融合方法就能较容易地识别出故障来，消除因信息量少而产生的误诊断现象，例如当运算放大器元件 A_3 故障时，从表 9.5 中的数据可看出，虽然从电压测试数据判断可以得出正确结果，但从温度测试的数据判断，无法得到正确结论，将两种测试信息融合后，就可得出正确结论，实验电路判定故障元器件时取隶属度阈值大于 0.5。

表 9.5 元件电压、温度以及二者信息融合的故障隶属度值

隶属度值	故障元器件		
	A_1	A_2	A_3
电 压	0.142	0.214	0.734
温 度	0.086	0.182	0.425
电压与温度融合	0.108	0.195	0.549

本例将两种测量数据模糊信息融合技术引入模拟运算放大电路故障诊断中，利用模糊信息融合较好地解决了由于电路元件相互影响而产生的故障不确定性问题。由于电路诊断的复杂性，在实际应用中，根据客观条件和限制性因素，融合方式与阈值选择需要具体分析与详加考虑。

9.4 模糊神经网络在电路故障诊断中的应用

模拟电路故障具有多样性和非线性，加上模拟电路元件具有容差，非常容易引起电路的工作特性偏移，加之电路特别是集成电路只提供了少数可及端口或节点，电路参数测量不便，给模拟电路的故障诊断带来较大困难。解决模拟电路的容差和非线性及故障诊断的模糊性和不确定性等问题，是模拟电路故障诊断研究的重点。针对模拟电路的特点，文献[5]杨德沛等提出了基于改进 BP 算法的模糊神经网络的模拟电路故障诊断方法。

1. 故障的模糊识别

模拟电路的正常状态和故障状态之间没有明确的界限，不能用具体的数学模型表述。而模糊理论不需要建立数学模型，只需制定一定的模规则就可以把这种不确定的状态表述出来。模糊模式识别就是利用模拟电路故障普遍存在不确定信息、模糊信息的现象，运用模糊规则把这些信息有机地归纳总结，进行模式分类。故障诊断模糊模式识别过程一般为：首先对 N 个故障特征信号进行提取，然后计算各种故障的隶属度值，接着依据一定规则进行模糊信息融合，最后根据最大模糊隶属度值进行故障分类。

2. BP 神经网络及其改进

标准 BP 神经网络在模拟电路故障诊断应用过程中存在容易陷入局部极小值、在复杂系统中收敛速度慢等缺点，因此需要在标准 BP 神经网络算法的基础上对其进行改进。具体改进方法为：在采用附加自适应调节动量项的基础上，对学习速度也进行自适应调整，即引入学习速率和动量项的双重调整因子。采用学习速率的自适应调整，可在网络训练的过程中根据实际情况对学习速率自行调节，在较平坦的曲面增大学习速率，使网络加快收敛，而在斜率增大时减小学习速率，避免震荡过大；附加自适应调节动量项则可根据实际判断是否增加动量项，使网络跳过局部极小点，减少震荡，保持算法相对稳定。具体的改进 BP 神经网络算法如式（9.51）所示。

$$W_{ij}(t+1)=W_{ij}(t)+\eta(t)[1-m_e(t)]\delta(t)+m_e(t)[W_{ij}(t)-W_{ij}(t-1)] \tag{9.51}$$

式（9.51）中，$W_{ij}(t)$为第t次训练第i层的连接权值；$\delta(t)$为第t次训练的负梯度；$\eta(t)$为第t次训练的学习速率；$m_e(t)$为第t次训练的动量因子，取值范围是[0，1]。在本例子中，对动量因子$m_e(t)$和学习速率$\eta(t)$进行自适应调整，其判决条件如式（9.52）和式（9.53）

$$m_e(t+1)=\begin{cases}0.95, & e(t)<e(t-1)\\0, & e(t)>1.1e(t-1)\\m_e(t), & e(t-1)<e(t)<1.1e(t-1)\end{cases} \tag{9.52}$$

$$\eta(t+1)=\begin{cases}1.15\eta(t), & e(t)<e(t-1)\\0.68\eta(t), & e(t)>1.1e(t-1)\\\eta(t), & e(t-1)<e(t)<1.1e(t-1)\end{cases} \tag{9.53}$$

式（9.52）和式（9.53）中$e(t)$为第t步的训练误差。这样一来，当修正的权值使训练误差变化率超过一定的范围（这里取 1.1）时，减小下一次网络训练的学习速率，并停止动量项作用，使网络不进入较大误差曲面；没超过该范围时保持上一次训练的学习速率和动量值，误差减少时提高学习速率。因此改进后的方法总能使网络以最大的学习速率进行学习和训练，改善 BP 神经网络性能。

3. 模糊神经网络设计

模糊模式识别容易获取由语言表达的专家知识，能有效地识别难以建立精确模型的系统，特别适用于数学模型未知的、复杂的非线性电路系统故障诊断；而 BP 神经网络具有并行处理和自学习的能力，能有效利用系统本身的信息映射任意函数关系，容错能力也很强。将两种故障诊断方法结合形成的模糊神经网络，充分发挥二者优点，弥补各自的缺点，极大地提高诊断系统的适应能力，非常适用于模拟电路的智能故障检测与诊断。

模糊逻辑与神经网络的结合主要有松散型结合、并联型结合、串联型结合 3 种方式，前两种方法需要建立模糊规则库。根据模拟电路特点，规则库难以建立。最容易的是，选择串联型结合方式，将各输入进行模糊识别分类之后，用神经网络代替模糊规则库，通过训练在网络中形成和存储模糊规则，实现规则和推理的一体化。经综合分析，本例设计了三层模糊神经网络模型。输入层无计算功能，与第一层的连接权值恒等于 1，即该层只起连接作用，将采样得到的故障样本信息（特征信号）直接传输至第 2 层。第一层为模糊化层，该层每个结点代表一个语言变量值，对输入层传递的信号选用不同的隶属函数进行模糊化计算，得出对应隶属度。本例根据需要选用正态型函数作为隶属函数为，即：$\mu(x)=\exp(-(x-a)^2/b^2)$，其中$a$为均值，$b$为相应的方差，$\mu(x)$在[0，1]区间进行分割。第二层为模糊推理层，每个结点代表一条模糊规则，其作用是用来匹配模糊规则的前提条件，计算出每条规则的适用度，该层相当于 BP 网络中的隐层，其输入为各种状态下各测试节点得到的特征信号经计算得出的隶属度，输出为各特征信号对应于各种故障原因的隶属度，网络的训练和学习均采用上述提到的改进 BP 算法，在误差的反向传播过程中，不仅对网络连接权值进行修改，对模糊算子中的补偿参数同样进行了修正。第三层为去模糊化层，该层将推理结论变量的分布型基本模糊状态转化为确定状态，给出确定的输出，相当于人工神经网络的输出层。输入层节点数与电路测试的节点数相等，假设诊断电路测试节点数为m，则输入层节点数也为m。模糊化层节点数对应于电路正常无故障时各个测试点电压信号的模糊集，因此模糊化层节点数也为 m。模糊推理层节点数 L 的选取最为复杂，通常根据经验和多次实验来确定的；由于该层采用的是 BP 神经网络，根据 BP 神经网络隐层节点数经验公式选取 $L=m+p$，p 为 1 ~ 10 的常数；去模糊化层节点数 n，根据电路的故障模式确定，假设诊断电路有 q 种故障模式，则输出节点数为 $n=q+l$，代表 q 种故障状态和一种正常状态。

图 9.3 为两级 RC 耦合模拟放大电路。电路的元件标称值均已在图 9.3 中给定，设定电阻容差为 5%，电容容差为 10%，超过容差值 50% 以下的故障称为软故障，其余为硬故障。

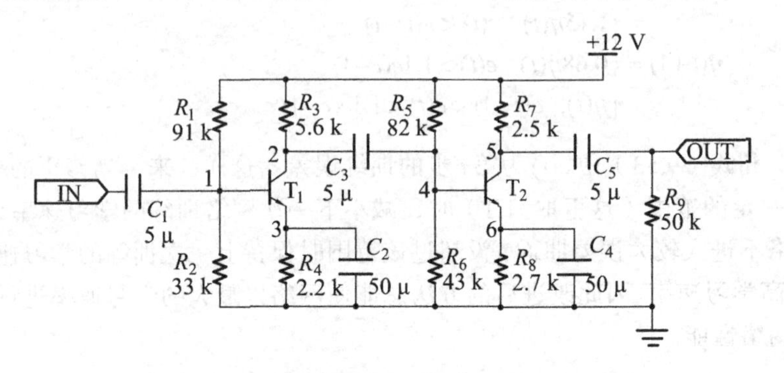

图 9.3　模糊神经网络诊断用模拟电路

为简化叙述，本例只考虑单一元件的故障诊断，选择 6 个节点作为电路的测试点（见图 9.3 已标注），开始前先用 EDA 软件对电路进行仿真，分析发现对这 6 个测试点比较敏感的元件有 C_3, R_3, R_4, R_7, R_8，人为设定 6 个故障状态：C_3 短路、R_3 偏大、R_3 偏小、R_4 偏大、R_7 短路、R_8 偏小，分别在各种状态下多次测试它们的电压值，并对设定的各种状态进行多次 MonteCarlo 分析，提取出参数生成各状态对应的特征向量，作为模糊神经网络的训练样本和测试样本，把它们建成故障状态表，如表 9.6 所示，作为训练样本，用以训练网络。将如表 9.7 所示 5 个作为测试样本，以验证诊断的正确性。

表 9.6　部分故障状态表（训练样本）

样本序号	电路状态	样本数据/V					
		V_1	V_2	V_3	V_4	V_5	V_6
1	正　常	3.027	5.987	2.379	3.918	8.992	3.265
2	C_3 短路	3.023	5.627	2.376	5.627	7.440	4.968
3	R_3 偏大	3.020	3.962	3.273	3.919	8.996	3.266
4	R_3 偏小	3.031	8.013	2.380	3.915	8.996	3.268
5	R_4 偏大	3.069	7.498	2.425	3.927	8.993	3.265
6	R_7 短路	3.027	5.985	2.377	3.838	12.01	3.286
7	R_8 偏小	3.023	5.987	2.377	3.919	8.033	3.199

表 9.7　部分故障状态表（测试样本）

样本序号	电路状态	样本数据/V					
		V_1	V_2	V_3	V_4	V_5	V_6
1	R_3偏大	3.022	4.494	2.376	3.919	8.992	3.266
2	R_3偏大	3.054	7.032	2.415	3.918	8.991	3.268
3	R_8偏小	3.026	5.988	2.375	3.916	7.392	3.149
4	R_7短路	3.027	5.987	2.377	3.924	11.73	3.276
5	正 常	3.021	5.946	2.372	3.906	8.883	3.257

在 MATLAB 软件环境下构建本实验的模糊神经网络结构如下：网络层数为四层，由于共有 6 个测试节点和 6 种故障模式，所以输入层和模糊化层以及输出层数分别为 6、6、7，模糊化层节点数经多次试验并结合经验取 10，即网络结构为 6-6-10-7。网络的训练算法采用前述的改进 BP 算法，设定训练误差为 0.001。为了加快网络的收敛性，将表 9.6 中的数据进行归一化处理，再利用 MATLAB 软件构建该神经网络，经 1 142 次训练之后训练误差达到所设定的误差，并且网络收敛性较好，训练的结果如表 9.8 所示，测试诊断结果如表 9.9 所示。

表 9.8 模糊神经网络训练结果

样本序号	电路状态	期望输出（$Y_1 \sim Y_7$）	样本数据/V						
			Y_1	Y_2	Y_3	Y_4	Y_5	Y_6	Y_7
1	正 常	1000000	0.999	−0.003	0.008	0.001	0.001	−0.006	−0.001
2	C_3短路	0100000	0.000	1.000	0.007	0.005	0.004	0.003	0.001
3	R_3偏大	0010000	0.007	−0.002	1.001	0.005	0.003	−0.001	−0.003
4	R_3偏小	0001000	0.006	0.001	0.003	0.998	0.003	0.004	0.008
5	R_4偏大	0000100	0.009	0.006	0.002	0.006	0.999	−0.003	0.001
6	R_7短路	0000010	0.004	0.005	0.007	0.003	0.008	0.999	−0.007
7	R_8偏小	0000001	0.001	−0.006	0.007	0.003	0.003	0.007	1.006

表 9.9 模糊神经网络诊断结果

样本序号	诊断输出							诊断结果
	Y_1	Y_2	Y_3	Y_4	Y_5	Y_6	Y_7	
1	0.002	0.005	1.000	0.005	0.005	0.009	0.006	R_3偏大
2	−0.003	0.005	0.003	0.007	0.999	0.005	0.005	R_4偏大
3	0.005	0.005	−0.005	−0.007	0.005	0.008	0.998	R_8偏小
4	−0.000	−0.002	0.001	0.002	0.003	1.002	0.002	R_7短路
5	0.992	0.009	0.004	0.002	−0.001	0.003	0.006	正常

由表 9.6 ~ 9.9 分析可知，将故障电路的特征信号参数输入训练好的神经网络进行诊断，能够快速定位故障元件，且诊断正确率极高（本例所选取的 5 个测试样本诊断试验中正确率

高达 100%），证明该方法对模拟电路故障诊断是有效的。

9.5 本章小结

本章介绍了模糊理论基本概念和基本故障诊断方法，基于模糊理论对气象雷达进行了故障诊断。应用实例基于模糊信息融合，采用温度和电压双参量实现对模拟电路故障器件诊断，将模糊理论与神经网络技术结合，扩展了其在电路故障诊断中的应用。

参考文献

[1] 王立新. 模糊系统与模糊控制教程[M]. 北京：清华大学出版社，2003.

[2] 李东，陈松林. 基于模糊集理论的某雷达发射机故障诊断与实现[J]. 安徽工业大学学报，2007，24（3）：305-308.

[3] 王玉鑫，贾宝惠，田正平. 基于模糊数学的民机机载气象雷达故障诊断[J]. 航空维修与工程，2011（5）：59-60.

[4] 陈东，吴文华. 模糊信息融合在电路故障诊断中的应用研究[J]. 工业仪表与自动化装置，2004（6）：21-22 + 51.

[5] 杨德沛，曾盛绰，刘莹莹. 基于改进的模糊神经网络模拟电路故障诊断[J]. 制造业自动化，2013（21）：65-68.

[6] 崔洪亮，李艾华. 基于模糊 BP 神经网络的模拟电路实时故障诊断[J]. 传感器与微系统，2008，27（1）：27-29.

10 航电设备故障自动化测试

10.1 自动化测试概述

1. 航电设备测试的自动化

随着航电设备朝着数字化、自动化、智能化方向的高速发展，最新的通信、电子、计算机技术大规模应用于航电设备，一方面大大提高了航电设备性能，另一方面也对航电设备的测试、维修提出了更加严峻的挑战。在传统的维修模式下，要完成设备检测、故障诊断和实际修理需要配备大量的专用、通用测试设备与有资质的维修人员。在没有自动测试系统的情况下，依靠维修人员借助万用表、示波器等测试设备，也能完成航电设备的维修工作，但这种方式有时效率较低，对维修人员专业知识水平要求较高。另外，在航电设备电路板的使用过程中，会经常碰到这样的情况：刚返修回来的电路板，由于没有相关测试平台对其长时间运行考验，稳定性较差，运行几天后再次出现故障，不得不返修，既耽误时间，又耗费资金，还严重影响飞行训练任务的完成。因此，自动化测试系统的智能化、自动化和强大的数据处理能力，除了帮助维修人员快速进行性能测试外，故障定位，从而解决人工手动测试所用仪器烦琐，操作不便，自动化程度低、耗时长等问题，还能对维修板件装机前长时运行测试，确保电路板性能、质量稳定可靠。

2. 航电设备自动化测试内容

航电设备自动化测试内容，主要包括功能测试与性能测试两大部分。功能测试主要包括电路板各通道测试，其特点是测试时间快，是最基本的测试内容，全部测试项都能在自动测试系统上独立完成；性能测试主要是电路板长时间运行测试，该项最为关键且耗时最长，通过分析记录数据了解电路板的性能及质量。

3. 自动化测试的软硬件系统

为了达到航电设备自动化测试目标，需要依次开展如下工作：被测板测试需求分析、自动化测试系统方案制订、自动化测试系统硬件设计及制作实现、自动化测试系统底层驱动和上位机软件设计、自动化测试软件设计、硬件调试和测试实践。

自动化测试系统硬件的组建，首先要做硬件需求分析，包括测试需求、维护需求、操作需求和运行环境需求。在详细分析系统功能和工作原理的基础上，测试需求定义所需信号的种类、范围和精度要求，同时考虑某些信号参数实现的技术途径；维护需求定义包括系统结构与布局，测试仪器的选择与替代品的考虑，测试设备的计量校准要求等；操作需求定义操作人机接口布局、上电断电顺序、应急保护等；运行环境需求定义测试系统的运行环境温度、湿度、通风、供电、供气等。在满足测试信号指标的前提下，通常体积大小和费用因素决定测试仪器是采用 IEEE 488 总线、VXI 总线或二者的混合总线。程控电源系统一般选用成熟可靠的总线产品，而高密度的检测、激励资源和开关系统选择 VXI 总线产品往往性价比更高。由于各仪器厂商定义的产品参数和规格并不统一，因此需要清楚了解仪器的工作原理和参数指标，做出性价比最优的测试仪器选择方案。

自动化测试系统硬件选型中，控制器选型是关键，有嵌入式控制器和外置控制器之分。如 VXI/PXI 主机箱中的 0 槽控制器属于嵌入式控制器，具有集成化程度高、体积小、数据传输率高的优点，适合于便携与要求实时测试的应用场合。而外置控制器不受 VXI/PXI 主机箱物理结构的限制，选择灵活，系统互换性好，系统升级和维护都非常方便。取舍测试控制器的主要依据包括可供选择的软件操作系统、控制器的数据吞吐量、使用的难易程度、外形尺寸、配置灵活性、成本价格和技术支持等因素。

设计自动化测试系统的关键环节是测试资源与被测单元间的接口如何实现。一般分为专用接口和通用接口。专用接口是根据特定的被试件定制的，每新增加一个被试件都需要重新定制一个新的专用接口；而通用接口是所有连接操作都在通用接口上进行，可实现大量接口信号的快速交联，维护也方便。

4. 自动化测试系统的通用性

自动化测试系统软件即测试程序，每个被试件都有一种对应的测试程序。调用某一对应测试程序，可完成某一被试件特定的测试工作。自动化测试系统软件包括人机接口管理，权限管理，测试设备管理，测试接口管理，测试数据处理等工作。

自动化测试系统（ATS）的发展经历了从专用型向通用型的转变。目前自动化测试系统最大的特点就是其通用性，这种通用性使某一 ATS 上的测试程序集（TPS）可在另一型 ATS 上运行，并顺利完成被测装备（UUT）测试及故障诊断。通用 ATS 注重采用公共的测试资源去适应不同的测试需要，可以大大提高 ATS 的测试覆盖范围，提高系统间的兼容能力，通用性设计还可以充分利用测试资源，降低维修费用。

通用自动化测试系统硬件设计原则就是使自动测试装备（ATE）本身资源配置最大化，能够覆盖各种电路板的测试需求。不同类型电路板的测试需求差别很大，系统硬件平台的搭建需要根据自动测试设备情况及模拟机被测板的测试需求，在费用合理、系统规模合理的情况下求得板卡测试需求并集，配以相应的可扩展的测试模块及其他设备。由于航电设备电路板种类的多样性，要做到绝对的通用性比较困难。但对同一机型而言，由于它们大多采用统一的接口方式，通过规范信号接口、开关系统及开关系统与被测板的连接，通用标准还是能够实现。

自动化测试系统的通用硬件平台主要功能是完成对被测电路板测试向量的发送、响应信号的采集、与被测电路板之间的接口、各个通道的开关切换等功能。硬件平台包括：测试控制器、激励资源（信号发生器）、检测资源（测试仪器）、开关切换系统与信号接口装置。测试控制器实现自动测试系统中各种激励资源、检测资源和开关系统的自动配置，并决定其工作方式、状态、功能和参数，控制测试信号的通道选择与切换。测试系统与被测单元的信号交联则通过信号接口装置实现。

测试信号接口转接策略。测试系统的测试信号必须与被测通道一一对应连接。信号如何转接到被测板，测试信号与对应被测通道采用何种接口方式连接，才能保证测试系统内部电缆连接有序，信号端口接插方便，防止误操作，是保证操作人员操作方便的关键。为了实现系统的通用性，测试装置上的测试接口需采用针对多种被测板的通用接口，测试资源不直接与被测板相连，而是通过连接器—适配器结构实现。连接器连接测试资源，适配器连接被测板件，适配器和连接器之间通过插座接口实现互连。检测不同的电路板只需更换相应的接口适配器即可完成硬件连接配置。

开关切换系统的通用性。之所以在自动化测试系统中设计开关切换硬件接口系统，主要是考虑到资源的配置最大化，减小自动测试系统的体积，提高其集成度和通用性。可以说只有配备开关切换系统和接口适配器，将被测试板与自动测试控制系统隔离，才能真正意义上达到整个自动测试系统的通用性。开关系统是测试系统中信号连接的枢纽，其可靠性是自动测试系统设计成败的关键之一。就航电设备电路板自动化测试而言，其开关系统的选取要根据电路板的种类和参数，根据不同信号、电压等级和电流的承载能力等选取相应的开关（功率开关、模拟量开关、数字量开关等）。其次，采用模块化可扩展的开关系统结构，不仅可以方便地扩大开关系统规模，而且可以使开关系统向上兼容，有助于实现测试系统 TPS 的可移植性和互操作性。考虑到被测板的日后升级换代，测试系统设计需考虑如何做最小的改动满足测试要求，便于系统的扩展，增强通用性，这些均取决于开关系统的通用性设计。

自动测试系统软件设计及其通用性策略。软件的可移植性与互操作性和虚拟仪器的可互换性是测试系统实现通用性的重要方面。为了实现上述功能，必须建立标准的软件接口，它是一套封装了虚拟仪器具体功能细节，对外提供标准功能接口的函数库和配置工具的软件包。软件接口是提供信息共享、信息交换的统一接口，可以实现测试过程虚拟资源到真实资源的映射。软件接口标准化的研究是实现系统软件通用性的关键技术。为了实现测控软件的通用化，首先软件要与硬件系统结构相适应，根据硬件系统的结构特点制定软件涉及的数据结构，其次考虑软件结构，实现测试软件的各种功能。就航电设备而言，其电路板种类可分为数字量输入通用底层驱动功能接口、数字量输出通用底层驱动功能接口，模拟量输入通用底层驱动功能接口、模拟量输出通用底层驱动功能接口等，具体调用哪个驱动模块操作视接口的连接而定。接口的核心是仪器控制、接口映射及状态缓存，其主要任务是将测试流程所描述的功能映射为具体的控制过程。

通用底层驱动功能接口可分为功能层、逻辑层、仪器操作层、接口配置文件及接口配置工具五个软件设计技术。基于底层功能接口技术的测试软件开发方案的主要思想是：在测试流程与具体仪器之间建立功能接口，将仪器控制与测试程序完全隔离，即测试流程面向板件接口信号，不进行直接面向仪器的操作。采用该种技术，可以有效实现测试程序集的可移植性和测试仪器的可互换性，从而实现自动测试系统的通用性。对相应的测试仪器进行封装，是实现测试系统通用性必不可少的步骤。对测试仪器的封装又分为两种：对开关资源的封装及对测试仪器的封装。开关资源的封装主要为了自动实现测试通道的切换、控制相应的通道自动连接和断开。测试仪器的封装要考虑模拟机板件的种类属性，虽然测试任务千变万化，但不论多么复杂的测试系统，其测试信号的种类是有限的，主要包括直流电压、交流电压、电流、频率等。在建立仪器控制函数的基础上，进一步封装测试功能通用函数，供测试程序调用，即可完成测试程序的可读性及可移植性。按此方法可完成对大部分常见信号的封装，使系统实现面向信号的软件平台，从而实现系统的通用性。

测试诊断软件采用模块化、通用化的思想设计，主要包括自检软件、自动测试软件、故障诊断软件、数据库管理软件等。自检软件在系统上电后完成硬件资源检测、系统状态检测和故障自动定位。自动测试软件根据数据库存储的系统参数，设置工作方式、测试内容等，然后通过驱动程序控制相关的硬件资源（如开关系统、信号激励源等），完成仪器的激励产生和测量任务，并采集测得数据，进行分析处理并显示出来。

系统的故障诊断可采用专家故障诊断的方法。计算机采集被诊断对象的信息后，综合运用各种规则（即专家经验），进行一系列的推理，专家诊断系统由实时数据、诊断知识库、故障诊断软件组成。

数据库管理软件实现对系统参数库、测试数据库和诊断知识库的数据操作和管理。系统参数库包括激励源、虚拟仪器模块、程控电源及接口资源等系统资源正常工作所需的参数，以及在进行被测板的诊断时，系统进行必要的初始化所需的参数。实时数据库是一种动态数据库，存储实时监测到的设备工作状态以及从设备各测试点采集的电压、电流等信号经过处理后的特征值，作为故障诊断的原始依据。信号知识库存储各测试点在无故障情况下的信号特征值，作为故障判断的标准。规则库存放一组规则，反映电路板出现故障或者工作正常的因果关系，是进行推理和故障诊断的基础，由诊断程序调用进行故障诊断。规则库编写质量的高低，直接影响到测试效率的高低及诊断的准确度。

除了底层驱动程序、测试程序外，为用户提供交互式的操作界面，也是自动测试系统必不可少的关键环节。为了提高自动测试软件界面的通用性，应采用组态技术使用户能根据自己的控制对象和控制目的任意组态，完成最终的自动测试工程。

10.2 FMC 自动化测试实例

本节 FMC 自动化测试如文献[2]所述，现将 FMC 结构与主要测试过程叙述如下。

飞行管理计算机（Flight Management Computer，FMC）是飞行管理计算机系统（Flight Management System，FMS）的核心组件。FMS 各组件、传感器、显示器由 ARINC 429 数据总线完成信息传递；FMS 完成飞行计划、性能管理、导航、制导以及数据管理的工作。FMC 从 FMS 的各传感器接收离散数字量，进行性能计算，得到飞行计划数据，再把这些信息（指令）以离散数字量的形式输出给执行机构。FMC 有机内自检设备（Built In Test Equipment，BITE），可快速诊断故障并向维护人员显示更换失效部件，这样的设计使 FMS 具有可靠性达 99.9% 的鉴排能力。

FMC 机箱前面板上有一个故障灯、一个试验电门、一个试验正进行灯、一个累计工作时间计时表，有的还有用于内场测试、检查、排故用的插座。在 FMC 后盖板上装有两个插座，用于连接电源和其他部件，传输数据。FMC 使用 115 V、400 Hz 单相交流电，工作时 FMC 内部电路要消耗多达 300 W 的电能，这些电能转变为热能，若不采取冷却措施，FMC 内部温度升高会引起电路工作不正常，甚至烧坏元件，需要采取强制空气通风等冷却散热措施。

1. FMC 功能

FMC 接收到来自各传感部件的信号后，经过各种形式的分析运算出精确的结果，最后用于控制自动控制系统、自动油门系统和对无线电导航系统进行自动调谐。FMC 内的计算功能可分为以下几部分：输入/输出，CDU，导航，性能，EFIS，制导，BITE 和监控。FMC 的功能框图如图 10.1 所示。FMC 内有 9 个 ARINC 429 发送机，为其他系统（如 CDU、EICAS、SG、GPWS、IRS、TMC、FCC、VOR、DME 等）提供数据；FMC 内有 36 个 ARINC 429 接收机，接收来自另一 FMC（包括 CDU、TMC、AFDS 控制板、EIFS 控制板、数据装载机、IRS、DME、VOR、ADC、油量表、ILS 和 EICAS 计算机等）的数据。

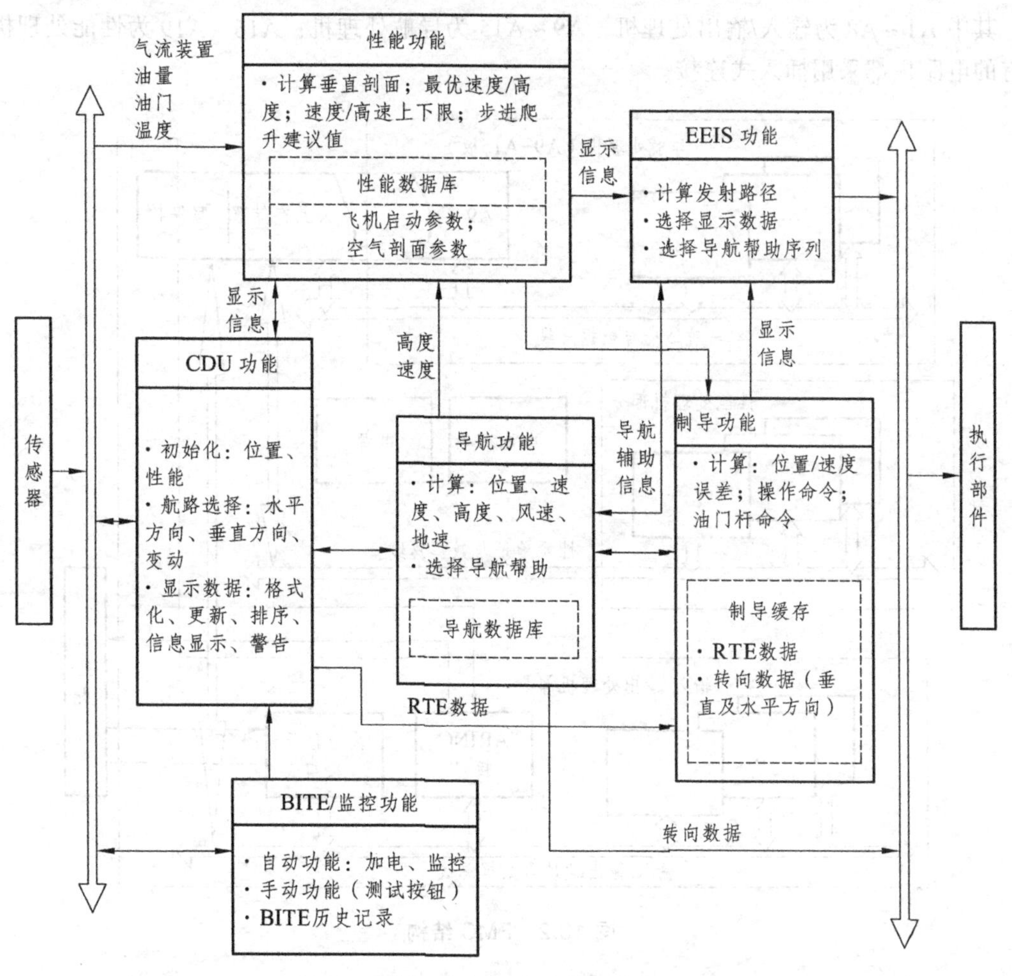

图 10.1　FMC 功能框图

FMC 导航功能用来计算飞机所在的位置、方向、距离、速度等参数，并对无线电导航设备进行自动调谐；导航数据库内包含飞机飞行区域的机场、航路点、导航台的地理位置、结构以及航路组成结构等数据。FMC 性能数据库包含对飞机纵向导航性能计算所需的有关数据，与飞机和发动机的型号有关；飞机的飞行纵向剖面管理，即飞机飞行的高度、速度、爬行、下降速度等，由 FMC 的性能功能实现。FMC 制导功能部分储存有实施航路的横向和纵向航段剖面数据，它计算飞机应该所在的位置，并和飞机实际位置进行比较，根据它们之间的误差产生操纵指令，加到 FCC 和 TMC，再由 FCC 和 TMC 产生实际的舵机指令和自动油门推力指令，操纵飞机保持在所要求的飞行剖面上；FMC 制导功能实现了对飞行路径的自动控制。电子飞行仪表系统（Electronic Instrument Flight System，EIFS）是飞机的重要显示部分，它选择、计算和发送显示数据到 EFIS 字符发生器；EIFS 所需的数据由 FMC 内部的导航、制导和 CDU 功能模块提供。

2. FMC 结构

FMC 是多微机系统，由三台微处理机和电池组件等组成，其结构如图 10.2 所示。三台微处理机分别是导航处理机、性能处理机和输入/输出处理机。这三个处理机共有 19 块电路板，其中 A1 ~ A8 为输入/输出处理机；A9 ~ A15 为导航处理机；A16 ~ A19 为性能处理机。所有的电路板都采用插入式连接。

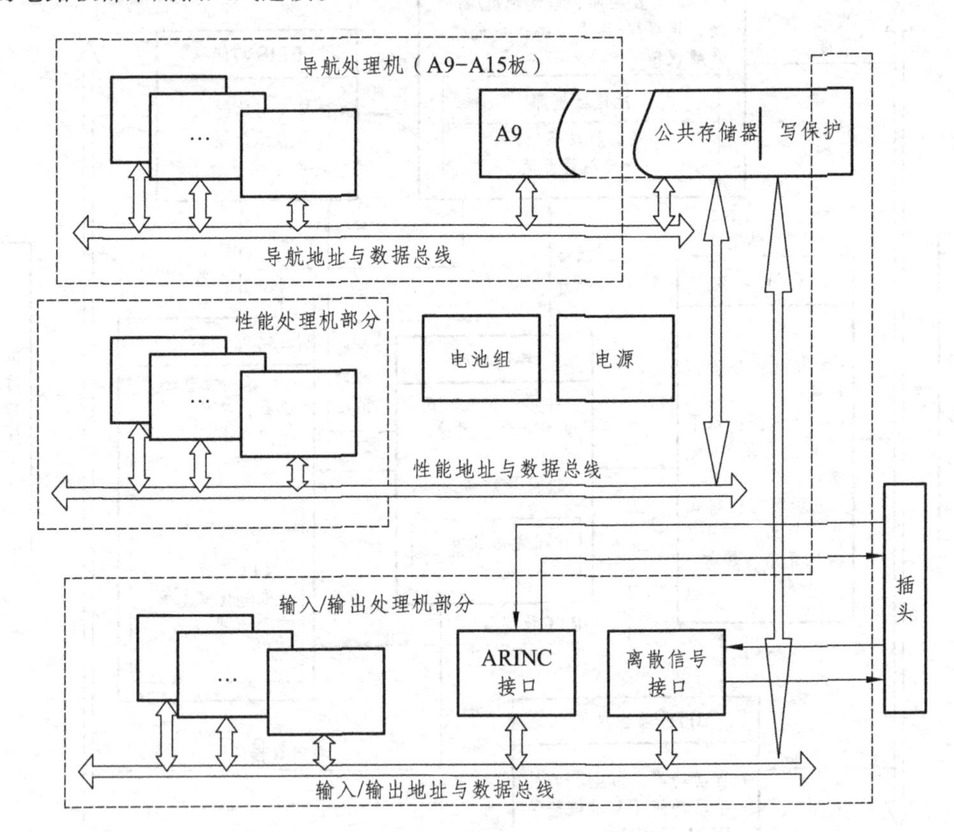

图 10.2　FMC 结构

1）输入/输出处理机

输入/输出处理机由 A1 ~ A8 电路板构成。

输入/输出处理机部分除了处理器、各种存储器之外，还有混合输入/输出装置、ARINC 控制器、ARNIC 接口、离散信号接口等组件；离散接口电路板 A1 板控制着 77 个输入离散信号和 4 个输出离散信号，并包含有一个 10 s 定时器；A1 板接收并调节 44 个飞机各系统的离散信号、35 个程序插钉离散信号、1 个环绕试验离散信号；A1 板输出离散信号中有 3 个分别输出至飞机各系统，1 个是送回到输入离散电路的环绕试验离散信号；A1 板 10 s 定时器用于在电源短时中断时计时，若中断在 10 s 以内，则不中断系统工作。

ARNIC 接口电路板 A3、A4 板为接收和发送 ARNIC429 格式的数据。ARINC 接收器有 6 个高速输入接收器和译码器，22 个低速输入接收器和译码器。ARNIC 发送器由 7 个高速编码器和发送器，5 个低速编码器和发送器组成。

ARINC 控制器 A5 板在输入/输出处理器和 ARINC 串行输入/输出通道之间提供一智能接口。沟通两者之间的通信，启动通道并监控 ARINC 输入/输出的工作。

混合输入/输出装置电路板 A6 板包括一实时时钟功能电路、一循环冗余码检查电路、一离散信号输入/输出寄存器、ARINC 中断锁存器、回路故障检测器及一个系统时钟。其中，实时时钟为一个 1 MHz 的 16 位二进制计数器，用以产生 50 ms 的定时脉冲送给三个处理机。循环冗余检查器电路有一个多项式产生器，当一个串行数据流输入后，它就产生一个循环冗余检查字，用于检查存储器的精确性。该项检查以存储器中每 1 024 个字为数据单位，每次通过一个字，当一组数据通过后，将循环冗余检查器生成的检查字与存储在存储器内的检查字相比较。导航和性能处理器本身具有循环冗余检查功能，不需专门装置冗余检查器。离散输入/输出寄存器为输入和输出各提供有 16 位的离散信号通道。ARNIC 中断锁存器负责输入/输出处理器和 ARNIC 控制器之间的通信。回路故障检测器用于确保程序的完整。系统时钟是一个频率为 20 MHz 的晶体振荡器，用于同步计算机各部件的工作。

电路板 A7 板含有输入/输出程序，该程序既包含指令又包含计算机所必需的固定数据。A6 板还包含有作为“便笺”的可读/写存储器，它含有 16 位、容量为 16 K 的高速随机存储器、地址输入缓冲器、数据输入/输出缓冲器及控制电路。

电路板 A8 板为输入/输出处理机板，它有地址输出接口、数据输入/输出接口、一个串行输入/输出接口、16 级优先中断、定时和控制电路；A8 板没有运算逻辑处理器，但它的寻址能力可以达到 512 K 字。

2）导航处理机

导航处理机由 A9 ~ A15 电路板构成。

电路板 A9 板含有保护便笺存储器，该存储器为字长 16 位、容量为 48 K 字的非易失性随机存储器，A9 板上存储器为全局存储器。此外，该板上还有地址输入缓冲器、数据输入/输出缓冲器和控制电路等。

电路板 A10、A11 板内也含有导航数据库。每一块组件由字长 16 位、容量为 48 K 字的写入保护非易失性随机存储器（NVRAM）、地址输入缓冲器、数据输出缓冲器和控制电路等组成。

电路板 A12 板是易失性读写存储器，用作导航处理机的“便笺”。此组件板内有字长 16 位、容量 32 K 字的高速随机存取存储器（HS RAM），地址输入缓冲器，数据输入/输出缓冲器和控制电路。

电路板 A13 板是导航程序存储器，这个程序既包含指令又包含计算机所必需的固定数据。存储器包含有 320 K 字的 16 位电可编程只读存储器（EPROM），地址输入缓冲器，数据输出缓冲器及控制电路。

导航微处理器由 A14、A15 板两块电路板组成，其中含有一个 16 位的运算器和逻辑部件，一个 24 位的复合元件，地址输出接口，数据输入输出接口，一个串行输入输出接口，16 级优先中断以及有关的定时和控制电路。

3）性能处理机

性能处理机由 A16～A19 电路板构成。

电路板 A16 板为暂记存储器，包含有作为“便签”的易失性存储器，它含有 16 位、容量为 16 K 的高速随机存储器，地址输入缓存器、数据输入/输出缓存器及其控制电路。

电路板 A17 板为高速暂记存储器，包含性能程序存储器，这个程序既包含指令又包含计算机所必需的固定数据。存储器包含有 16 K 高速暂记存储器，48 K 或 96 K 字的 16 位电可编程半导体只读存储器，地址输入缓冲器，数据输出缓冲器及控制电路。

电路板 A18、A19 板为双冗余的性能微处理器。性能微处理器控制和协调所有导航部分元件的工作，它在系统的各部分有序地传输性能信息。性能处理机部分能与位于 A9 板上的全局存储器相连。

FMC 内的三个相互独立的微处理机（输入/输出处理机、导航处理机、性能处理机）分别具有不同的总线结构，它们之间通过全局存储器（Global RAM，在电路板 9 板上）及处理机之间的中断进行通信。FMC 组件的复杂性和微处理机间通信的复杂性决定了 FMC 测试的复杂性和难度，决定了对其自动测试设备 ATE 的高要求。

3. FMC 测试方法

FMC 测试采用白盒法。测试者需要了解 FMC 内部结构，“打开”其内部，然后根据各部分的结构和特性，按一定的测试顺序分别执行测试。FMC 测试步骤，采用由内核到外围步骤。测试从内核 CPU 逐步展开，由点到面，逐步扩大到外围。第一步从 CPU 的伪代码 BIT 自检开始进行指令测试；第二步测试 RAM；第三步测试保存有一些重要计算机程序和数据的 EPROM；第四步测试各部分之间的通信功能，即通道测试；第五步测试各种输入/输出离散量；第六步测试各功能电路；第七步测试各种辅助电路和辅助功能。另外还要考虑 FMC 内含有导航、性能、输入/输出三个处理机之间的联系和主从关系，自动化测试还必须满足 FMC 测试手册和机务维修手册的具体要求。

FMC 测试项目简述如下。

（1）电源检查。检查 FMC 内 6 种直流电电压值是否在规定范围内。

（2）故障史显示测试。飞行故障史存储在 FMC 导航数据库的 EPROM 里，该项测试的主要工作就是将故障史数据从待测件中取出，传输到测试台显示并记录。

（3）指令测试。性能、导航、输入/输出三台处理机都必须进行指令测试。首先由测试台向处理机发指令，然后查看处理机完成该指令的情况，若检查程序的结果与预知的正确结果吻合，则认为指令有效，显然，此项检查通过，也反映了 CPU 工作正常。

（4）CRC 硬件电路测试。该测试用于检查混合输入/输出板上的 CRC 校验硬件电路，将通过 CRC 硬件电路产生的 CRC 字跟存储在输入/输出处理机 EPROM 中的 CRC 检查字比较，两个字一致，则证明 CRC 电路板是好的。

（5）RAM 测试。人为设定一个检查字，依次向 RAM 各单元写入该字，再依次读取，将读出的字与写入的字相比较，若两者完全一致则检查通过。性能、导航、输入/输出三台处理机都要做 RAM 测试。电路板 9 板上的全局存储器主要由 RAM 构成，也要做 RAM 测试。

（6）EPROM 测试。测试时，把 EPROM 中的数据取出来，通过 CRC 校验算法得到一个或几个检查字，再与预先存储在存储器里的验证字相比较，若相等则检查通过。性能、导航、输入/输出三台处理机内的 EPROM 都需要做 EPROM 测试。

（7）ARINC 输入测试。包含 ARINC 输入通道数据测试和输入通道电压阈值测试。由测试台通过要测试的输入通道向 FMC 发一个预先设定号的测试字，FMC 检查是否能正确接收，发、收字一致，则测试通过。ARINC 通道还有一项重要的性能指标：截止电压，如信号电压值小于该截止电压的值，则不能被传输，故要做电压阈值测试。电压阈值检查方法仍为发、收检查字，此时采用经过衰减的电压值，即电压临界值（大约为 ± 7.5VDC）发送检查字，此时应仍能收到正常的发送结果则通过电压阈值测试。

（8）ARINC 输出测试。包含 ARINC 输出通道数据测试和输出信号特性测试。采用先发后收再验证的方法逐次检查每一 ARINC 通道。此时，发信号的应是 FMC，收信号的是主测试台。ARINC 输出信号特性测试，即检测每一输出通道传输波形的 9 种特性：频率、脉冲宽度、高电平上升时间、高电平下降时间、高电平电压值、低电平上升时间、低电平下降时间、低电平电压值、静态电压值。

（9）输入离散量测试。对每一个离散量的测试，先由测试台设置要测的离散量为高，其余为低，FMC 读取全部输入离散量的值，检验是否正确，输入离散量共有 73 个。

（10）输出离散量测试。输出离散量共有 4 个：FMC 故障离散量、CDU 消息源离散量、CDU 警告离散量和内部环绕离散离散量。先由 FMC 设置所有四个输出离散量的状态为逻辑 0，并读取其环绕到输入通道后的逻辑值，做比较判断，由测试台检查结果；然后，FMC 再置要测的输出离散量为逻辑 1，其余为 0，重复以上的环绕、读取、比较、判断的过程，再由测试台检查结果。

（11）微处理器之间中断测试。该项测试旨在检查处理机对处理机的中断及响应。三台处理机两两组合，共要进行 6 次，测试方法即为模拟处理机间收、发中断的过程：由申请中断的处理机发中断，接收中断的处理机清除中断锁存器，收到中断请求后给出回馈信号；由测试台实时监控两台处理机的工作情况，查看中断信号和清中断信号是否被正确地执行。

（12）导航数据库测试。该项测试包含数据库写保护测试、可编程篱笆测试和差错纠错测试。由于导航数据库内大量飞行信息是不能被轻易改写的，故设写保护测试，其测试方法为：使能导航数据库写保护离散量，导航处理机试写入导航数据库，检查导航数据库有否改变，如写入失败，则写保护电路是好的。导航数据库对数据的保护并不是绝对的，有时也允许人为的改动其中一部分数据。篱笆，就是在导航数据库中设置的障碍，篱笆之内部分，不能更动，篱笆以外部分可以改动。篱笆的“高低”，通过可编程篱笆电路实现。篱笆测试方法为：改变可编程寄存器的篱笆值，使能导航数据库写保护离散量，再由导航处理机试写入导航数据库，检查导航数据库有否改变，哪一部分有改变，从而检查篱笆是否有效。查错及纠错（Error Detect And Correction，EDAC）测试，主要检查输入/输出处理机检查软件重起和禁止功能。导航处理机确认全局存储器、导航非易失性存储器和导航数据库存储器是可读的。

（13）电池测试。FMC 内的电池主要用于保证非易失性 RAM 的持续工作。测试方法：导航处理机向四个不同的非易失性 RAM 区域写入测试数据，然后，测试台故意掉电 3 分钟，再由 FMC 查看测试数据是否有改变，如无改变，则证明电池组件正常工作。

（14）10 s 闪烁测试。10 s 闪烁就是指 FMC 正常工作时会遇到小于 10 s 的掉电情况，为此 FMC 在其内部设置了一个 10 s 计时器电路，通过判断掉电时间是否少于 10 s 来判断掉电原因是否为闪烁或假信号干扰。测试方法：掉电两次，一次掉电时间小于 10 s，一次大于 10 s，分别检查小于 10 s 离散量的输出状态，第一次它应无输出，即为逻辑 0，第二次它应被重置，即为逻辑 1。

（15）看门狗计时器（DMT）测试。看门狗计时器的作用就是查看 FMC 是否进入了一个死循环，一旦 FMC 进入了一个死循环，看门狗计时器超时，离散量 DMT FAIL 应被置为 1。测试方法：将看门狗计时器电路清零，检查 DMT FAIL 输入离散量，确证它为逻辑 0，即它被重置，这就表明清零成功；然后，由 FMC 故意设置一个死循环，测试台通过监控 ARINC 环绕输出离散通道的状况 1 秒，检查输入离散量 DMT FAIL 的状态，此时，它应为逻辑 1。

（16）软件号配置测试。FMC 中的软件部件号应有 4 个，三个处理机中分别有 4 个软件部件号，4 个号要匹配，该测试确证 FMC 软件部件号的正确性。测试要求三个处理机分别提取四个飞行执行程序（Operational Flight Program，OFP）中的软件部件号，另外，FMC 还从各个 OFP 中取出软件部件号的列表，包括：总的软件部件号及每个处理机的软件部件号。如果四个列表中的值有不同，将以总的软件部件号作为标准，以此判断各 OFP 软件部件号的正确性，这是因为：新型号软件的增加，只可能改变其 OFP 软件部件号，而不会改变总的软件部件号。

（17）FMC 手动测试。包含 FMC 故障灯测试、BIT 离散测试、计时显示器（Elapsed Time Indicator，ETI）测试。FMC 故障灯在 BIT 机内自检中将起到极大的提示及告警作用，FMC 前面板上还有一个故障灯测试按钮，输入/输出处理机点亮、熄灭 FMC 故障灯，测试台监控 FMC FAIL 信号是否为相应的逻辑值。再由操作人员按压、释放 FMC 故障灯测试按钮，同时查看 FMC 故障灯的状态。当操作人员按压自检按钮，输入/输出处理机读取自检开关输入离散量的逻辑值，该值应强制被置为 1。要求操作人员查看 EIT 的工作情况，主要是为了查看其 CRT 的显示功能是否完好。

（18）飞行执行程序（OFP）测试。该测试主要查看 FMC 能否进行 OFP BIT。测试方法：先断开离散量 TEST DISCERE，再由操作人员按压 FMC SELF TEST 按钮，强制待测件执行起动自测。测试台等待 60 s 后检查离散量 FMC FAIL 的状态。

FMC 自动化测试系统，如图 10.3 所示，测试台包含被测试件 UUT、UUT 适配器、固定适配器及系统、AC/DC 电源、ARINC429、波形分析器、数字表、FLUKE 万用表、多功能接口板、主控计算机、UPS 电源、打印机等，采用 VXI 总线作为测试系统总线连接各种测试设备，外接 FLUKE 万用表采用与原 FLUKE 设备相配的 GPIB 总线。

该系统是可编程自动化测试设备，它可模拟产生被测件所需的各种输入信号，如 ARINC 总线收/发送信号、数字离散量等，并通过计算机和与 VXI 总线的数据通信对被测件的输出信号或状态标志进行检查和测试，将被测件所带故障定位到电子线路板卡组件。系统软件采用 ATE 设计思想，用户可根据维修手册提供的测试步骤方便地选择各个不同件号的专用测试程序，并可有选择地执行全部测试程序或执行单个测试程序，因而该测试设备具有较高的自动化程度，较强的可维护性和较灵活的可扩充性。

FMC 自动化测试程序以结构化、模块化的设计思想进行软件设计与实现。结构化编程是函数块的形式，通过把一个软件划分成许多模块，每个模块完成各自不同的功能，尽量做到高内聚低耦合。主控软件由主程序和 26 个子程序模块构成，可以实现 FMC 所有测试的自动控制和测试结果分析及决策，主要包括下列模块：

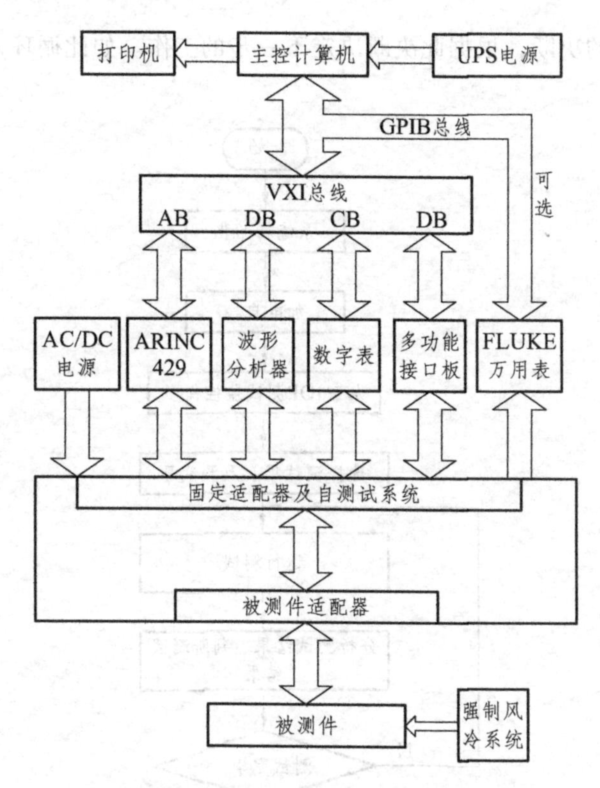

图 10.3　FMC 自动化测试系统结构

（1）处理机中断测试模块；
（2）CRC 硬件电路测试模块；
（3）处理机指令测试模块；
（4）GLOBAL RAM 测试模块；
（5）IOP/NAV/PRF EPROM 测试模块；
（6）IOP 和 NAV RAM 测试模块；
（7）数据库写保护功能测试模块和数据库可编程篱笆功能测试模块；
（8）查错及纠错 EDAC 测试模块；
（9）电池测试模块；
（10）提取 FMC 软件部件号测试模块；
（11）ARNIC 输入/输出通道测试模块；
（12）输入/输出离散量测试模块；
（13）电源检查模块等。

FMC 自动化测试主控程序流程如图 10.4 所示。主控程序首先要完成测试系统初始化，然后通过人机界面由机务维修人员输入待测件信息（包含 FMC 件号、系列号、设置号、服务通告号等 6 项信息），并根据测试手册要求及待测件状况作测试模式选择，然后系统开始按预定流程自动运行测试进程；首先，做加电自检，通过后根据用户先前选择的测试号逐个执行具体的测试，每运行完一个测试，将测试结果发送给测试台，再由主控程序诊断后决定测试是否通过，如遇致命故障终止测试进程，如遇非致命故障，可能会给出提示，要求操作人员做出“是否继续”的决断，根据此决断决定下一步的工作。如此循环，直至系统判断所选测试全部完成。

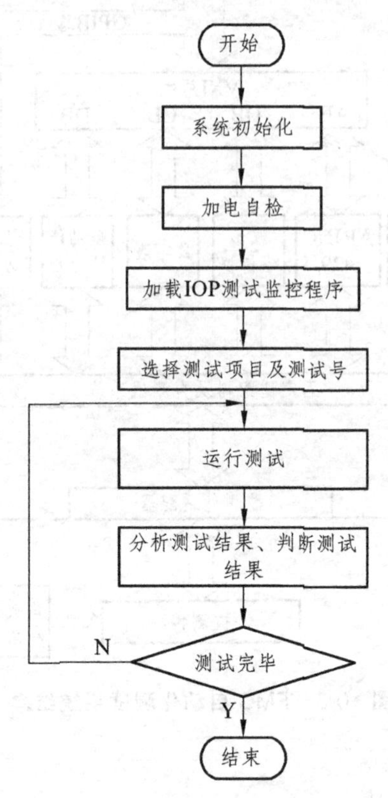

图 10.4　FMC 自动化测试主控软件流程

各项测试通过选择测试号进行测试，表 10.1 给出了测试号与测试项目之间的关系。

表 10.1　FMC 测试号与测试项目对应关系

测试号	测试项目	测试号	测试项目
1	故障史显示测试	1301	导航处理机指令测试
2	全局存储器 RAM 测试	1401	性能处理机 EPROM 测试
101	IOP 指令测试	1501	导航处理机 EPROM 测试
201	CRC 硬件电路测试	1601	性能处理机高速 RAM 测试
301	IOP 的 EPROM 测试	1701 ~ 1709	导航处理机 RAM 测试
401	IOP 的 RAM 测试	1801 ~ 1803	导航数据库测试
501 ~ 581	ARINC 输入通道测试	1901	电池测试
701 ~ 733	ARINC 输出通道测试	1902	10 s 计时器测试
801 ~ 973	输入离散量测试	1903	看门狗计时器测试
901 ~ 904	输出离散量测试	2001	软件设置测试
1101 ~ 1106	存储器之间中断测试	3001 ~ 3003	FMC 手动测试
1201	性能处理机指令测试	9001	OFP 的 BIT 测试

4. FMC 自动化测试项目举例

由于 FMC 自动化测试系统含有测试项目众多，下面仅选择部分自动化测试项目说明测试过程和结果评价。

（1）例子 1：电源测试。

FMC 内部有 6 种直流电压源，分别在 J2 口为 6 种直流电压源提供插针 J2-2 至 J2-8 作为外部测试点，各测试点的电压允许值范围如表 10.2 所示。

表 10.2 FMC 内部电源连接插针列表

插针编号	电压值/VDC
J2-2	+ 5.00 ± 0.25
J2-3	+ 15.0 ± 0.75
J2-5	− 15.0 ± 0.75
J2-6	+ 19.5 ± 1.50
J2-7	− 19.5 ± 1.50
J2-8	+ 28.0 ± 3.00

自动化电源测试过程比较简单，由测试台调用数字电压表（DDM）逐次测量插针的电压值，DDM 将测量值回传给测试台，查看是否在规定的的电压范围内，最后给出是否有故障信息。具体测试流程为：① 初始化设置；② 发控制指令给接口板接通 J2-8 针，调用 DMM 测量，比对测得电压是否在（ + 28.0 ± 3.00）VDC 范围内，若在范围内，显示“正常”；如果不在（ + 28.0 ± 3.00）VDC 范围内，显示“错误”信息；发控制指令给接口板断开 J2-8 针；③ 发控制指令给接口板接通 J2-6 针，调用 DMM 测量，比对测得电压是否在（ + 19.5 ± 1.50）VDC 范围内，若在范围内，显示“正常”；如果不在（ + 19.5 ± 1.50）VDC 范围内，显示“错误”信息；发控制指令给接口板断开 J2-6 针；④ 发控制指令给接口板接通 J2-7 针，调用 DMM 测量，比对测得电压是否在（ – 19.5 ± 1.50）VDC 范围内，若在范围内，显示“正常”；如果不在（ – 19.5 ± 1.50）VDC 范围内，显示“错误”信息；发控制指令给接口板断开 J2-7 针；⑤ 发控制指令给接口板接通 J2-2 针，调用 DMM 测量，比对测得电压是否在（ + 5.00 ± 0.25）VDC 范围内，若在范围内，显示“正常”；如果不在（ + 5.00 ± 0.25）VDC 范围内，显示“错误”信息；发控制指令给接口板断开 J2-2 针；⑥ 发控制指令给接口板接通 J2-3 针，调用 DMM 测量，比对测得电压是否在（ + 15.0 ± 0.75）VDC 范围内，若在范围内，显示“正常”；如果不在（ + 15.0 ± 0.75）VDC 范围内，显示“错误”信息；发控制指令给接口板断开 J2-3 针；⑦ 发控制指令给接口板接通 J2-5 针，调用 DMM 测量，比对测得电压是否在（ – 15.0 ± 0.75）VDC 范围内，若在范围内，显示“正常”；如果不在（ – 15.0 ± 0.75）VDC 范围内，显示“错误”信息；发控制指令给接口板断开 J2-5 针；⑧ 如果全部测试都“正常”，显示“电源检查已通过”，结束电源检查；如果某一个电压测试结果“错误”，直接显示某电源错误信息。

（2）例子 2：EPROM 测试。

导航、性能、输入/输出处理机的 EPROM 测试原理一样，将它们设计在一个模块里。EPROM 测试流程如图 10.5 所示：① 初始化设置；② 根据选择的测试号确认测试哪一个处理机的 EPROM，如果测试号为 1501，则测试导航处理机的 EPROM，设置电路板号，并命令执行 1501 测试程序；如果测试号为 401，则测试性能处理机的 EPROM，设置电路板号，并命令执行 401 测试程序；如果测试号为 301，则测试输入/输出处理机的 EPROM，设置电路板号，并命令执行 301 测试程序；③ 等待 16 s；④ 停止导航或性能处理机，获取测试结果；⑤ 如果测试结果为正确码，则对应测试通过，结束测试；如果测试结果为故障码，则获取故障地址，给出故障电路板，结束测试；如果测试结果是其他，给出故障电路板，结束测试。

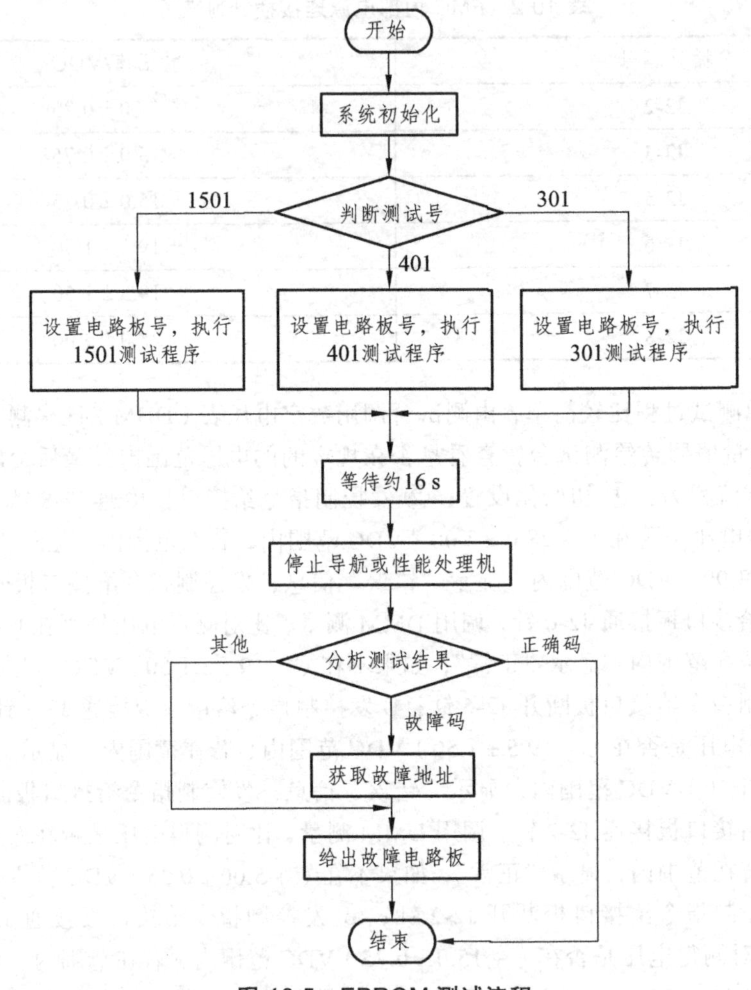

图 10.5　EPROM 测试流程

（3）例子 3：ARINC 输出通道测试。

ARINC 输出通道共有 11 条。测试同样要测试通道的畅通情况及输出信号的波形特性，测试号 701 ~ 722 测试测试通道的畅通情况；测试号 723 ~ 733 通过调用波形测量子程序测试 ARINC 输出信号的波形特性。其中，测试号 701 ~ 711 采用的测试字为$(\mathrm{OAAA\ A892})_{16}$，测试号 712 ~ 722 采用测试字$(1555\ \ 5492)_{16}$。其测试过程为：先由测试台命令 FMC 发送测试字，然后检查由 ARINC 输出通道得到的数据，将它和期待值比较，得出结论，如图 10.6 所示。还要注意：由于 ARINC 输出通道得到的数据是 ARINC 串行字，测试台需将其转换为并行字才能进行比较，转换方法是：将32位的ARINC串行字重新组装成并行字，将ARINC串行字1～8位“标识”组装到并行字字1的1～8位“标识”，将串行字30～31位“SSM”组装到并行字字1的9～10位“SSM”，将串行字第32位“P”组装到并行字字1的第11位“P”，将串行字9～13位“ID码”组装到并行字字1的11～15位“ID码”，完成并行字字1组装；将ARINC串行字14～29位“数据”组装到并行字字2的0～15位“数据”，完成并行字2组装。如图10.6的右边程序分支，测试ARINC输出信号特性，调用波形分析器硬件和波形分析子程序，检测每一输出通道传输波形的9种特性的实测参数值：频率、脉冲宽度、高电平上升时间、高电平下降时间、高电平电压值、低电平上升时间、低电平下降时间、低电平电压值、静态电压值；与标准值进行比对，判断输出波形有无问题，如果有问题给出故障信息；没有问题，则测试结束。

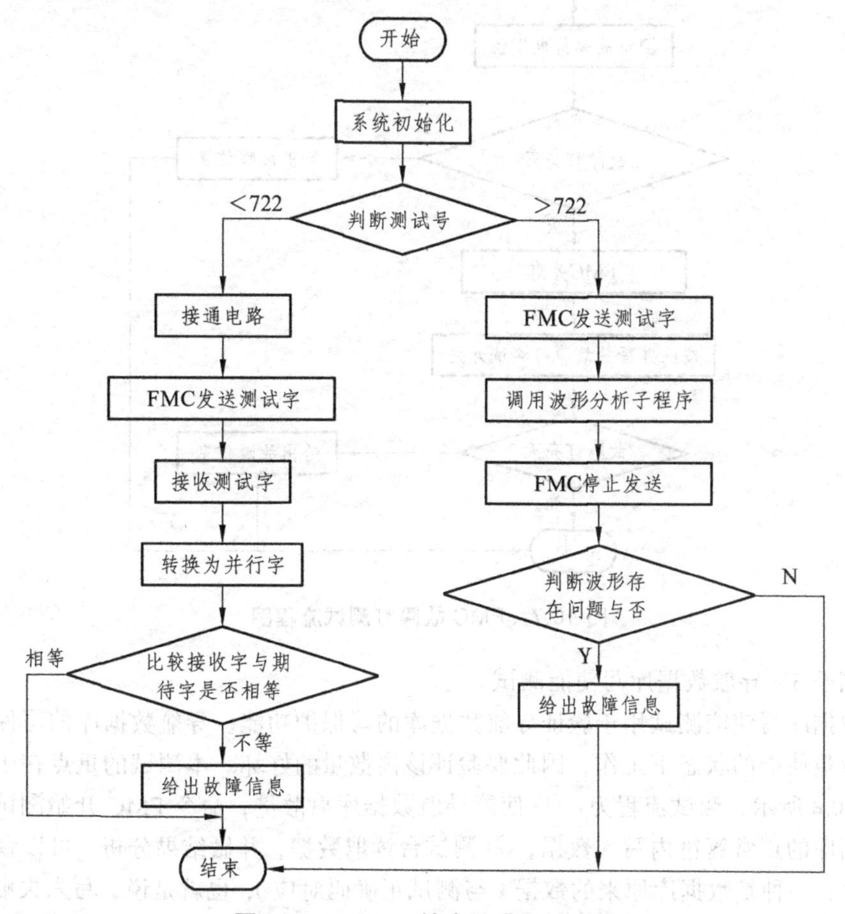

图10.6 ARINC输出通道测试流程

（4）例子4：FMC故障灯测试。

该测试检查前面板上的FMC故障灯电路。先由FMC控制FMC故障灯的亮灭再检查其手动功能。如图10.7所示，测试流程为：① 测试台指挥FMC关断FMC故障灯，同时测量故障灯电压值，并要求操作人员查看故障灯的状态，人工判断FMC故障灯是否灭，如果不灭，则给出故障信息退出测试；如果灭，则进行下一步测试；② 测试台指挥FMC点亮FMC故障灯，测量故障灯电压值，再次要求操作人员查看故障灯的状态，人工判断故障灯是否灭，如果灯不灭，则给出故障信息退出测试；如果灯灭，则测试台命令 FMC 关掉故障灯，进行下一步测试；③ 要求操作人员人工按压并释放 FMC 故障灯测试按钮，同时查看 FMC 故障灯的状态，人工判断 FMC 故障灯是否亮，如果不亮，则给出故障信息，如果亮，说明正常，结束测试。

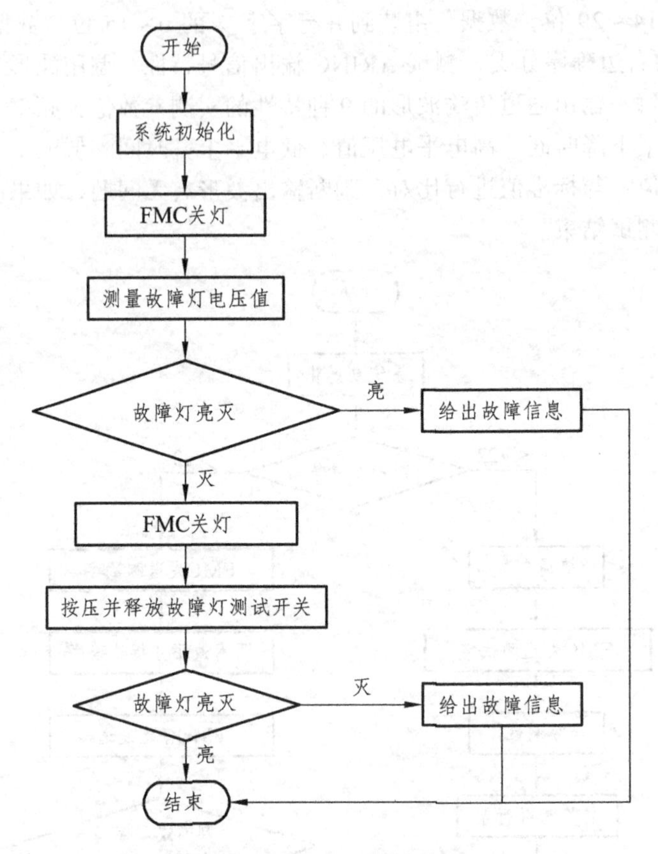

图 10.7 FMC 故障灯测试流程图

（5）例子 5：导航数据库写使能测试。

导航数据库写使能测试用于验证导航数据库的写保护功能。导航数据库的写保护功能在写保护离散量使能的状态下工作，因此要验证该离散量的好坏。本测试的重点在于其结果分析，如图 10.8 所示，测试流程为：① 使能导航数据库离散量，命令 FMC 开始测试，即试图向导航数据库的正常篱笆内写入数据；② 测试台读取数据，并做结果分析。可以预期的结果数据有两种：一种是数据库原来的数据（与测试正确码对应），也就是说，写入失败，测试通过；一种就是欲写入的那个数据（与故障码对应），这说明成功写入数据，写使能离散量故障，测量“写使能离散”电路电压值，如果电压值小于 2.4 V，显示“数据库写使能离散量故障”，并给出故障电路板；如果电压值不小于 2.4 V，显示“在写使能保护下能写入数据”，并给出故障电路板，这说明篱笆高度有问题。若结果为这两个预期值之外的数，则可能是因为有其他干扰使导航数据库没有接收到正确的命令。

另外，其他 FMC 自动化测试项目测试过程与上述过程类似。

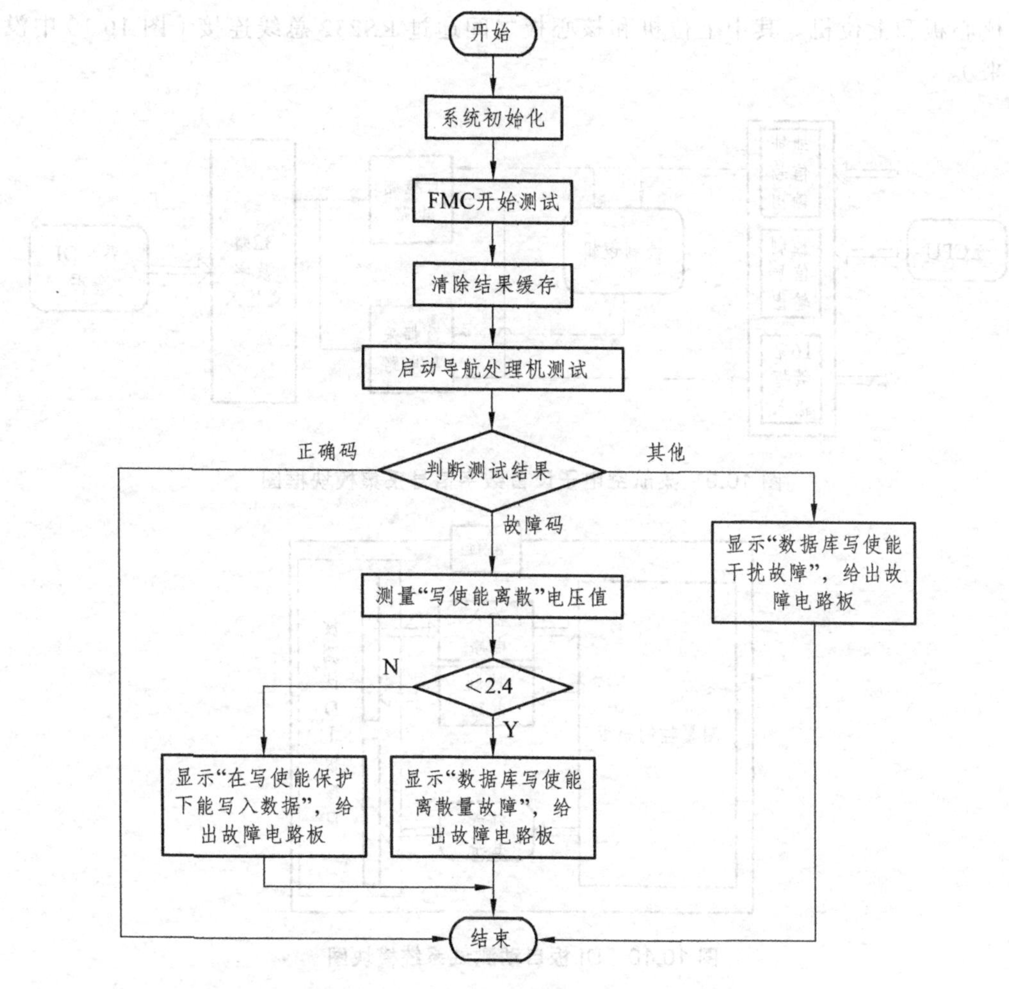

图 10.8　导航数据库写使能测试流程

10.3　航空数字电路板自动化测试实例

本实例中的自动化测试设备是针对某航电设备数字量输入电路板（以下简称为 DI 板）的专用自动化测试设备。该 DI 板为数字信号采集设备中若干数字量输入电路板的一块，由于该部件故障率较高，送修次数很多，而维修完毕在投入使用之前，需要通过功能性测试和性能测试，若人工进行，耗时太多，因此应用部门开发了专用的设备用于该电路板的自动测试。

DI 板为信号采集和处理系统的中间件，其所在系统的模块框图如图 10.9 所示，其中“32 路数字量输入”模块即本文所指 DI 板。该板在系统 CPU 的控制下实现 32 路数据的采集，并可以在控制下进行自检测。CPU 选通 DI 板需要 8 位地址，DI 提供 16 位接口，在高低位信号的控制下分两次实现 32 位数据的读取采集。

DI 板自动测试系统的结构如图 10.10 所示。完整的系统包括 DI 板件接口板、测试控制核心板和上位机。其中上位机和核心板之间通过 RS232 总线连接（图 10.10 中没有画出来）。

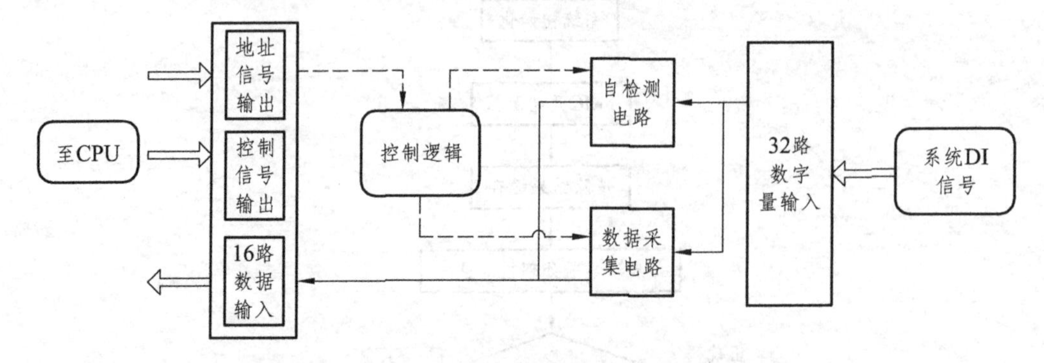

图 10.9 某航空电子设备数字信号采集模块框图

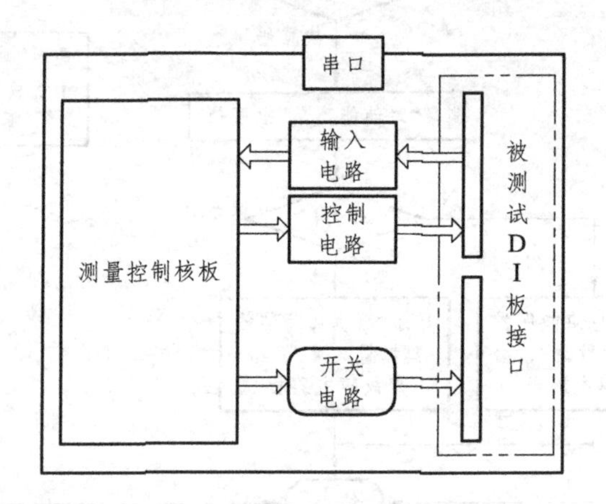

图 10.10 DI 板自动测试系统模块图

1. 测试控制核心板

采用 DSP＋FPGA 的控制结构，DSP 主要完成如下功能：

- 串口通信：负责与上层软件通信传输数据；
- 开关电路控制；
- FPGA 信号读取与输出控制；
- 逻辑信号的处理。

FPGA 为 DSP 的协处理器，主要完成如下功能：

- DI 信号的采集；
- 开关量信号的驱动；
- DSP 数据及地址信号接口。

从 DSP 发出控制信号经 FPGA 解码变换成所需的控制信号（各 DI 使能信号，逻辑电平定义等），从外部模拟高低电平，再经 FPGA IO 口测出 DI 电平，最终从 DSP 中读取各通道的数据。DSP 是整个系统的核心处理器，在上位机的控制下负责 DI 板的控制信号发出、激励信号发出及 DI 板输出信号采集等整个过程的实施，其工作流程图如图 10.11 所示。

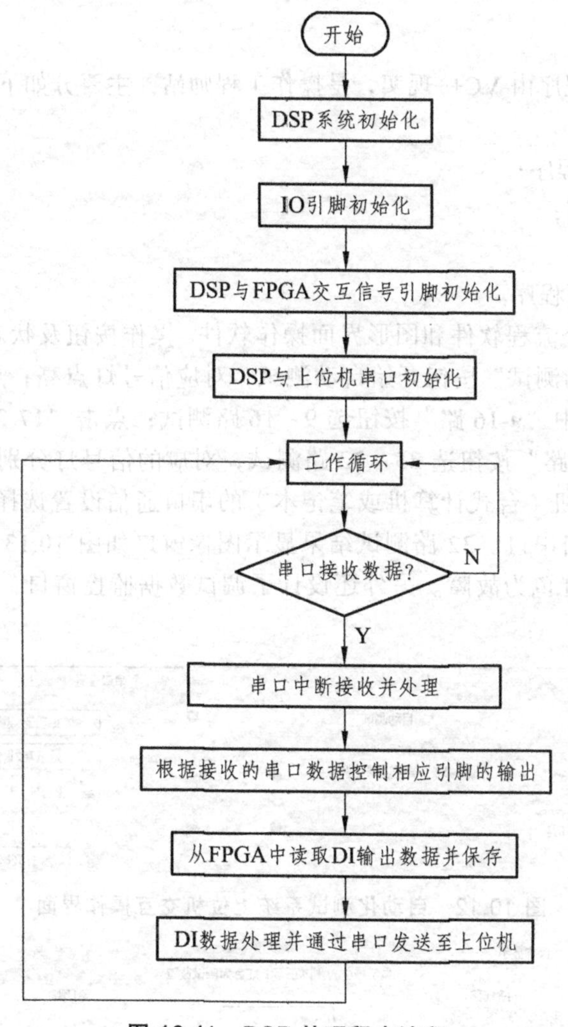

图 10.11 DSP 处理程序流程

2. DI 板件接口板

扩展接口板作为测试控制核心板与被测 DI 板的接口板，主要完成如下功能：

- 与核心板对接；
- DI 信号调理；
- 开关量电路；
- 被测试板的逻辑接口处理；
- 被测试板的物理接口；
- 与上位机的通信接口。

DI 板上有两个 72 端口的接口卡槽，自动测试系统中的 DI 板件接口板上对应位置上设置了匹配的金手指接口用于固定对接 DI 板。扩展接口板加核心处理板的设计使得该自动测试系统可以方便地扩展到其他不同接口和功能的板卡上，只需要更换相适应的扩展接口板即可。在该自动测试系统中，接口板上设计了 24 V 电平到 5 V 电平的转换电路，以匹配 DI 板上 24 V 电平信号与 CPU 的 5 V 电平。

3. 上位机

上位机人机界面程序由 VC++现实，是操作工程师站，主要分如下几部分程序：

- 通信程序；
- DI 数字量处理程序；
- 开关量输出程序；
- 流程控制程序；
- 人机交互及界面程序。

上位机交互软件分流程软件和图形界面操作软件。操作按钮及状态设置界面如图 10.12 所示。点击图中“自动测试”按钮开始自动测试，对应信号灯点亮；点击“1-8 路”按钮选 1～8 路测试；点击图中“9-16 路”按钮选 9～16 路测试；点击“17-24 路”按钮选 17～24 路测试；点击“25-32 路”按钮选 25～32 路测试，对应的信号灯分别点亮。另外界面右下角设置有 DSP 与上位机（台式计算机或笔记本）的串口通信设置选择按钮，用于输入串口号、设置波特率、开启串口。32 路测试结果显示图像窗口如图 10.13 所示，进行通过性测试时，绿色为正常，红色为故障。另外还设计了调试数据监控窗口，用于源数据的监控，便于程序调试。

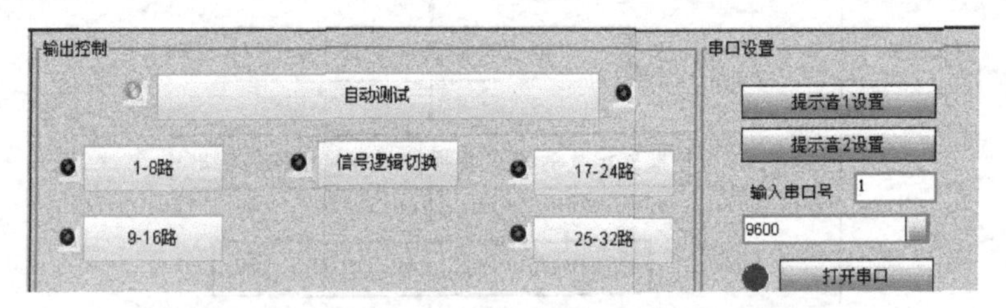

图 10.12　自动化测试系统上位机交互操作界面

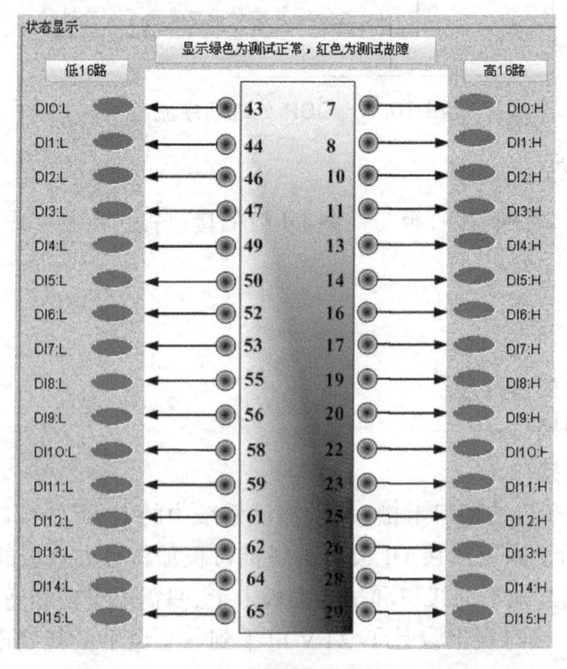

图 10.13　自动化测试系统测试结果界面

4. 实际故障测试步骤

根据被测 DI 电路板的测试要求，需对硬件作如下内容的测试：4 路 DO 输出测试；16 路 DI 输入测试；RS232 串口测试。下面以 4 路 DO 输出测试，说明测试的过程。

对 DSP 引脚进行 IO 初始化，均配置成输出，如表 10.3 所示。

表 10.3　4 路 DO 输出测试 IO 初始化配置表

序　号	信号标识	对应 DSP 引脚	功　能	备　注
1	DO0	116，GPIOA11	1 组 8 路 DO 信号控制	配成输出
2	DO1	107，GPIOA9	2 组 8 路 DO 信号控制	配成输出
3	DO2	109，GPIOA10	3 组 8 路 DO 信号控制	配成输出
4	DO3	106，GPIOA8	4 组 8 路 DO 信号控制	配成输出
5	H/L Logic	122，GPIOA13	高低逻辑控制	配成输出
6	CHN Choice	124，GPIOA15	高低 16 位数据切换	配成输出

串口波特率“9600”；上位机发送信息如表 10.4 所示。

表 10.4　上位机发送信息表

位号	第一字节	第二字节	第三字节	第四字节	第五字节	第六字节
符号	DO0	DO1	DO2	DO3	Logic	CHNchoice
值	0/1	0/1	0/1	0/1	0/1	0/1
含义	控制第 1 组值	控制第 2 组值	控制第 3 组值	控制第 4 组值	信号逻辑切换	高低 16 位 DI 数据采集切换

表 10.4 中 DO0 ~ DO3 符号表示：上位机发“0”表示在被测 DI 板的 24VDI 输入口的同一组通道（8 路）上全加 24 V 电平；发“1”表示在被测 DI 板的 24VDI 输入口的同一组通道（8 路）上全加 0 V 电平，该信号完成激励信号的输入/输出控制。Logic 符号表示：发“0”时，DSP 读取的值是正逻辑；发“1”时，DSP 读取的值是负逻辑；CHNchoice 符号表示：发“0”时，DSP 读的是低 16 路 DI 的值；发“1”时，DSP 读取的是高 16 路 DI 的值。上位机接收数据如表 10.5 所示。

表 10.5　上位机接收信息表

	第一个字节	第二字节
符号	DIdata：H	DIdata：L
含义	DI 数据高 8 位	DI 数据低 8 位

当 DI 板工作正常时，测试信号和测试结果应符合表 10.6 所示对应关系。

表 10.6　测试信号和测试结果的对应关系（正确）

含义	通道集 0	通道集 1	通道集 2	通道集 3	逻辑	高低 16 选择	测试结果	
符号	DO0	DO1	DO2	DO3	Logic	CHNchoice	DIH	DIL
实验结果	00	00	00	00	00	00	FF	FF
	01	00	00	00	00	00	00	FF
	00	01	00	00	00	00	FF	00
	00	00	01	00	00	01	00	FF
	00	00	00	01	00	01	FF	00

如果输出信号和输入激励的关系不符合上表，即可推断设备存在故障。

测试过程中，数字信号判断是逻辑“0”的电压范围是 0 ~ 1.7 V，判断是逻辑“1”的电压范围是 3.3 ~ 5.0 V，其他电压值则判定为“不定”，这时需要定位故障单元查找原因。

以前对 DI 板采用人工测试，测试全部功能和性能耗时很长，另外还会经常碰到这样的情况：刚返修回来的电路板，由于没有相关测试平台对其长时间运行考验，电路板稳定性差，运行几天就又出故障，这样不得不再次返回维修，既耽误时间，又耗费资金。当 DI 自动测试系统研制成功后，可以按照程序编制对待修理的 DI 板进行自动多次测量，经成百千次测试，修理后的 DI 板功能测试完全通过，性能测试也达到稳定状态杜绝了新修理的 DI 板运行几天就又出故障的情况，确保航电设备维修质量的可靠性。

10.4　本章小结

本章介绍了航电设备自动化测试系统组成结构，硬件和软件需求分析和实现方法，强调自动测试系统通用性设计优势。以飞行管理计算机和航空输入/输出电路板为目标，详细讲解了自动化测试系统的测试需求，测试系统硬件选配方法，软件配置方法，详细的测试项目，测试过程和测试结果判定标准，并给出了自动化测试系统工程测试实例。

参考文献

[1] 何宝民，吴明辉，李文海. ATE 系统在航空装备全寿命过程中的应用[J]. 电子测量技术，2009，32（11）：130-132.

[2] 石贤敏. ATE8000 自动测试系统主控软件设计与实现[D]. 西北工业大学硕士论文，2001.

[3] 郭素敏，徐克宝，苏春建，等. 通用数字电路板自动测试系统设计[J]. 计算机测量与控制，2014，22（7）：2040-2042.

11 甚高频通信导航设备故障诊断实践

甚高频（VHF）无线电系统主要指工作频率在 108.00 MHz ~ 136.975 MHz 的无线电系统，主要由甚高频通信系统、仪表着陆系统（ILS）、甚高频全向信标系统（VOR）组成。机载甚高频无线电设备主要用于飞机地空通信、飞机与飞机之间通信、飞机航路导航及机场着陆导航。机载甚高频是飞机常用航电设备，对于保障飞机安全飞行具有重要作用。由于甚高频信号只能以直达波的形式在视距内传播，所以它的有效作用范围较短，并受飞行高度的影响，为保障甚高频通信的高度可靠，民航飞机上一般都装有 2 套或 3 套甚高频系统。

甚高频通信系统采用半双工信道通信工作方式，调制模式为双边带调幅（DSB-AM），通信频率工作在 118.00 MHz ~ 136.975 MHz，频道间隔 25 kHz（欧洲国家使用 8.33 kHz），有 760 个频道，其中 121.500 MHz 定为遇难呼救频道。VOR/LOC 导航接收机工作频率为 108.00 MHz ~ 117.95 MHz，频道间隔 50 kHz，有 200 个频道。GS 下滑导航接收机工作频率为 329.15 MHz ~ 335.00 MHz，频道间隔 150 kHz，有 40 个频道。甚高频通信导航系统工作于飞机放飞、航路、近进、着陆进入机位的全过程，是保障飞行的重要机载航电系统。

11.1 甚高频通信导航收发机系统结构

如图 11.1 所示某型甚高频通信导航收发机是 Bendix King 公司出品的一款集成了通信收发机、ILS 导航接收机、VOR 接收机的多功能收发机，被广泛加装于多种通航飞机上用于机载通信导航。该收发机系统结构主要由控制显示部分、通信收发机、导航接收机、主板、下滑接收机构成。

（1）控制显示部分。设备显示器选用气体放电型显示数码管，可显示通信、导航频率及 VOR 方位信息等四个显示区。显示控制面板图如图 11.1 所示，左边显示分区为 COMM 分区，右边为 NAV 分区。开机后利用微处理器及调频开关选择产生收发机和下滑信标接收机的波道频率，有效工作频率显示在“USE”显示区，备用频率显示在“STBY”显示区，通过转换按键可以和“USE”频率互换，当频率设定后，“USE”和“STBY”频率将被储存于 EPROM 中。导航频率工作方式与通信频率相似，但在 VOR 工作状态期间，VOR 方位信息显示在“STBY”显示窗。

（2）通信收发机。系统带有独立转换的通信接收机及发射机，通信工作方式为半双工信道，通信发射功率大于 10 W，当机组按下 PTT 发射开关时，收发机处于发射状态，控制面板上显示“T”，此时通信信号接收被抑制，当释放 PTT 开关后，收发机处于接收状态。发射信号与接收信号共用天线接口，通过二极管转换开关识别发射或接收信号。通信接收机主要由预选电路、振荡电路、MOS-FET 有源混频电路、射频放大电路、滤波电路、中频放大电路、自动静噪电路、检波电路及音频放大电路组成。通信发射机主要的驱动电路、功放电路及调制电路组成。

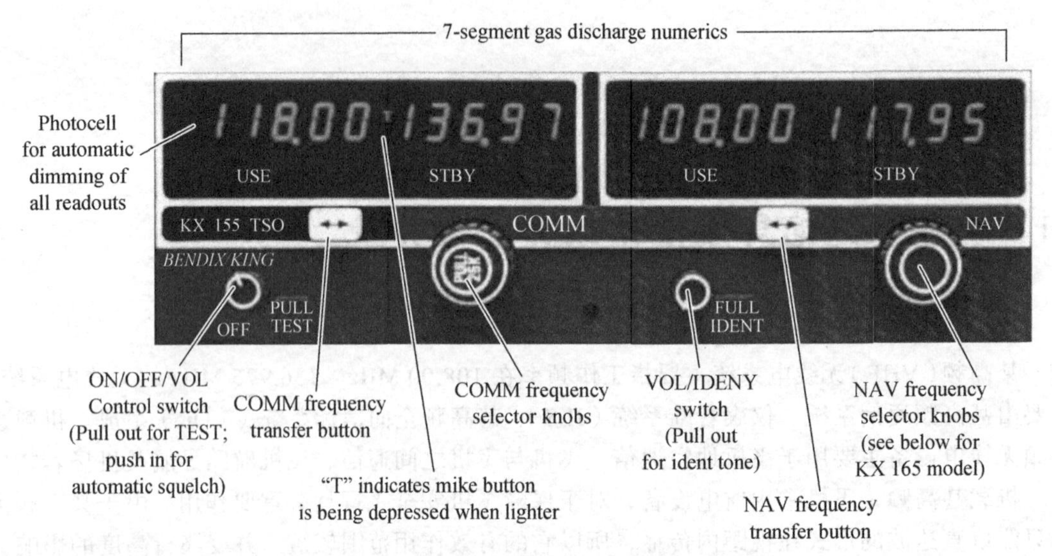

图 11.1 某型通信导航收发机控制面板

（3）导航接收机。系统带有独立的 VOR/LOC 导航接收机，用于飞机航路导航及终端进近导航。VOR 无线电导航设备，是目前广泛使用的陆基近程测角系统之一，机载 VOR 接收机接收 VOR 地面台发射的基准相位信号和可变相位信号，并通过比较两种信号的相位差，得出飞机相对地面 VOR 台的径向方位供飞行员确定飞机的位置并引导飞机航行。LOC 航向信标是 ILS 仪表着陆系统的组成部分，由地面信标台通过调制 90 Hz/150 Hz 信号在跑道中心延长线形成航向道指引。机载 VOR/LOC 工作频率重叠所以共用接收机，通过不同的解调方式分别对 VOR 导航信号与 LOC 导航信号进行解调，从而获得引导指示。VOR/LOC 接收机组成与通信接收机组成结构类似，区别在于 VOR/LOC 解调后增加信号转换板处理导航接收机馈送的导航复合信号，并解算导航引导信号用来驱动偏离指示器、警告旗和向/背（TO/FROM）指示器。

（4）下滑接收机。系统带有独立下滑（GS）接收机，GS 与 LOC 接收机共同组成机载仪表着陆系统（ILS）接收机，GS 下滑指示是地面信标台通过调制 90 Hz/150 Hz 信号在跑道端头形成 3° 仰角的引导波速，引导飞机着陆。ILS 下滑系统工作频率在特高频（UHF）频段，GS 频道与 LOC 频道是一一配对关系，选定 LOC 频道后，GS 频道也自动确定。GS 接收机主要由预选电路、振荡电路、混频电路、射频放大电路、滤波电路、中频放大电路，检波电路，调理电路组成，最终输出下滑引导信号用来驱动下滑偏离指示器。

（5）主板。主板主要集成主控制器，RAM 存储器，及带有过压保护和限流的高效率开关电源提供多路所需稳压电源。

11.2 甚高频通信导航收发机系统工作原理

1. 系统工作原理

系统工作原理如图 11.2 所示。微处理器是设备的核心，工作时钟由外部主振荡器电路产生 12.8 MHz 时钟，其主要功能包括读取只读存储器（ROM）中程序指令，读写非易失性存

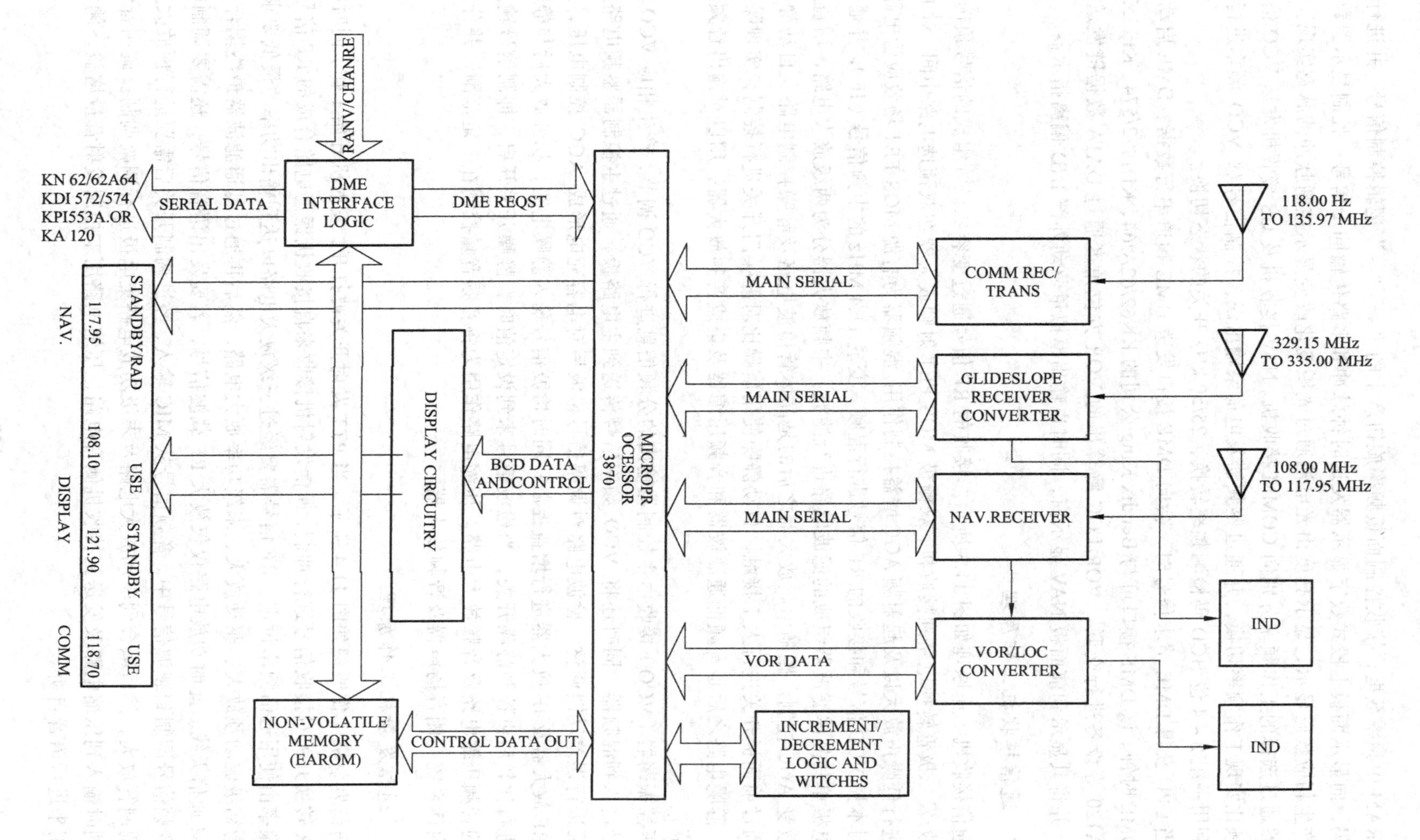

图 11.2 通信导航系统原理图

储器 RAM 中频率数据；接收控制面板频率旋钮产生的“+”“-”逻辑控制信号，并进行频率编码，向显示面板七段式数字显示器发送时钟脉冲和多路传输同步信号，控制显示器数字阳极产生相应数码显示，显示亮度由光电池通过光敏变化改变显示控制脉冲的脉宽实现。微处理器通过选择的工作频率分别向 COMM 接收机、NAV 接收机及 GS 接收机发送 VCO 信号的分频比实现工作频率切换，并通过鉴频器及电荷泵输出误差控制信号对 VCO 频率进行校正。利用一组 2～4 位 BCD 码检测频率转换，25/50 kHz 开关的状态切换。

当 CPU 获得 DME 请求信号时，会向 DME 接口发送 DME 频道串行数据、DME 启动脉冲、DME 时钟。该 DME 接口可与 Bendix King 公司的 KN62/62A/64、KDI572/574、KPI553A 和 KA120 等设备进行交联。VOR/LOC 解算出的 VOR 方位角度通过 DATA 数据链发送给 CPU，并将其显示到前面板 NAV 显示窗，同时也输出模拟量驱动外部 IND 偏离指示器。

2. 通信接收机工作原理

通信接收机工作原理如图 11.3 所示。接收的 RF 信号通过变容二极管组成的信号预选电路及收/发二极管转换电路到接收机，双栅极 MOS-FET 射频放大器在双预选电路中间，对 RF 信号进行低噪声放大以及起射频 AGC 增益控制作用。混频器为有源 MOS-FET 场效应管电路，用以对本振 VCO 信号和接收的 RF 信号进行混频，变成 11.4 MHz 的中频信号（IF），并通过多个电极单片晶体滤波器组成的滤波电路进行滤波。中频放大器分为两级放大电路，增益放大倍数受 AGC 控制。跟随中频放大器之后的是晶体管检波电路及静噪控制电路。自动静噪可以通过前面板开关进行人工接触，自动静噪使用信噪比对静噪门开关进行控制，实现噪声抑制。静噪电路之后是音频低通滤波器和音频压缩器及集成音频放大器，用以对输出音频进行调节。

压控振荡器（VCO）接收由主控制器输出的分频信息进行 VCO 调节，产生相应 VCO 频率信号输入到混频器，同时还将 VCO 频率信号传送到主电路板，通过主控制器鉴频电路及电荷泵进行误差反馈调整。检波电路对调幅信号检波后对电容充电形成 AGC 控制电压，用来对 RF 放大器及 IF 放大器进行增益控制；同时检波信号输入静噪电路，积分放大后与静噪门限进行比较后再控制静噪开关，当检波信号未到设定值时，静噪开关开启，抑制信号输入随后的音频压缩电路及音频放大电路。压缩电路作用为将音频音量控制在一定范围，并分别输入内话系统、侧音扬声器及音频放大器。

3. 通信发射机工作原理

通信发射机工作原理如图 11.4 所示。当 PTT 发射开关被打开，发射机开始工作，同时控制 T/R 转换开关对接收信号进行抑制，通信发射机接收来自接收机振荡电路合成的 RF 信号，信号频率由使用通话频率设定。RF 信号需要经过三级放大电路以达到输出功率的最低要求，分别为初级驱动预放大、驱动放大、末级功率放大电路，然后再通过低通滤波器最终耦合到 COMM 通信天线。此时功放电路仅仅放大 RF 载波信号，若要发出语音信号，还需要调制电路将音频信号调制到载波信号中。音频信号从 MIC 输入，经过调制开关后需要进行预放大及两级调制管放大，然后耦合到驱动放大电路及末级功放电路集电极进行调幅调制。调制音频信号同时输入到压缩电路及发送到接收机侧音电路，压缩电路用来控制发射音量增益，侧音电路用来进行语音自听。

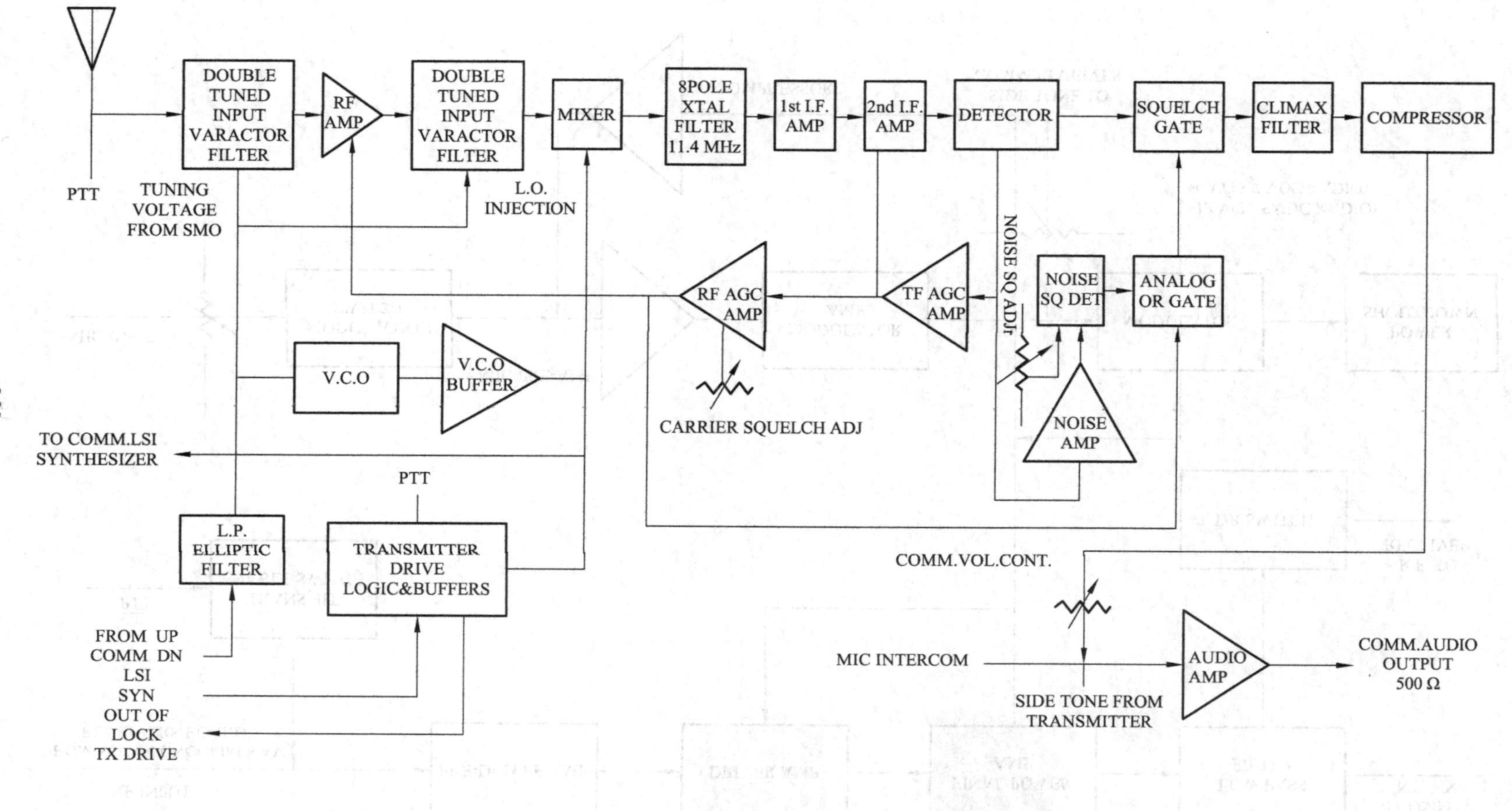

图 11.3 通信接收机工作原理图

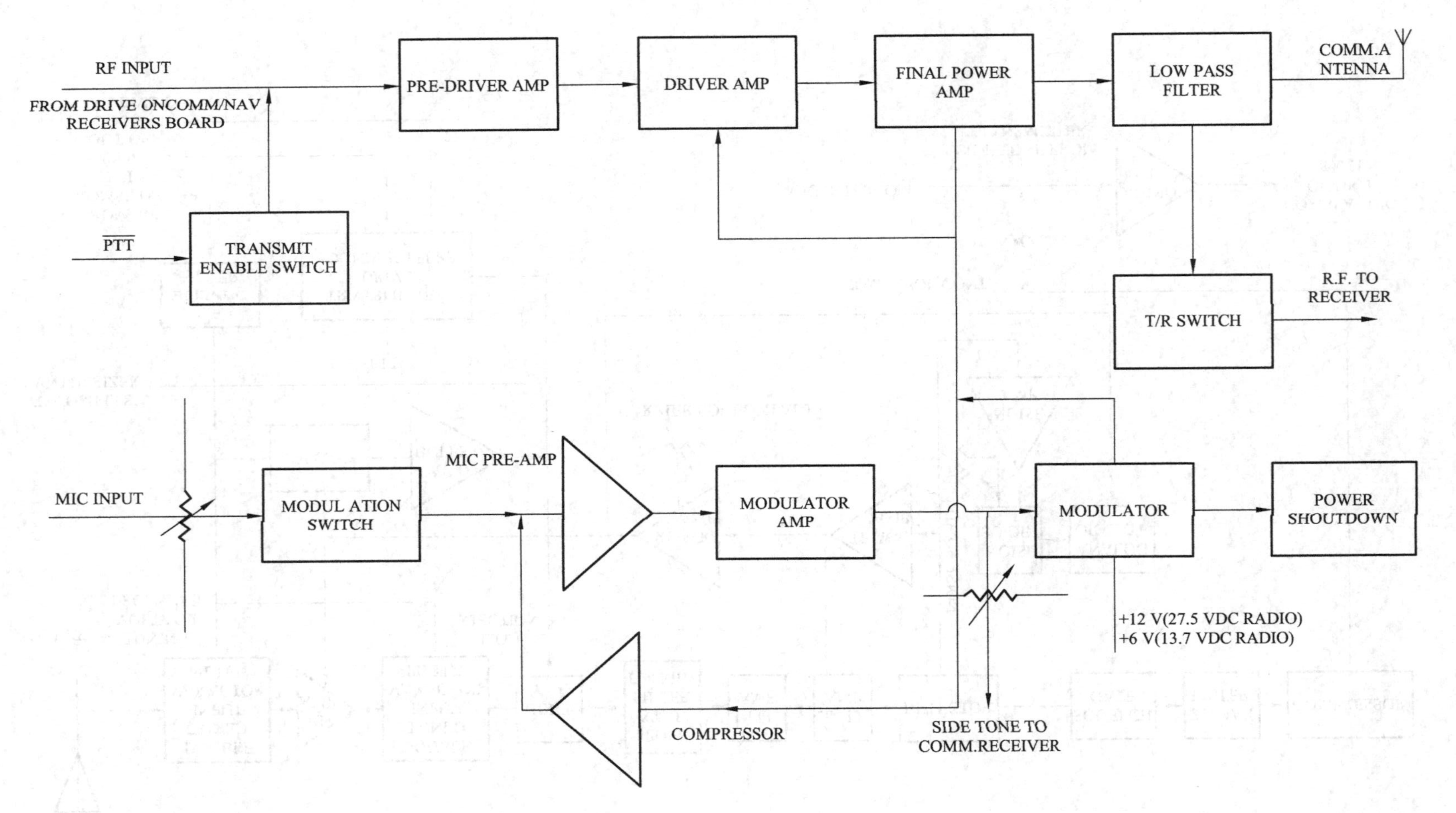

图 11.4　通信发射机工作原理图

4. 导航接收机工作原理

导航接收机工作原理如图 11.5 所示。导航接收机与通信接收机类似。不同的是检波电路除了输出导航音频信号，还输出导航复合信号到导航转换板。在音频放大器前，设置有音调有源陷波器（1 020 Hz 识别波段抑制滤波器），当按下导航音量控制旋钮时，陷波器可以有效地除去识别声频，保留音频信号，当打开音量按钮时，识别音频信噪比显著增加。

5. 导航转换板工作原理

导航转换板工作原理如图 11.6 所示。VOR 与 LOC 共用导航接收机，接收机接收到地面台 RF 信号后，将导航信号（复合信号）进行解调后输入到 VOR/LOC 转换板。VOR/LOC 复合信号输入后首先经过一个运算放大器进行缓冲，该运放增益可调节，用以校正不同导航接收机复合信号电平变化。VOR 与 LOC 频率范围重叠但不相同，所以任意时刻接收机只能接收一种导航信号，通常在航路及进近阶段使用 VOR 导航、着陆阶段使用 LOC 导航。若导航接收机设定为 VOR 频率，则复合信号由被 30 Hz 基准相位信号调频的 9 960 Hz 信号和 30 Hz 可变相位信号组成，由于 30 Hz 基准相位信号相位在 VOR 台周围 360° 方向上是相同的，而 30 Hz 可变相位信号相位随 VOR 台径向方位变化，所以只要解算出两个 30 Hz 信号相位差就能计算 VOR 方位。若导航接收机设定为 LOC 频率，则 VOR/LOC 复合信号由 90 Hz 与 150 Hz 低频信号组成，90 Hz 与 150 Hz 低频信号由航向信标台控制天线阵的调制信号发出，当飞机处于航道中心线附近时，两信号调制度相同。若飞机偏离航道则 90 Hz 与 150 Hz 信号将出现调制度差，通过解算两信号调制度差可以解算出飞机偏离航道程度。

1）VOR 工作状态

若选择频道为 VOR 频道，设备工作于 VOR 工作状态。缓冲后的 VOR/LOC 复合信号被输入到调频鉴频器，从 9 960 Hz 信号中复原出 30 Hz 基准相位信号。从调频鉴频器输出的 30 Hz 可变相位信号通过低通放大器被放大，然后再通过 30 Hz 带通滤波器、方波产生放大器、异或门后输入锁存器。30 Hz 基准相位信号被馈送到 OBS（无线电全向选择器）解算器的转子线圈，通过调谐 OBS 旋钮，导向器同时转动方位标和解算器转子，解算器定子线圈的输出幅度取决于解算器转子的机械位置，两个线圈被连接到一个 RC 网络。为了比较两个带通滤波器输出信号的相位，解算器定子线圈输出通过低通滤波器后输入方波发生器电路，用于驱动场效应晶体管开关 G 级，开关源漏级分别接 30 Hz 可变相位信号带通滤波器的输出及地电平。当方波放大器输出高电平时，开关导通，可变相位信号带通滤波器接地。当方波放大器的输出电压接近 0 时，开关截止，可变相位信号带通滤波器的输出电压被 RC 网络积分。为了使积分电路输出电压接近 0，可变相位信号带通滤波器的输出和基准相位信号带通滤波器的输出的相位被相移 90°。积分电路输出电压被馈送到偏离放大器。偏离放大器后接一个电压跟随器，用于驱动外设的航向偏离指示器。

为了给驾驶员提供向/背台信息，两个带通滤波器的输出被比相后输入向/背台放大器。两个带通滤波器的输出电压，由其检波器电路进行监视，只要各个带通滤波器的输出电压超过检波电路设定的门限电压，则其放大器将提供足够大的电压，以从显示窗拉回 VOR/LOC 警告旗（使显示的警告旗消失）。

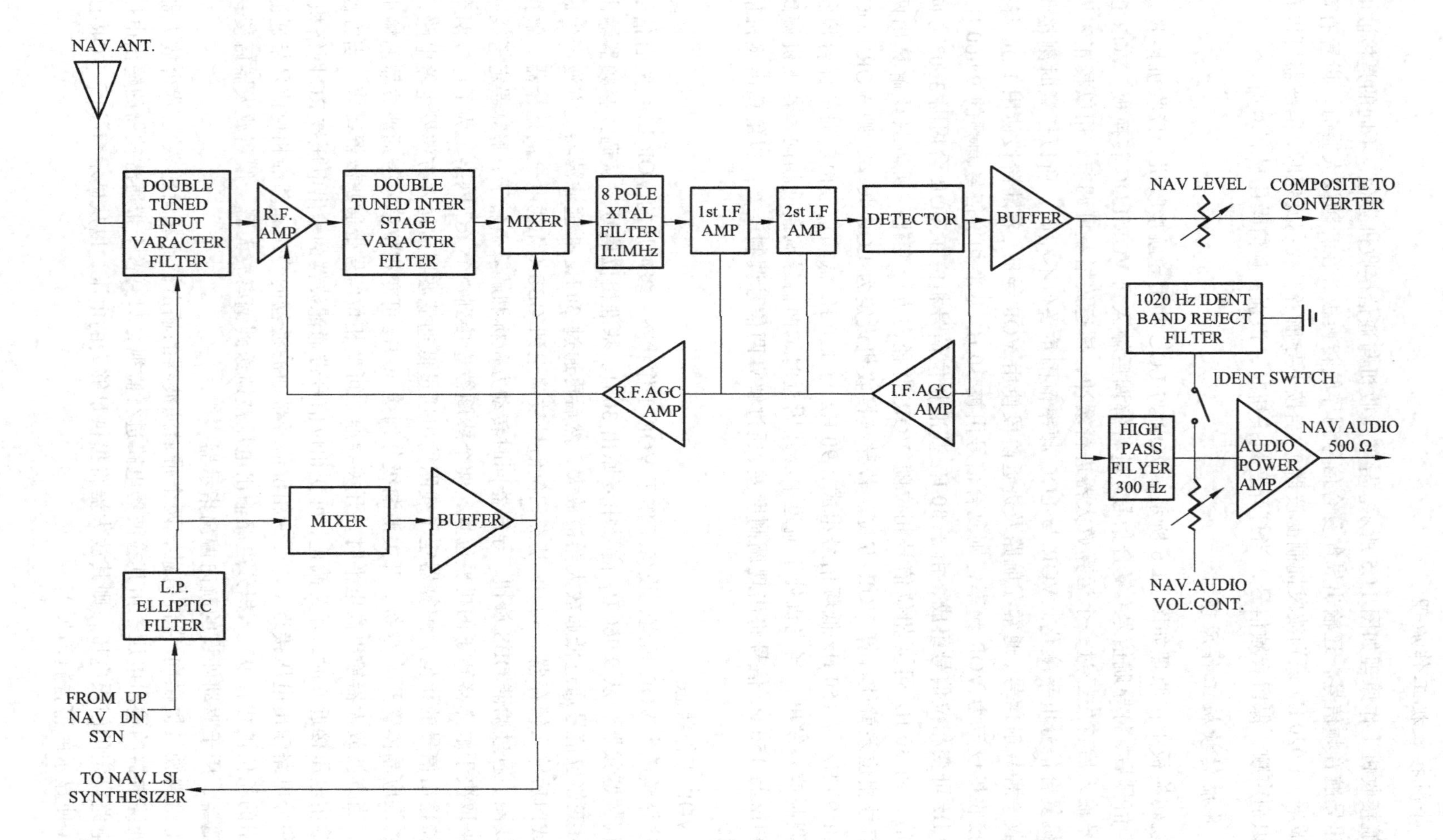

图 11.5 导航接收机工作原理图

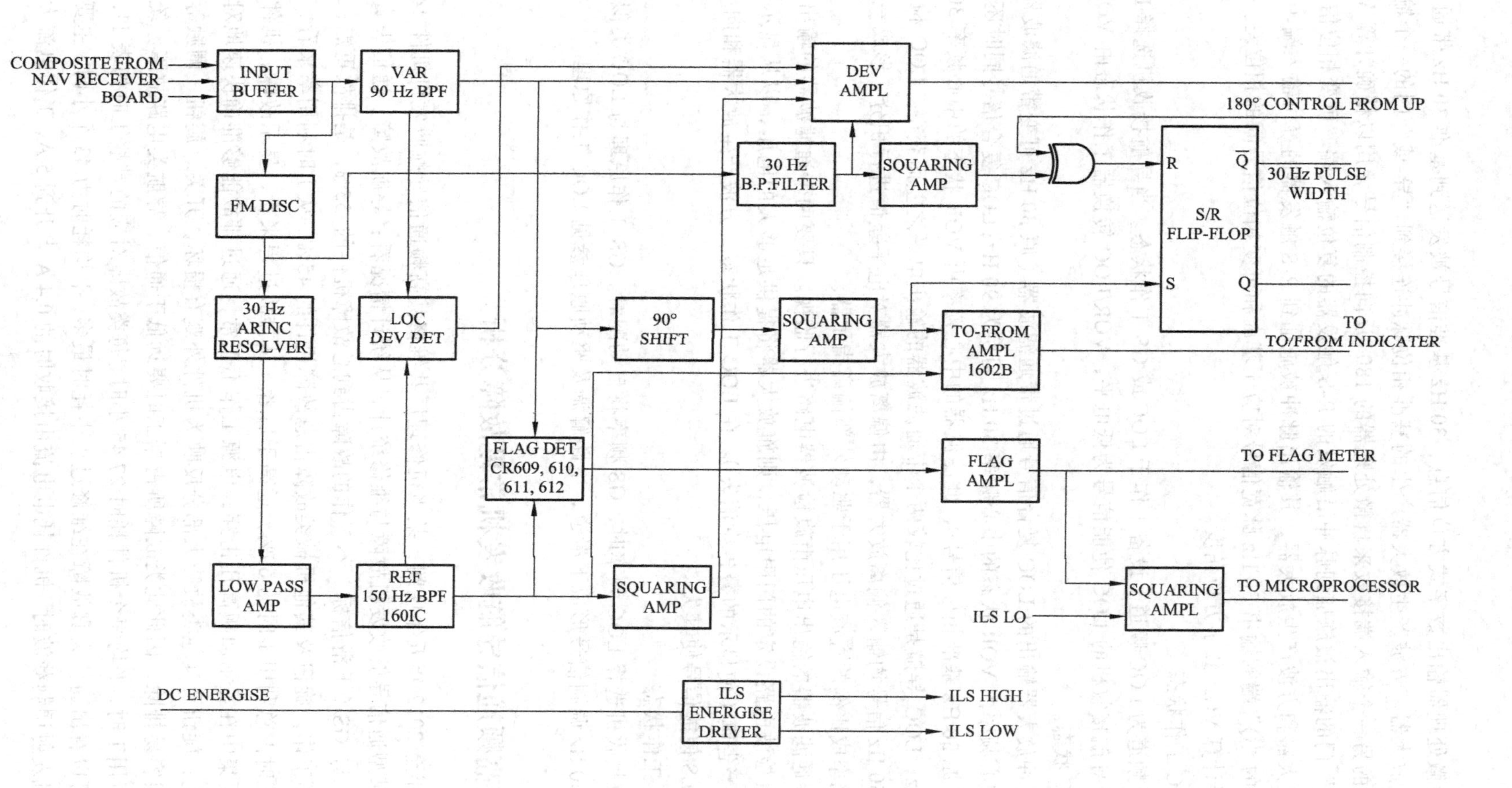

图 11.6 导航转换板工作原理图

为了使微处理器输出数字式方位信息，30 Hz 基准信号被发送到基准 30 Hz 带通滤波器和方波产生放大器。方波产生放大器产生的基准相位脉冲连接到“异-或”门的一个输入端，“异-或”门的另一个输入端接收来自微处理器的 180° 反向控制信号，用以精确计算 VOR 方位。“异-或”门的输出被施加到脉冲沿触发的 R-S 触发器的复位输入端。可变相位信号被施加到移相放大器和方波产生放大器，其输出脉冲被施加到 R-S 触发器的置位输入端（S 端）。R-S 触发器的“Q”端的输出 30 Hz 脉宽信号对应于基准和可变相位信号间的相位差，被馈送到微处理器计算 VOR 数字方位角度。

2）LOC 工作状态

若选择频道为 LOC 频道，设备工作于 LOC 或 GS 工作状态。当导航接收机选择 LOC 频率时，来自导航接收机的 LOC 使能信号为低电平，VOR/LOC 转换器工作状态由 VOR 状态切换为 LOC 状态。

输入缓冲放大器输出的 LOC 复合信号通过带通滤波器（原 30 Hz 可变带通滤波器），此滤波器的中心频率由 VOR 状态的中心频率 30 Hz 切换为 90 Hz；LOC 复合信号同时还通过带通滤波器（原 30 Hz 基准相位信号），此滤波器的中心频率由 VOR 状态的中心频率 30 Hz 切换为 150 Hz；LOC 导航是通过比较两个带通滤波器的输出电平之差而获得。LOC 检波后的 90 Hz 与 150 Hz 信号均输入偏离放大器，由偏离放大器对电平差值进行积分，形成一个与两信号电平比率成比例的直流电压用于驱动外部偏离指示器。

两个带通滤波器的输出电压由旗检波器电路进行监视。只要两带通滤波器的输出电压之和超过由旗检波电路设定的门限电压，则旗放大器将提供足够大的电压，以从显示窗拉回 VOR/LOC 警告旗（使显示的警告旗消失）。在 LOC 工作状态，方波产生放大器和向/背台放大器都由 ILS 使能信号使其失效。

3）GS 工作状态

当导航接收机选择 LOC 频率时，GS 频率将自动配对。GS 工作原理与 LOC 类似，是由 90 Hz 与 150 Hz 调制信号形成下滑道，电路解调及驱动原理参见 LOC 工作原理。

11.3 甚高频通信导航收发机常见故障分析

2008 年至 2012 年五年期间，某飞机修理厂共维修甚高频通信导航收发机机件 148 件。表 11.1 为某型通信导航收发机故障与维修统计，从统计情况看：导航故障、通信失真（包括发射故障）与 GS（下滑信标）不工作的故障占到总故障机件的 55%，是排故重点；显示故障、机件不工作，旋钮及其他机械类故障占总故障机件的 45%。从工时利用率来看，前一类故障排故工时占总利用工时的 69%，远高于后者。从排故过程来看，显示故障，机件整体工作故障主要集中在显示面板高压击穿，电源工作不正常，通过排故能够准确快速地对故障进行故障定位；旋钮及其他类故障大部分反映为机件外观有损坏，开关、旋钮、调频等故障，此类故障很容易排除，因此此类故障所占据工时要远低于通信、导航类电路故障。统计对该设备维修所用工时，平均每个机件耗时 27.45 小时，每类故障对应的排故工时如表 11.1 所示。从统计表可以看出通信失真故障在维修过程中耗时最多，平均耗时为 43 个小时，主要原因为通信发射机发射调制载波时，机件耗电电流由接收时的 0.4 A 上升到 5 A，工作电流大且发热大，容易引起电子元器件失效或状态不稳定，所以通信失真常伴有偶发故障及一些软故障，很难排除。

表 11.1 某型机载通信导航收发机故障与维修统计

	显示故障	机件不工作	通信失真	VOR/LOC导航故障	发射故障	GS不工作	旋钮及其他故障
故障件数/件	19	12	18	31	14	18	36
维修工时/h	29	22	43	36	25	32	12

图 11.7 是 2008 年至 2012 年五年期间某飞机修理厂某型机载通信导航收发机的故障数统计，从图中可以看出，随着使用年限的逐渐增加，设备的无故障工作时间（MTTR）在降低，且故障数量持续增加。从故障曲线来看，MTTR 呈逐年降低也说明机件在逐年老化，MTTR 从最初的 1 650 h 下降到最近的 682 h，修复度可靠性在降低。某型机载通信导航收发机在某飞行单位的平时使用年限约 12 年，从故障率上升曲线来看，机件已经进入了浴盆曲线故障上升段，每年故障的件数在持续增加，大多数器件，特别是电容、集成电路、晶体管等器件严重老化是引起机件故障的主要原因，另外到寿器件的可靠性问题还引起了很多软故障，给排故过程带来很多困难。

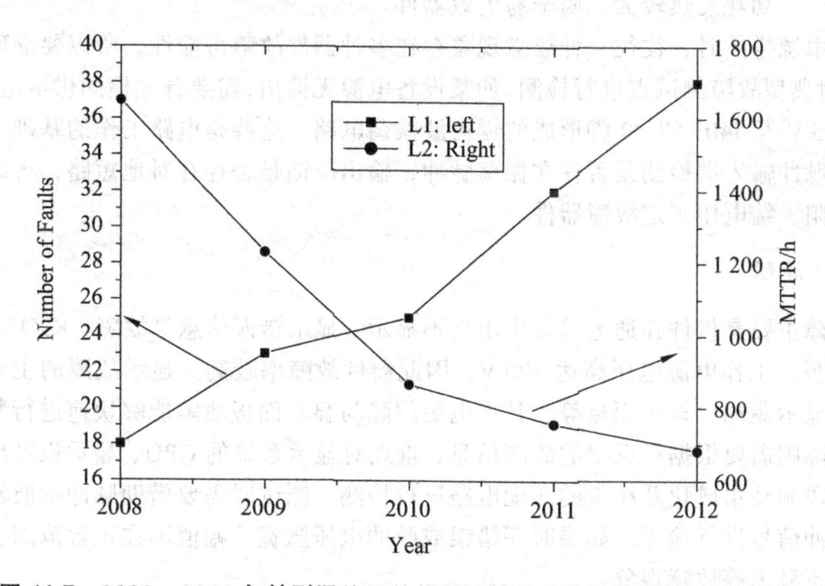

图 11.7 2008～2012 年某型通信导航收发机故障曲线及无故障工作时间曲线

11.3.1 常见故障分析

某型通信导航收发机表现出的故障现象很多，除外观故障外，按设备故障现象类别划分可以划分为以下 4 个类别：电源故障、显示故障、LOC/VOR 工作异常故障、通信故障等。通过排故分析，该 4 类故障既可相互独立存在也可共同存在。下面通过对设备多年故障排故统计分析，将设备故障原因以从繁入简，先定位到板级电路，再定位到芯片器件级的方法进行常见故障分析。

1. 电源故障

图 11.8 为某型通信导航收发机部分电源电路图。该电源输入 14 V 或 28 V 飞机电源，输出显示电路，发射电路，以及其他电路板及芯片所需直流供电电压，包括 + 192 V、+ 5 V、+ 10 V、+ 9 V、- 26 V 等。电源类型属于脉宽调制式开关稳压电源，T400 为多抽头主变压器，Q401 为脉冲初级放大三极管，Q402 为功率复合放大开关管，集成电路 I401 为四独立运放，用来产生振荡脉冲及调节脉宽。反馈电路由 R401 分压网络接变压器输出端 + 10 V 形成 + 5 V 负反馈，基准电压由 I400 三端稳压电路产生 + 5 V 基准信号。R418 为过流检测电阻，阻值为 0.5 Ω，当输出电流过大时，反馈电压通过 I401D 降低开关脉冲占空比降低输出。

在排故分析中发现，当 T400 变压器输出故障时，多存在线圈匝间短路或断路，此时多存在一路或多路电源不正常；当三端稳压电路 I400 输出基准电压不正确，所有电源输出端均不正常；当集成电路 I401 失效时，电源输出端可能存在无输出、整体输出电压过高或过低，Q401 或 Q402 失效时，器件通常被击穿接地，引起无电压输出、保险烧断等情况。R418 为大功率小阻值电阻，若 R418 阻值漂移会提前引起过流报警，导致输出 + 192 V 电压偏低。输出电源 + 10 V 整流滤波电容器漏电会引起所有输出电压过高而 + 10 V 反馈电压正常，当某路输出电源滤波电容对地击穿后会引起过流导致 Q401 或 Q402 过流击穿失效，同时 Q402 属于功率放大器件，功耗发热较大，属于易失效器件。

在进行电源排故时，往往一种故障现象存在多种器件故障可能性，所以要准确找出故障点，需要针对典型故障测试点进行检测。如某设备电源无输出，需要首先检测供电电源 + 28 V、I400 输出 + 5 V 及 I401 的 10 脚形成的锯齿波振荡电路，这些是电路工作的基础。然后通过测试 Q401 脉冲输入端检测是否存在振荡脉冲，输出反馈是否存在对地短路，再综合耗电电流及器件电阻、结电压判定故障器件。

2. 显示故障

显示故障主要是机件在通电过程中出现不显示、显示错误信息等故障。KX165 采用气体放电显示面板，工作电源电压高达 200 V，因此器件故障率较高。显示故障的主要原因涉及电源供电、显示驱动、显示面板等。其中电源故障与显示面板故障能够快速进行判断隔离，显示驱动故障则需要根据所反映的故障信息，重点对显示系统的 CPU、显示板高压驱动集成块、字符字段驱动集成块及相应的匹配电路进行检测。测试时需要借助脉冲示波器对驱动阴极阳极的脉冲信号进行检测，如果时序错误或脉冲电压脉宽、幅值不在正常范围，很有可能出现乱码、不显示等故障现象。

3. LOC/VOR 工作异常

（1）VOR 工作正常，LOC 工作异常。

VOR 与 LOC 共用接收机，共用转换板。接收机解调后输出复合导航信号，若 VOR 工作正常，LOC 工作异常则需要找出两种信号在运算中的差异。首先判定 ILS 使能信号是否工作正常，ILS 使能信号工作原理图如图 11.9 所示，当频率设定为 ILS（LOC）频率时，ILS 使能信号为低电平，I600 输出应该为 ILS 高电平，检测两电平值能够快速判定故障区域。在实际排故分析中 I600 会因为 REF 参考高电平稳定，导致比较器失效，从而引起故障。

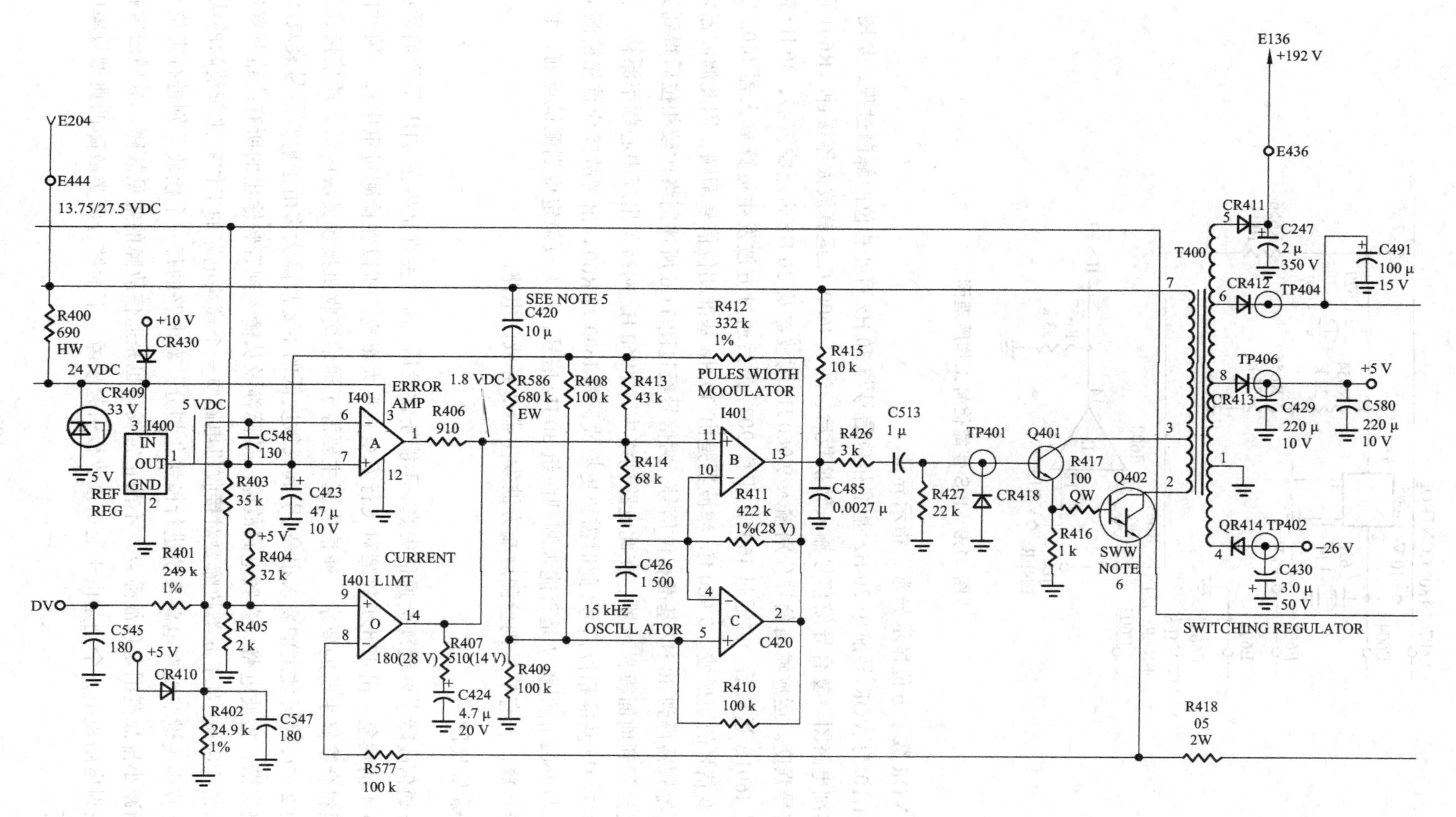

图 11.8 电源电路部分原理图

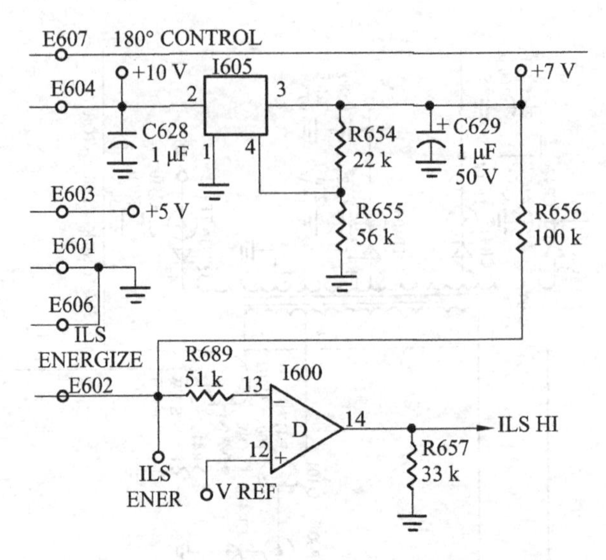

图 11.9 ILS 使能信号工作原理图

（2）VOR 数字方位显示异常，指示异常。

图 11.10 为 VOR 导航中 30 Hz 基准相位信号与 30 Hz 可变相位的解调过程，是图 11.6 的局部详细电路图。复合导航信号输入转换板后，通过 I600 C 运算放大器缓冲，R601 可调节复合信号强度。运放输出信号分别输入 9 960 Hz 滤波器及 30 Hz 带通滤波器，30 Hz 带通滤波经过 I601B 运放后，再通过 I602B 相移 90°，最后通过方波发生运算放大器 I605 生成 30 Hz 可变信号的矩形波。9 960 Hz 滤波器是由 30 Hz 基准相位信号调频，因此滤波器之后接入调频鉴频器得到 30 Hz 基准相位信号，两信号经过图 11.6 所述网络比较相位后得到数字方位角度显示到前面板显示器。在此电路网络中，9 960 Hz 网络若出现中心频率漂移，将无法解调出 30 Hz 基准相位信号，此时需要更换或调整 I600 及 R603。出现故障应首先检测 I600 的引脚 1 与 I602 的引脚 7 是否能观测到两组 30 Hz 信号，若无故障定位到测试点前，重点检测滤波器运放，若有信号则检测后端方波发生器及异或门电路。

4. 通信故障

设备通信故障主要表现会通信失真，不能正常发话。通信失真是指在 VHF 语音通话过程中出现听不清现象，出现此类故障对飞行安全有重大影响，所以在检测过重中每一项性能参数都必须符合维修手册的要求。通信失真主要源于通信接收机接收灵敏度低，通信接收灵敏度通常为 2 μV，对灵敏度的要求很高。引起灵敏度低的主要故障大多由于射频信号衰减严重，接收电路失谐，检波电路、音频电路故障。故障涉及从输入到音频输出的所有线路及器件，排故工作最为困难。对于此类故障要对接收机电路每一个模块电路的工作有比较清晰的认识，同时要能找准关键节点对电路系统进行模块化划分，对电路的每一个模块分别进行定位与隔离，逐渐减小排故范围定位故障点。不能正常发话也是通信故障的常见故障，故障通常独立存在于发射电路板中，个别是由于通信接收板引起故障，下面结合两类故障的典型故障电路进行分析。

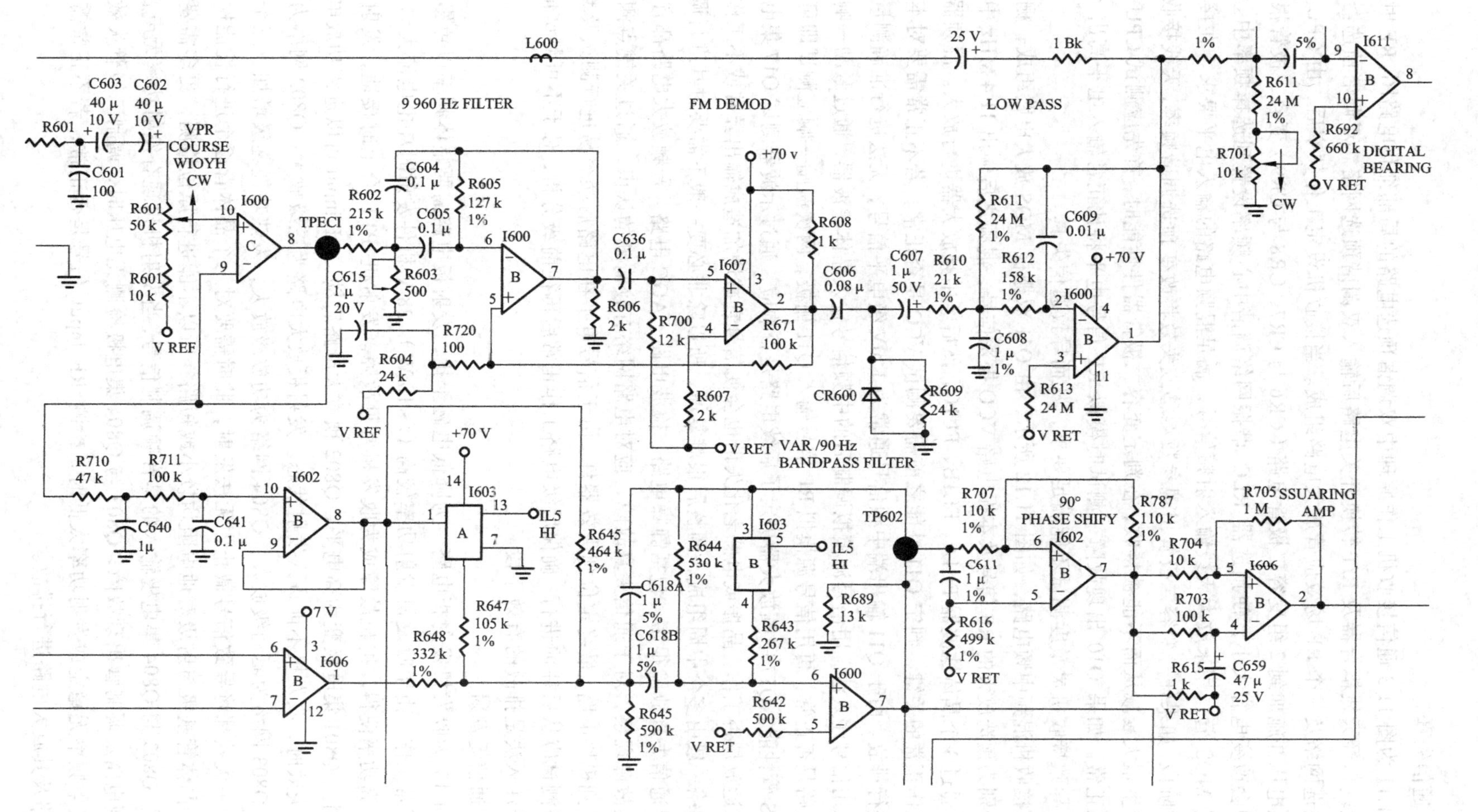

图 11.10 VOR导航信号解调原理图

（1）通信失真。

图 11.11 为图 11.3 通信接收机工作原理中双调谐预选电路的局部细化电路图。RF 射频信号从天线端口经天线耦合器及 R/T 转换开关电路后输入双调谐预选网络。双调谐预选器主要由两个预选网络及一个 RF 场效应管放大电路组成。当接收机设定工作频率后，由 CPU 输出对应直流电压并施加到 2 组变容二极管电路（CR6 与 CR7，CR8 与 CR9）变容二极管根据电压值不同会改变电容大小，使预选器 RLC 谐振网络调谐中心频率设置到选择频率中。Q10 为场效应 MOS 管，用来放大天线输入射频信号，满足混频电路的输入电平要求。在接收机预选放大阶段，如果任一变容二极管出现参数漂移或失效将改变预选调谐频率，天线接收 RF 信号会产生很大衰减从而不能被接收，在判定变容二极管器件性能时，首先应测试 CPU 输出调谐电压正常。如果 Q10 出现故障，测试时模拟 RF 信号电平将比正常输入电平高出 60dB 或更多，导致接收机灵敏度测试不能满足要求，从而导致通信失真。

通信接收机混频中频电路，如图 11.12 所示，由 Q11 双栅极 MOS 放大电路组成，栅极输入信号分别为预选放大的 RF 信号及本振电路 VCO 振荡信号，混频之后输出 11.4 MHz 中频信号，分别通过 3 个晶体滤波器 FL1A、FL1B、FL1C，然后经中频放大器进行放大。混频器 Q11 是电路工作正常的关键，判定 Q11 性能之前需要测试 VCO 是否正常，若不正常需要对本振调谐电路进行排故。由于 Q11 输出端中频信号通常为 1 mV 级电平信号，无法进行准确测量，此时可以采用信号注入法，用信号源模拟调制后的中频信号输入晶体滤波器，通过激励—响应判定后级电路是否正常，再用信号源模拟 RF 信号输入 Q11 栅极，两次激励—响应测试即可判定 Q11 MOS 管性能。Q17 中频放大器决定了后续电路是否响应，通过示波器测试 Q17 集电极可较快判定运放是否工作。晶振或电感老化失谐也会使信号衰减增加造成输出异常或不工作，中频谐振网络一般由多个中周组成，调整后很难复原，所以除非必要一般不需要对其进行调整。

引起通信失真故障很多，包括静噪电路、检波电路、AGC 电路，音频放大电路都有可能引起这类故障现象，对于通信失真故障，应对电路网络有较清晰的认识，通过关键点测试将故障定位到模块电路，最终定位到失效器件。由于信号电平在电路后端容易进行测试及判别，所以电路测试应从后往前进行，确保后级电路工作正常后再往前级分析，对于不可测试信号，模拟信号注入法是排故的有效手段。

（2）通信无发射。

图 11.13 为收发机发射板电路，为降低电磁干扰，发射板电路需要整体频率以免影响其他电路正常工作。由于收发机发射功率较高（ > 10 W），28 V 机件发射时耗电电流大约 5 A，大电流、高功率使得发射机故障成为收发机常见故障。发射机 PTT 合上时接地，发射开关 Q801 截止，Q801 集电极变为高电平，Q802 预放大电路启动，RF input 可以进入功放电路。当 Q801 失效时，收发机不能进入发射状态。发射板放大电路为三级放大，Q802 网络为初级预放大，Q803 网络为驱动级放大，Q804 网络为功放级放大，发热功耗逐级增加。三个晶体放大管任一失效都将导致信号截止，无法发射，此时需要对三个晶体管逐个进行性能检测，由于三个晶体管基级与射级对地电阻均较小或短路，所以不能进行原位检测，更多需要进行离位测试。Q803 与 Q804 集电极输入的是音频调制信号，当发射机出现有发射功率无声音时，MIC 调制电路及调制管出现故障；Q803 与 Q804 集电极检测无电压时，调制三极管失效。当发射机发射频率无稳定或发射功率太低时，检测 RF input 信号是否正常，若不正常需要对 VCO 电路及其放大电路进行排故。

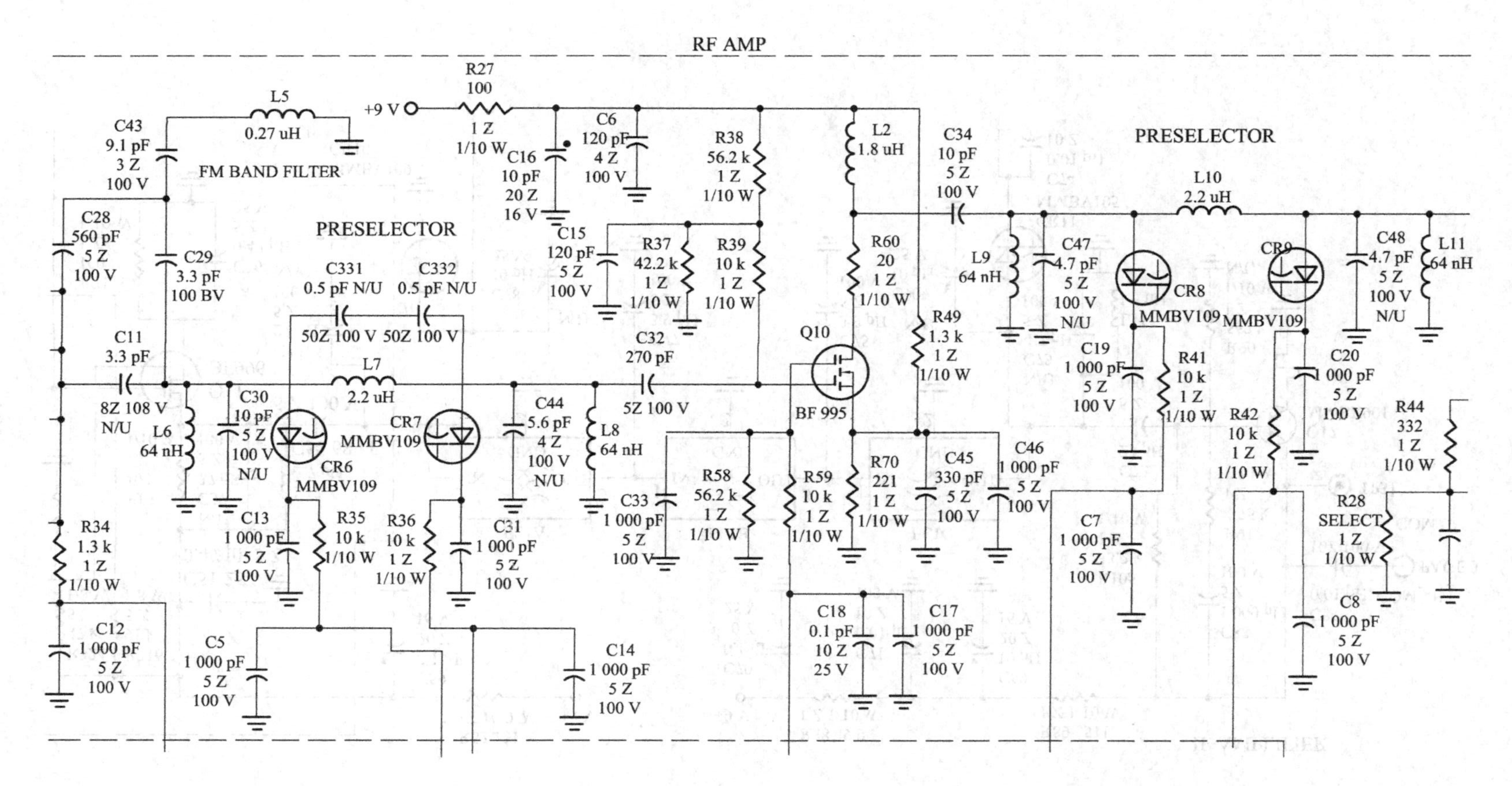

图 11.11　通信接收机预选电路原理图

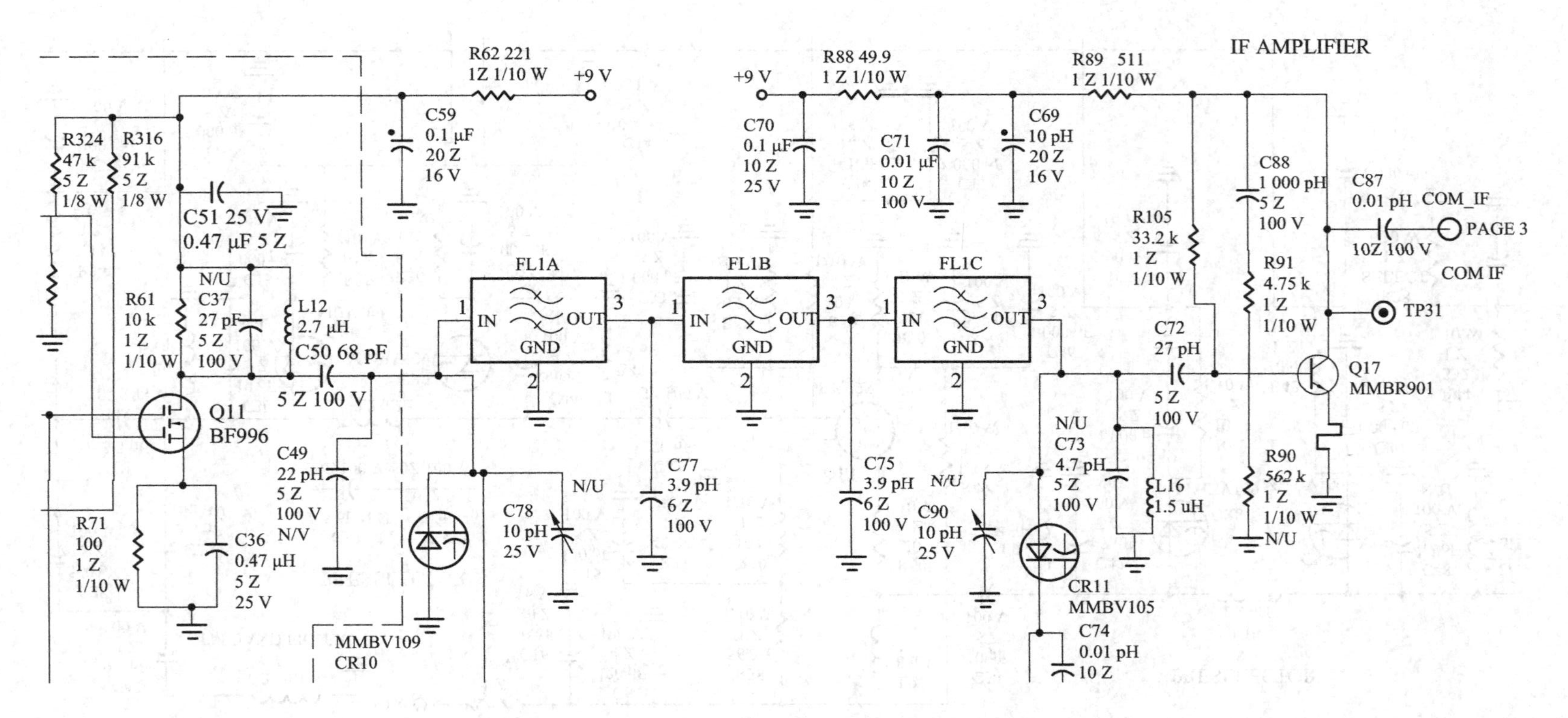

图 11.12 通信接收机混频中频电路原理图

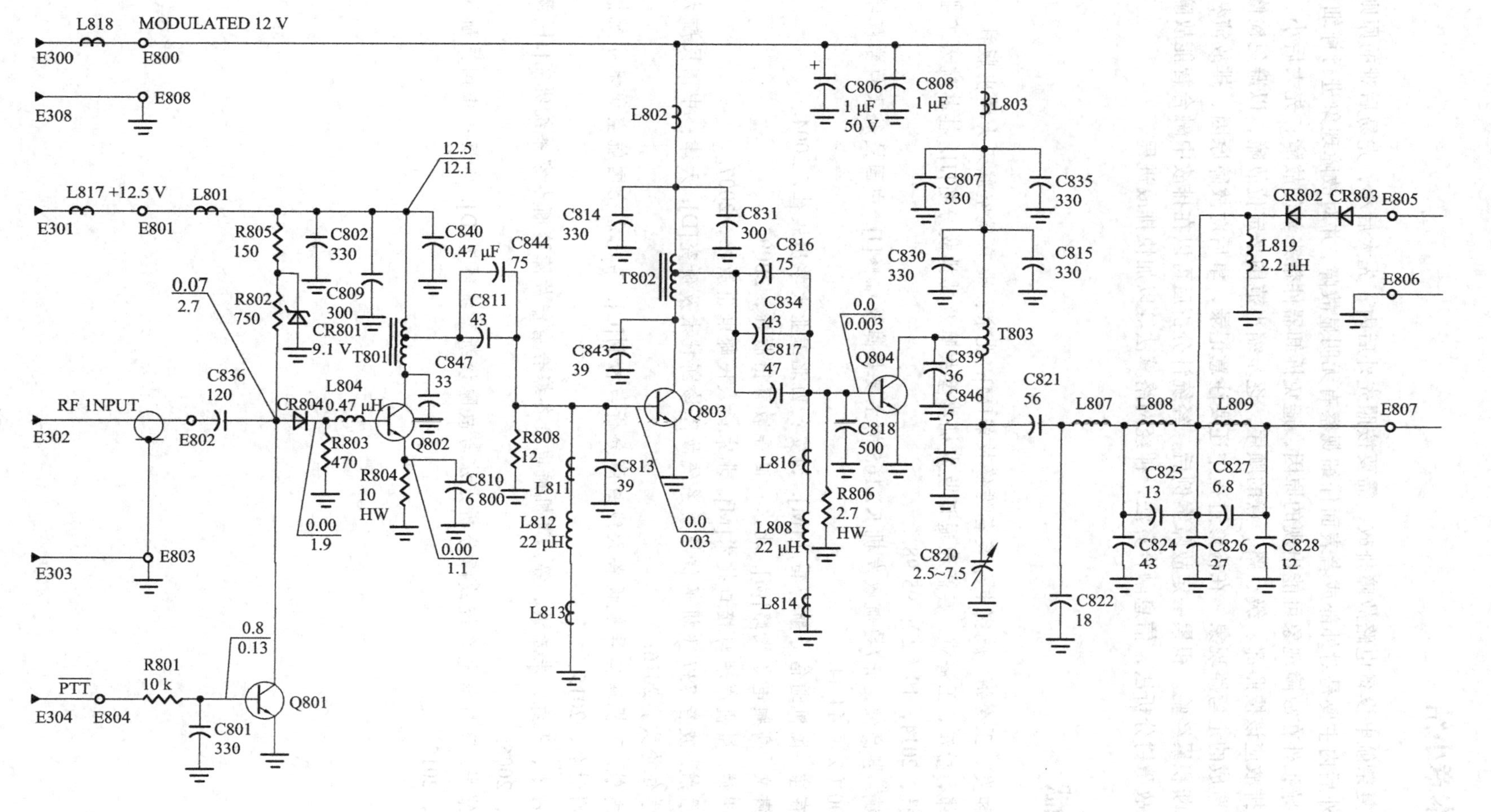

图 11.13　通信发射机原理图

11.4 本章小结

对于复杂航电设备电路故障排故，需要按照先外后内，先大后小，先易后难的原则进行排故。先外后内主要是对外部或者表面仔细观察有无明显故障，并对故障现象进行详细记录，仔细分析导致外在故障现象可能出现的原因，避免拆卸器件带来新的故障；先大后小、先易后难就是排故应该按照部、级、路、点的顺序，逐步缩小范围来定位故障，以避免检修过程中误判断造成的走弯路现象。在检修过程中还要注意记录，事后对故障原因、排故流程进行分析，不断积累经验。积累一定故障案例后，经统计分析后可以在排故中融合智能故障诊断方法，如故障树分析法，信息融合算法，神经网络算法等以加快排故进程。

参考文献

[1] 藏和发，王金海. 航空电子装备维修技能[M]. 北京：北京航空航天大学出版社，2014.

[2] 钱伟，杨江，王海斌. 甚高频通讯收发机典型故障及其排故分析[J]. 桂林航天工业学院学报，2014，19（2）：95-98.

[3] 冯斌. 甚高频通讯/导航收发机 KX165 的主要故障及维修[J]. 中国民航飞行学院学报，2000（2）：44-44.

[4] 马存宝. 民机通信导航与雷达[M]. 西安：西北工业大学出版社，2004.

[5] 张肃文. 高频电子线路[M]. 北京：高等教育出版社，2009.

[6] 周明德. 微机原理与接口技术[M]. 北京：人民邮电出版社，2007.

[7] 杜航航. 波音 737 飞机通信导航系统故障诊断技术及研究[D]. 天津：中国民航大学硕士学位论文，2016.

[8] 尹志航. 飞机通信导航设备天线故障分析与检测[C]. 第七届全国航空通讯导航技术学术研讨会，2015.

[9] 杨占才，王红，朱永波，等. 飞机航电设备综合智能故障诊断专家系统研究[J]. 测控技术，2006.

[10] 庄绪岩. 飞机航电系统故障分析方法与故障诊断系统研究[D]. 广汉：中国民航飞行学院，2015.

12 气象雷达故障诊断与维修实践

12.1 气象雷达概述

气象雷达（Weather Radar，WXR）是重要的机载监视设备，在飞行过程中探测飞机前方的气象与湍流，在飞机起飞和着陆阶段自动探测风切变，在飞机着陆阶段探测前方地面地形。气象雷达运行情况密切关系着飞行安全，当机载气象雷达出现故障时，极易造成飞机滑回、返航等事故。2008 年 5 月 15 日，深圳过站机组反映 B737-700 型飞机 B-5092 气象雷达故障，有“PWS FAI L”和“WXR FAI L”信息，机务人员处理故障后放行，飞机在滑出后再次出现故障告警，导致飞机滑回，航班取消，停场排故；第二天该机组再次反映，长时间测试 WXR 后出现“PWS F AI L”，飞机停场排故，航班延误。

机载气象雷达系统的主要作用是气象探测、湍流探测、地形探测和风切变探测。

气象探测原理：雷达以一定频率发出脉冲波，然后接收被降水粒子散射回来的回波脉冲。降水对雷达发射波的散射和吸收状况与降水粒子的相态、冰晶粒子的形状和取向等特性有关，利用在降水回波功率和降水强度之间已建立的各种理论和经验的关系式，可以根据回波功率测定雷达探测范围内的降水强度分布。

湍流探测原理：湍流是由若干速度、温度等参数都随着时间、空间随机变化的流体构成，每个流体都含有许多不规则运动的微粒，也称为涡旋。机载气象雷达对湍流目标进行探测时，通过分析回波信号的频谱得到湍流目标的多普勒速度和谱宽，频谱越宽，湍流越大。目前民航机载气象雷达普遍使用谱宽法，当涡旋的速度偏差大于 5 m/s 时，将被认定为湍流目标。

地形探测原理：机载雷达利用地物与水面回波特点来进行工作。平坦的大地产生回波很弱，一般不能形成显示图像。丘陵、山地具有起伏不平的反射表面，可以形成回波图像。城市的回波图像比较鲜明。平静水面的回波一般不能形成明亮的图像。

风切变探测原理：风切变是指小尺度风向、风速单独或两者同时突然改变的现象。机载前视风切变雷达利用多普勒效应来测定降水粒子的径向运动速度，当降水粒子和雷达发射波束之间存在相对运动时，可以测定接收信号和发射信号之间的多普勒频移，然后计算出降水粒子相对雷达的速度。

目前国内民航波音、空客飞机上主要装备 Rockwell Collins 公司或 Honeywell 公司生产的气象雷达，主要工作在 X 波段，工作频率在 9.33GHz 附近。Rockwell Collins 公司最早生产的标准气象雷达收发机（622-5132-0XX，-1XX）只有气象探测、湍流探测、地形图功能；稍后生产的气象雷达收发机（622-5132-6XX）增加了风切变探测功能；最新生产的气象雷达收发机（822-1710-系列）为多扫描雷达收发机，新增了自动探测功能，每个探测周期除了发射 1 个主脉冲外，还发射 4 个修正脉冲，能得到更准确的气象信息。Honeywell RTA-4B 气象雷达具备气象探测、湍流探测、风切变探测、地形探测功能，尾号-0407、-0408、-0409的雷达具备自动倾斜控制功能。

机载气象雷达系统的主要性能参数包括，① 电源：115VAC，400 Hz，由飞机提供给收发机、天线支架、显示器，并将115 VAC，转换为28 VDC给控制面板。② 发射机：脉冲重复频率（PRF）：180 pps（最大到1440 pps），脉冲宽度：2 ~ 20 μs；峰值功率：对标准雷达不小于85 W（标准120 W），对风切变雷达和多扫描雷达不小于120 W（标准150 W）。③ 接收机：噪声指数：7.0 dB（多扫描雷达小于4.2 dB）；距离范围：5 ~ 320 n mile，以5 n mile海里增加。灵敏度：最早的标准雷达不小于 – 118 dBm，新型雷达不小于 – 124 dBm。其他参数：控制命令与飞机维修系统的通信采用ARINC 429格式，收发机与显示器之间通信采用ARINC 453格式。

机载气象雷达由6个部分组成：收发机、控制面板、显示器、天线支架、平板天线和收发机支座组成，其结构示意图如图12.1所示。

Rockwell Collins多扫描雷达收发机WRT-2100（CPN822-1710-001，-201，-202）在9 327.06 MHz ~ 9 338.88 MHz产生6个频率RF信号（气象探测4个频率：9 329.5 MHz，9 330.1 MHz，9 330.6 MHz，9 331.2 MHz；风切变探测频率：9 331.9 MHz；测试频率：9 338.9 MHz）。多扫描雷达收发机WRT-2100（CPN822-1710-002）在9 327.46 MHz ~ 9 348.57 MHz产生9个频率RF信号。在探测气象使用4个频率是为了产生更多的回波信号数据、精确的范围、速度、幅度，提高对地面杂波的抑制能力。自动多扫描操作是为了从飞机起飞到降落期间，在不需要飞行员手动调节倾斜角、增益和模式的情况下可以观察气象目标。WRT-2100通过发射多个发射频率、多个脉冲宽度、多个扫描，将发射数据数字化处理、合并，合成气象图，显示短、中、长距离范围。

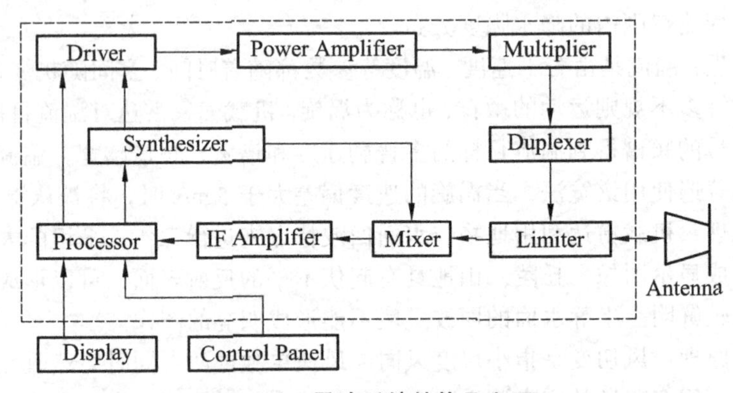

图 12.1 雷达系统结构示意图

多扫描雷达发射信号由一个合成器的基准信号产生，脉冲宽度和脉冲重复频率（PPF）由收发机处理器电路控制。信号在倍频器进行倍频，形成最后的X波段发射频率。双工器引导倍频器输出波导的输出口，发射信号然后被送到天线以窄波束辐射出去。被雨滴等反射的回波被天线接收。天线接收的回波信号通过双工器传到限幅器，通过限幅器后再送到混频器，混频器将接收到信号与合成器产生的振荡信号进行混频，降低接收信号频率，产生中频信号，中频信号被转换成同相（I）和积分相（Q）信号并数字化。数字化的返回信号被收发机处理电路译码，收发机处理器通过一系列运算，判断每一个返回信号的幅度、光谱宽度和速度级别。处理后的结果被编码成串行数据字，提供给显示器显示。数字信号处理器部分还控制发射机和接收机的时基，判断返回信息是否代表风切变危险目标和湍流目标。控制部分控制收发机与系统操作，包括天线稳定、系统结构参数、系统故障分析；控制部分与系统控制组件一起决定收发机的工作模式、范围、增益等。自动接通功能用于风切变探测操作。气象雷达控制面板提供操作模式选择、地面杂波抑制选择、系统选择、天线倾斜控制（人工模式）和系统增益控制。

一个周期就是一个雷达数据处理所用时间，Rockwell Collins 多扫描雷达收发机 WRT-2100，在每个周期内，在任一选定的范围内，发射一个 20 μs 的脉冲和 4 个 6 μs 脉冲，在发射一个 20 μs 脉冲后有一个 4.9 ms 间隔，这样可以使远至 331 n mile 的目标信号得到返回。在每个扫描射线上脉冲被发射，发射频率在 4 个气象发射通道频率之间交替进行。比如，在 0° 轴线上发射一个气象频率 9 329.5 MHz。当完成这个周期后，天线顺时针转 0.25°，以其他三个气象通道频率之一产生一个发射频率；在天线轴线的下一个 0.25°，以其他两个气象通道频率之一产生一个发射频率，以此类推。四个气象发射频率用于非风切变操作，比如：气象（WX），湍流（TURB），气象 + 湍流（WX + T），地形图（MAP）。而对于风切变（FLW）探测，发射脉冲模型由 2 μs 脉冲宽度、脉冲重复频率（PRF）为 3 000 的脉冲组成。当风切变模式被激活时，在天线逆时针扫描时发射风切变脉冲。

WRT-2100 在探测湍流和风切变事件时提高 PRF。湍流目标的门限为降水以 5 m/s 的水平速度移动（对应的是轻度到中度的湍流），该门限相对应的多普勒频率偏移为 312.5 Hz，为此，4 个脉冲为 1 组，PRF 增加到 1 838 个脉冲/秒。因 PRF 高，湍流探测的最大范围可以达到 44 n mile。

WRT-2100 探测风切变。需要大量的脉冲来采集风切变数据。在风切变工作模式，收发机发射的脉冲模型为每个周期 64 个发射脉冲。PRF 为 3 000 Hz。脉冲的 PRF 是随机抖动的，以消除外部飞机发射引起的假返回信号，脉冲组之间的间隔在 0 到 384 μs 之间变化，以 10 μs 的速率增加。风切变扫描工作模式中，天线只在 120°（± 60°）之间扫描，用于替代气象模式下的 180° ± 90° 之间扫描。风切变扫描模式开启是自动的，启动条件是：① 雷达工作状态处于“ON”；② 飞机高于地面高度（AGL）小于 2 300 ft，飞机不在维护架上。

WRT-2100 气象雷达的具体结构由下列板卡模块组成：反面互连板 A1，低压电源板 A2（提供四个 + 5 VDC 电压，三个 + 12 VDC 电压，三个 – 12 VDC 电压，一个 + 66 VDC、+ 46 VDC、+ 220 VDC、 + 15 VDC、 – 5 VDC 电压），驱动器 A3（包含源板 A3A1、频率源数字电路卡 A3A1A2、信号源 RF 电路卡 A3A1A1），功率放大器 A4，倍频器 A5，双工器/监视器 A6，混频器 A7，第二中频 A8，底架 A16，前置预放 A18，预放/双工器/混频器 A20，PA/倍频组件 A21，采样器 A31，数字信号处理 DSP（含 5 个 DSP）A32，通用输入/输出 A33，中央处理器 CPU 34，BITE/监视器 A35 等。

对于气象雷达 WRT-2100，被发射信号由源板 A3A1 产生，源板 A3A1 将 TX CHAN 频率传输到驱动电路，信号在驱动电路中经过功率放大和混频，产生一个 777.77 MHz 信号，然后送功率放大器 A4，驱动信号（777.77 MHz）再次被放大，然后经倍频器 A5 三倍频产生 2.33 GHz 信号，再经过 4 倍频后产生 9.333 GHz，功率约为 125 W 的驱动信号作为发射脉冲信号。

双工器/监视器 A6 主要作用是：耦合倍频器 A5 上发射机输出到天线；通过前置放大器 A18 耦合天线输入到接收机部分；提供功率输出和频率监视。双工器/监视器 A6、前置预放大器 A18、混频器 A7、第二中频 A8 组成了气象雷达 WRT-2100 的收发机的接收部分。前置放大器 A18 主要作用是提升接收信号幅度，输入限制器用于保护收发机。采样器 A31 由一个 DSP、一个自动回中心电路、模/数转换器和 AGC（自动增益控制）、STC（灵敏度控制）组成，主要用于处理来自第二中频 A8 的模拟基带 I、Q 返回，形成对应每一个范围存储的数字采样。

DSP A32 板含 5 个 DSP，DSP1 是 CPU 与采样器之间接口；DSP2 和 DSP3 完成返回信号处理任务，DSP3 还将产生的 ARINC453 格式字送 CPU，最终送系统指示器；DSPM 和 DSPM' 完成多扫描操作，合并多扫描数据，旋转/传输功能，来协调显示影像与飞机运动一致。

通用输入/输出 A33 板作为 CPU 34 板接口、离散接口（将离散信号送到机件反面连接器的 I/O 地址数据线锁存，CPU A34 的离散信号送到机件或其他电路板卡锁存，离散接口同时为风切变功能提供故障驱动电路）、语音接口（提供声音信息，谐音锁存器和音频驱动电路，输出低音量和高音量声音给扬声器，播报地形冲突和风切变等语音信息）、同步/数字接口（将三线 200 mV/° 同步航向，和三线 200 mV/° 同步空速输入转换为数字数据，通过接口送到 CPU）。通用输入/输出 A33 板有三个 ARINC 429 低速总线和 6 个 ARINC 429 高速总线，数据到机件可以用 ARINC 429 低速（12.5 kHz）信号格式或高速（100 kHz）信号格式，这个格式必须用三电平总线格式转换为兼容的逻辑格式。电路板上的处理电路将 A、B 总线输入转换为 TTL 兼容信号（由 ARINC 429 接收机完成）。离散信号输入通过低速 ARINC 429 接收机 U94A/B 和 U94C/D 的输出到 CPU 接口（多路器 U38），接收的 BITE 通过低速的 ARINC 429 接收机 U53F/B 的输出送到 BITE 处理器的 ARINC UART U65 中。数字高度 1 和数字高度 2 总线通过高速 ARNIC 429 接收机 U68A/B 和 U68C/D 送到多路选择器 U58 和远程雷达 ON 处理器，多路选择器 U58 的数字输出送到 CPU A34 的一个 MUX UART。多路选择器 U58 由电源的 + 5V BITE 提供，当 + 5V BITE 关断时，多路选择器 U58 将断开数字高度总线与电路其他端口的连接，它对 CPU 的输入信号接地，CPU 电路将无这个输入。ARINC 429 高速接收机 U80A/B 和 U80C/D 输出电平偏移的数字大气数据 1 和大气数据 2 到 CPU A34 的 MUX UART。ARINC 429 高速接收机 U16A/B 和 U16C/D 输出电平偏移的 ON DIG ATT 和 OFF DIG ATT 到 BITE 处理器的 PAL U83。如果 ON SIDE DIGTAL ATTITUDE 和 OFF SIDE DIGTAL ATTITUDE 同时送到 CPU，在 CPU 板上第 2 组 ARNIC 收发机完成到 TTL 逻辑电平的偏移转换。通用 I/O A33 板有一个低速 ARINC 429 发射机和一个高速 ARINC 429 发射机。低速发射机从 BITE 处理器中接收 XMT BITE 总线信号，转换为 ARINC 429 格式。高速发射机从 CPU A34 接收 HAZARD BUS，转换为 ARINC 429 格式。

远程雷达加电处理器用于为风切变操作提供自动接通功能。当无线电高度表报告高度小于 2 300 ft（AGL），飞机在空中或地面（不在维修架上）时，远程雷达加电处理器自动接通系统电源。一旦加电，CPUA 34 引导程序将判断收发机的操作模式，远程雷达加电处理器通过设置 RADAR ON 离散输出来接通 RT 电源，并让 CPU 判断雷达接通的缘由。雷达系统可以由远程雷达加电处理器或收发机 ON/OFF 离散在空中加电。

12.2 气象雷达 BIT

随着机载气象雷达技术高速发展，BIT（Build in Test）技术普遍用于机载气象雷达自测试和为维修提供故障信息。BIT 是指雷达设备内部提供的监测和隔离故障的自动测试能力，因此，了解机载气象雷达 BIT 是气象雷达设备维修必备技术手段。本节以 Rockwell Collins 生产的多扫描雷达收发机 WRT-2100 为例，说明机载气象雷达 BIT 的测试问题。

BITE 处理器电路提供气象雷达系统和中央或机载维护计算机的接口，对故障报告和自测试结果进行存储。

BIT 启动方式：系统加电时自动开始；加电时由控制面板选择；或由中央维护系统（CMS）终端命令。自测试验证系统校验。BIT 测试结果将显示在监视器或 CMS 终端上，离散和音响警告输出将会都被测试。

雷达收发机进行内部功能背景监测和校验，内部功能的背景监测包括：ROM/RAM 监测、程序引导监测、天线测试、发射机监测、接收机监测。所有的处理器进行 ROM 和 RAM 测试来监测软件的完整，当处理器发送故障状态时，探测到的故障报告给 CPU，这些故障存储到不易变的存储器中。

当程序引导时，如有以下情况发生：监测错误、数据传输错误或 CPU 到 DSP1 的握手错误，那么收发机将报告一个 T/R FAIL，且风切变失败灯亮。正常情况下，程序引导期间风切变失败灯灭。

天线测试由升降测试和方位测试组成。升降测试通过升降轴在 – 40° 至 + 40° 之间移动，当升降在 0° 倾斜位时，测试暂停。方位测试在 – 90° 至 + 90° 之间移动扫描，当扫描轴在 0° 方位时测试暂停。

收发机监测在风切变模式和非风切变模式下，检测功率电平和功率下降故障。在地面当风切变操作或飞机自测试的峰值电平小于 100 W 时，功率电平故障被设置，在空中当非风切变或风切变测试的峰值功率小于 50 W 时，功率电平故障被设置。若 20 μs 发射脉冲末尾的峰值功率比风切变操作的 2 μs 风切变峰值功率小 2.5 dB，则功率下降故障被设置。

接收机监测测试包括：AGC 状态监测、I/Q 中心状态监测、风切变测试接收机监测。AGC 状态监测对每个天线扫描至少进行一次 AGC 参数的最大值和最小值检测；I/Q 中心状态监测对每个天线扫描至少进行一次 I 通道和 Q 通道的最大值和最小值检测；风切变测试接收机监测是在选择了收发机自测试和进入风切变模式时开始进行，风切变测试接收机监测由以下组成：相位平衡测试、增益平衡测试、噪声指数测试、STC 测试。

WRT-200 支持两种“fault status”协议：定位到特征和定位到位。两个机件的 BITE 软件是一样的，BITE 处理器根据从 CFDS 和中央维护计算机（CMS）中接收的数据，进行协议运算。

BITE 主软件功能可分为五个功能：故障监测、正常模式、菜单模式、接收 ARINC 数据、空/地离散。

故障监测功能探测输入姿态总线上发生的故障和主 CPU 送到 BITE 处理器的故障，这些故障存储在非易失性存储器中。当飞机在空中时，内部和外部故障都存储在飞行存储器中：当飞机在地面时，内部故障存储在地面存储器中。探测的故障通过 ARINC 429 BITE 总线发射机输出到中央维护计算机（CMS）中。

地面探测的故障（不飞行）存储在非易失的地面故障部分。地面存储故障是内部故障，由收发机、天线和控制组件组成，提供 3 个故障存储。存储器的地面故障部分在飞机加电时被擦除，在工作间加电时，地面故障被保留以便诊断。

飞行中探测的故障存储在非易失性存储器的 1 区，对最后 N 次飞行的内部和外部故障存储，总共可存储 64 个飞行日志信息。如果最后 64 个飞行日志中无故障，故障历史旗被清零。每个故障的一个“snapshot”被存到不可变存储器的 2 区，总共有 32 个“snapshot 可以存储。存储在 2 区的数据包括：故障的时间和日期、系统（左或右）的 SDI 和飞机识别。内部故障包括：收发机、天线和控制组件。外部故障包括：姿态输入、左 EFIS 总线、右 EFIS 总线和航向输入总线。

空速输入总线、无线电高度输入总线和 CFDIU 总线作为单个故障存储在存储器的第 3 故障区，如果两个空速输入或无线电高度输入都故障时，可以存储 5 个 3 级故障。

如果双系统安装，每次只能一个系统运行，然而两个系统都必须报告故障。在起飞前，每个系统要自动循环测试，来判断系统状况，如果系统关电时出现一个故障，那么这个故障被存储，在下一个飞行日志期间作为飞行故障。

正常模式功能控制 ARINC 429 输出总线的数据输出，故障概要为 Label 350 以二进制格式输出故障，故障输出使用多个 Label 356 字，Label 377 用于设备识别输出。正常模式输出以 50ms 间隔中断驱动，Label354 用于输出 LRU 和软件标识。

菜单模式允许操作者访问存储的故障，最近的故障显示在最近的报告中，以前的故障显示在以前的报告中，总共 64 个飞行日志与最多 32 个存储故障存储在一起。飞行日志故障之外，菜单模式提供 LRU 识别，测试故障数据和地面故障报告。当机件在工作台架上时，菜单模式提供工作间数据。

接收 ARINC 数据功能从 ARINC 429 输入总线上传输数据，输入总线上接收的字包括 label 260（日期）、label 125（时间）、label 301、302、303 和 304（飞机识别），label155（飞机结构配置），label 156（飞机类型），label 277（命令）。接收 ARINC 数据功能是作为有字接收的驱动中断。

空/地离散功能监测输入的空/地离散，一个延迟同离散开关的状态联系在一起，避免由于开关的跳开关产生多个飞行日志。当菜单模式操作时，空/地离散接地，那么系统转换为正常模式。

BITE 处理器访问几个存储器设备，这些设备是 BITE 处理器存储空间的映射，当 BITE 处理器软件使用这些区域之一的一个地址，同 BITE 处理器相关的硬件通过 BITE 处理器的地址和地址/数据总线执行操作，访问操作时对软件来说是透明的。

定位“位”故障状态协议发送一个故障概要（label 350），由位组成来代表雷达系统的一个功能或输入的状态。例如：字由 32 位组成，前 8 位（1 ~ 8 位）是标号位（LABEL），标记该传输字的信息类型；9、10 位是源目标识别位（source destination identifier，SDI），用来指示信息的来源或信息的终端；11 ~ 29 位是数据位（DATA），代表故障位，其中 11 位：rt 故障、12 位：天线故障、13 位：要求的姿态总线未激活、14 位：控制总线 0 无效、15 位：控制总线 1 无效、16 位：控制总线 2 故障、17 位：控制总线 3 无效、18 位：中央故障显示接口组件（CFDIU）输入总线未激活、19 位：外围姿态总线未激活、20 位：波导开关失败、21 位：WXR 校验失败、22 位：高度输入总线 1 未激活、23 位：高度输入总线 2 未激活、24 位：数字大气数据输入总线 1 未激活、25 位：数字大气数据输入总线 2 未激活、26 位：离散输入总线 1 未激活、27 位：离散输入总线 2 未激活、28 位：BITE 测试抑制、29 位：命令字被识别；30、31 位为符号状态矩阵位（sign status matrix，SSM），表示数据的特性或字的类型，也可以表示发送设备的状态信息。32 位为奇偶校验位（P），实现简单的数据校验功能。通过

LABEL 标号，接收设备可以很容易地判断出所接收字的用途，比如 LABEL 354 用于输出可更换器件或软件识别，LABEL 377 用于输出设备识别，LABEL 350 用于输出故障字等。上述 32 位中的每一位，若为逻辑“0”指示功能或输入 OK，使能或有效；若为逻辑“1”指示功能或输入失败，抑制或未激活。Label 350 字发送到中央维护计算机（CMS），提供对故障和状态数据的记忆存储、格式化和显示。

定位“特征”协议软件提供对故障和状态数据的记忆存储、ASCII 格式化和显示。rt（雷达测试）运行的定位“特征”格式协议软件有两种模式：正常模式和菜单模式。正常模式连续发送维护数据给中央故障显示系统（Centralized Fault Display System，CFDS），CFDS 在 A320 的飞机电子集中监控（ECAM）和多功能控制显示组件（Multipurpose Control & Display Unit，MCDU）上；菜单模式，定位“特征”格式协议只有飞机在地面上时可以访问。

WRT-2100 的处理电路探测影响系统的任一故障，通过工作间可换件（SRU）级别来识别故障，存储故障报告（包括时间、日期、飞机识别和故障时间）。这些数据存储在非易失性存储器中，存储器又分成几个区，每个区作为 FIFO（先进先出），最后进入的将最早进入的从区中推出。

一系列定位特征格式协议数据输入字由 ARINC 429 输入总线（RCU BITE）送到 RF。BITE 数据输入字的定义见部件维修手册（Component Maintenance Manual，CMM）的 Table21。

在正常 BITE 模式期间，WRT-2100 发送当前飞行日志信息到 ARINC 429 总线上，使用 label 356 发送，这个字指示无故障或相应 ATA 章节包括的所有故障 LRU 的识别信息。正常模式传输字的定义见部件维修手册（CMM）的 Table22。

菜单 BITE 模式只有飞机在地面上时可操作。当接收到菜单字（label 227）请求时，菜单 BITE 模式被初始化。当维护控制显示组件（也就是多功能控制显示组件，MCDU）的菜单请求键松开后，MCDU 发送 BITE 命令字 3 s。在 3 s 内，WRT-2100 响应请求，发送（RTS）菜单模式传输字（label 356）。当发送一个 RTS 字后，WRT-2100 在 200 ms 内等待一个清除发送（CTS label 227）字（来自 MCDU）。如果在 200 ms 内 WRT-2100 没有接收到 CTS 字，WRT-2100 自动返回到正常 BITE 模式；如果在 200 ms 间隔内探测得到 CTS 字，且 CTS 字的第 11 位复位（指示 MCDU 没准备好），WRT-2100 将在 5 min 内以 200 ms 的间隔发送 RTS 字，直到接收到一个 11 位设置了（MCDU READY）的 CTS 字，如果 WRT-2100 在限制时间内探测到 11 位设置了的 CTS 字，WRT-2100 将返回正常的 BITE 模式。

A320 飞机的中央故障显示接口组件（CFDIU）在发送了一个 CTS 字到 WRT-2100 后，在 1 s 内等待一个 STX 字（label 356）。STX 字指示一个记录发送的开始，菜单发送使用的其他字有 CNTRL、DATA、ETX 和 EOT。发送序列的开始用 STX 字，结尾用 EXT 或 EOT 字。

气象雷达 BITE（label 356）提供故障信息给中央故障显示系统（CFDS），这些雷达系统故障信息在 CFDS 的显示组件上显示。

BITE 处理器由处理器 U52、flash 存储器 U10、RAM U21、非易失性存储器 U34、缓冲器 U74 和 U75、故障锁存器 U51 和 U62、一个 ARINC UART U65、电源监测器 U43 和其他相关元件和总线组成。

BITE 处理器是一个 8 位微控制器，包含：4K × 8 位 ROM、128 × 8 位 RAM、32 个 I/O 线、2 个 16 位计数器/时钟、5 个源（故障源）、两个优先级嵌套中断结构、一个串行 I/O、一个芯片自带振荡器和时钟电路。BITE 处理器控制 3 个并行总线：BITE 数据/地址总线、BITE 地址总线和 BITE P1（BITE 端口 1）总线。BITE 地址/数据总线和 BITE 地址总线用于访问存储设备（flash 存储器 U10、RAM U21 和非易失性存储器 U34）； BITE P1 总线用于访问故障锁存器（U51、U62）、SDI 缓冲器（U74）、内部/外部总线活动缓冲器 U75、和 ARINC UART U65；BITE P1 是双向 I/O 端口，BITE P1 的 I/O 端口由内部电路提供电平拉升。如果有“1”写入端口 1 的插钉内部 pull-up 将电平拉升。在对程序存储器验证时，port 1 同时接收低地址位。

BITE 处理器从四个地方接收故障信息：故障锁存器 U51、U62，SDI 缓冲器 U74，内侧/外侧总线缓冲器，ARINC 429 UART U65。故障锁存器 U51 和 U62 通过 I/O 地址/数据线从 CPU A34 中接收故障数据，每个故障锁存器由离散接口电路上的译码器 U11 发送的故障锁存器芯片使能信号来寻址。当 PAL U83 上的芯片使能信号选中时，BITE 处理器通过 BITE P1 读取故障锁存器。BITE 处理器通过缓冲器 U74 接收 SDI 信息，并通过缓冲器初始化自测试操作。内侧/外侧总线缓冲器 U75 用于在内侧姿态总线和外侧姿态总线有信号时通知 BITE 处理器。ARINC 429 UART 是一个通用目标、可编程 I/O 设备，用作 ARINC 429 字的一个接口，包含符号、状态、识别和错误信息的数据字以 4 个字节的形式通过并行口。这个设备有 4 个操作模式：接收数据、发送数据、提取状态和清除发射机，这些模式由来自 U83 的操作码选择。ARINC 429 UART U65 由程控来发送和接收 ARINC 429 低速数据。ARINC 429 UART U65 接收串行输入总线上的串行数字 BITE 数据，发送串行数字 BITE 数据到 ARINC 429 发射机，发射和接收的时钟为 2 MHz。

BITE 处理器的时钟由 12 MHz 晶振 Y1 提供，12 MHz 晶振的输出送到 BITE 处理器 U52 和六分频器 U61，12 MHz 经过六分频后为 2 MHz，送到 UART U65 和 CPU A34。

将 RST 信号保持为高至少两个机械循环，可使 BITE 处理器 U52 复位。为确保一个好的加电复位、RST 保持高的时间必须足够长，允许振荡器开始起振，并执行两个机械循环。复位可以是一个外部复位（EXT RST F）或由电源监测器 U43 产生的复位，外部复位和电源监测复位在加到 BITE 处理器的 PIN 管脚之前先进行“与非”操作。

空/地离散信号通过一个接口电路（U92A、CR40）到锁存器（U73A），再到 BITE 处理器 U52，接口电路转换空/地离散信号为 TTL 电平，为的是外部电压输入变化时保护电路。锁存器对输入信号进行同步，所以输入信号在被 BITE 处理器 U52 读取时状态不变。锁存器的时钟由 BITE 处理器 U52 的 ALE 输出提供。

AUTO CYCLE INH 信号也来自空/地离散，空/地离散输出（U92A）通过转换器 U44E 和 U44F 送到驱动晶体管 Q12。AUTO CYCLE INH 信号通过互连板 A1 输出到机件的反面连接器。自动循环抑制信号将抑制系统控制面板的自动循环功能（当飞机在空中时）。一些系统安装要求电源开始加到系统上时进行自动自测试（auto-test）。当开始加电时，自动循环功能将使能自动测试。当收发机已开始加电、并且控制线上有一个有效的 ARINC 429 Label 270 字（模式控制位设为 TEST）、空地离散指示飞机在地面、风切变限制器被判断为无效、自动循环抑制信号失效（接地）时，产生自动循环功能。自动循环流程一直持续到模式控制区域不再指示 TEST，或 60 s 最长时间已过。当过了最长时间 60 s 后，收发机将退出自动循环操作，返回控制面板控制的正常工作模式。在双系统中，2 号 rt 将完成自动循环流程、并关断除 BITE 处理器外的所有处理器，来抑制自身操作。一旦 2 号 rt 抑制，1 号 rt 开始自动循环流程。当 1 号 rt 完成了自动循环流程，雷达系统返回到由控制面板选择的 rt。控制面板面板判断自动循环模式的有效性，只有特殊的控制面板支持自动循环功能。

BITE 处理器也能够使收发机自测试。通过缓冲器 U74 写到双稳态触发器 U73B，双稳态触发器 U73B 将锁存 SELF TEST 信号，输出到 CPU A34。SELF TEST 信号直接送到微控制器 A34 U61。只有飞机在地面上且雷达不在风切变模式时，才允许由 BITE 的命令启动自测试（从中央维护系统 CMS 或 OMS）。BITE 处理器命令的自测试将对各种内部、外部功能进行内部监测，来判断系统状态。这些功能包括：输入总线、天线、收发机、波导开关、气象雷达系统校验。

BITE 处理器有几个输出端口线连接到 PAL U83 上。PAL 包含一个“与”门阵列、输出是一个“或”门阵列。PAL 设备有多种结构，可以完成大量逻辑方程运算。PAL U83 接收 BITE 处理器的端口线和内侧、外侧串行姿态线。BITE 处理器 U52 的端口线用于产生一个芯片使能信号，来读取故障锁存器（U51、U62）、缓冲器（U74）、和内侧/外侧总线缓冲器（U75）的信息。BITE 处理器 U52 有 4 个端口线连接到 PAL U83，这些线是：ALE、TXD、T0、T1。ALE 或地址锁存使能输出用于在访问外部设备时锁存地址，ALE 频率是振荡器频率（12 MHz）的 1/6。ALE 的输出在 U44C 中反相，用作地址锁存器 U45 的时钟输入。端口线 TXD 是一个输出端口。T0 和 T1 是时基端口线。PAL U83 从内侧和外侧姿态线转换的 TTL 电平中提取一个时钟信号。

PAL U83 输出几个控制或芯片使能信号，内侧和外侧芯片使能信号（01、02）送到一击设备 U87A 和 U87B，如果一击设备没被触发，那么一击的输出被 BITE 处理器读取，指示内侧和外侧姿态信号总线未激发。

U83 的输出对 SD1 缓冲器和故障锁存器来说也是芯片使能信号，其余的输出控制线送到 ARINC429 UART U65。这些控制线由操作码输入复位和芯片使能信号组成，操作码设置 ARINC429 UART 的读取模式，决定 BITE 处理器是否读取状态信息，是 ARINC429 字或是字的一部分。

BITE 处理器有 3 个存储设备：flash EEPROM 存储器、静态 RAM、非易失性 EEPROM。这些设备都是 BITE 处理器可读取的存储器，由 BITE 处理器的多路地址/数据总线和地址总线访问。地址锁存器 U45 锁存多路地址/数据总线的地址。flash EEPROM（U10）是 128K × 8 位处理器程序存储器，当 BITE 处理器的程序存储使能输出被选通时，这个 flash EEPROM 被选择；程序存储使能输出是对外部程序存储器的读选通，从 flash EEPROM U10 中读取期间，程序存储使能被激发两次。静态 RAM U21 和非易失性 EEPROM 由 BITE 地址位 BITE A15 选择，当 RAM 不被选取时，反相器 U44D 改变逻辑状态来选取非易失性存储器。静态 RAM 是 128K × 8 位设备用于存储 BITE 处理的中间结果，非易失性 EEPROM 存储器 U34 是 8K × 8 位 EEPROM，任何由自测试、系统自监测电路作用的系统中探测的故障同日期、时间、故障时间识别都存储在非易失性存储器中。非易失性存储器中存储的故障包括：发射机故障、数字输入数据故障、姿态输入故障、无线电高度输入故障、真空速输入故障、航向输入故障、离散输入故障、控制故障通告、显示故障通告。

12.3 气象雷达故障空地传输与监控

中国民航大学韩雁飞等提出一种基于 ACARS 空地数据链的机载气象雷达故障 BIT 的实时空地传输和故障监控方法，如图 12.2 所示。该方法采用空地协同的工作方式，空中部分包括机载气象雷达BIT、ACMS、ACARS空中收发机，地面部分包括雷达地面维修系统和ACARS地面收发机。空到地的工作内容为机载DFDAU采集ARINC 429总线的机载气象雷达BIT产生的故障字和系统运行的状态数据，当实时数据符合用户编辑的报文触发逻辑时，利用ACMS系统的数据库触发包含 WXR 故障字的 ACARS 报文，并通过 ACARS 空中发射机传送到ACARS地面接收机传给雷达地面维护系统，地面维护系统接收ACARS报文，并利用报文中的参数信息进行故障诊断。地到空的工作内容为利用 ACARS 报文地面用户编程软件，以待监控参数的数据位状态改变为ACARS报文触发逻辑，参照ARINC标准设定报文格式，通过ACARS地面发射机把ACARS报文发给ACARS空中接收机，并将其装填于机载气象雷达组件内，提取需要的BIT故障信息。

图 12.2 机载气象雷达故障 BIT 空地实时传输与故障监控

机载气象雷达通过ARINC 429总线传输数据，标准ARINC 429的传输字为32位，共分为PARITY、SSM、DATA、SDI和LABEL等5个基本区域。1～8位是标号位（LABEL），标记该传输字的信息类型。9～10位是源终端识别位（source destination identifier，SDI），用来指示信息的来源或信息的终端。11～29位是数据位（DATA），用于存储传输故障信息。30和31位为符号状态矩阵位（sign status matrix，SSM），表示数据的特性或字的类型，也可以表示发送设备的状态信息。32位为奇偶校验位（P），实现简单的数据校验功能。通过LABEL标号，接收设备可以很容易地判断出接收字的用途。例如，LABEL 354用于输出可更换器件或软件识别，LABEL 377用于输出设备识别，LABEL 350用于输出故障字等。对于一个典型的故障字，LABEL 350的11～29位分别指示的故障如表12.1所示。由表12.1可知，通过监控LABEL 350中的数据位（11～29位），可有效地识别出机载气象雷达故障。

表 12.1 LABEL 350 中数据位指示的故障信息

数据位	指示故障	故障代码	数据位	指示故障	故障代码
11	收发组件故障	RCTR	21	WXR校准故障	CALF
12	天线故障	ANT	22	高度输入总线1失效	RALT1
13	左侧姿态汇流条失效	ONATT	23	高度输入总线2失效	RALT2
14	控制总线0失效	CTRB	24	数字飞行数据总线1失效	DAD1
15	控制总线1失效	EFIL	25	数字飞行数据总线2失效	DAD2
16	控制总线2失效	EFIR	26	离散输入总线1失效	DIS1
17	显示控制总线3失效	DISPB	27	离散输入总线2失效	DIS2
18	CFDIU输入总线失效	CFDIU	28	自检抑制	BITIN
19	右侧姿态汇流条失效	OFATT	29	指令确认	
20	波导开关失效	WAVE			

机载气象雷达 WXR 与大气数据惯性基准组件（air data inertial reference unit，ADIRU）、无线电高度表（low range radio altimeter，LRRA）、自动油门电门组件和起落架电门等机载系统相互交联且较为复杂。当与 WXR 交联的系统发生故障时，极易被误判为气象雷达系统故障，从而引发气象雷达故障原因不明的情况，导致 WXR 的故障虚警率较高。下面以惯导系统与气象雷达系统的交联影响情况为例进行测试分析，利用 ARINC 429 测试仪读取总线数据，通过断开左右惯导系统的数据接口，进行设备失效测试。设定“ON”表示出现该数据位指示的故障，“OFF”表示未出现故障。测试时，LABEL 350 中的数据位变化如表 12.2 所示。由表 12.2 可知，当关闭左右惯导 1 min 后，LABEL 350 的 BIT 11 出现“ON”，即表示 WXR 收发组件出现故障，LABEL 350 的 BIT 13 出现“ON”，即表示左侧姿态汇流条失效故障，LABEL 350 的 BIT 18 出现“ON”，即表示 CFDIU 输入总线失效故障，LABEL 350 的 BIT 23 出现“ON”，即表示高度输入总线 2 失效故障，LABEL 350 的 BIT 28 出现“ON”，即表示自检抑制；综合分析这几个故障信息，可以根据手册查到是惯导组件失效。传统的维修方式仅能通过机载显示设备和机组人员的故障记录信息得到“WXR FAI L”的故障代码，而无法直接判定出此时的“WXR FAI L”是由惯导组件失效而引起的。维修人员只能通过多次的拆换部件与测试来寻找故障原因。这样不仅会增加排故的时间与工作量，也极易在多次的拆换过程中带入新的故障，干扰设备的正常运转。因此，依托 ACARS 空地数据链，能把机载气象雷达故障代码实时有效地传给地面机务维护系统，减少雷达故障查找时间，提高维修效率。

表 12.2　设备失效测试时 LABEL 350 中数据位

数据位	ADIRU，LRRA 正常	关闭左惯导 30 s 后	关闭右惯导 30 s 后	关闭左、右惯导 60 s 后
11	OFF	OFF	OFF	ON
12	OFF	OFF	OFF	OFF
13	OFF	ON	ON	ON
14	OFF	OFF	OFF	OFF
15	OFF	OFF	OFF	OFF
16	OFF	OFF	OFF	OFF
17	OFF	OFF	OFF	OFF
18	OFF	ON	ON	ON
19	OFF	OFF	OFF	OFF
20	OFF	OFF	OFF	OFF
21	OFF	OFF	OFF	OFF
22	OFF	OFF	OFF	OFF
23	OFF	ON	ON	ON
24	OFF	OFF	OFF	OFF
25	OFF	OFF	OFF	OFF
26	OFF	OFF	OFF	OFF
27	OFF	OFF	OFF	OFF
28	OFF	OFF	ON	ON
29	OFF	OFF	OFF	OFF

12.4 气象雷达故障的自动化测试

本节以 Rockwell Collins 公司生产的多扫描气象雷达收发机 WRT-2100（装备在 A320/321/319 飞机上）为例子，说明新型气象雷达故障的自动测试问题。华南理工大学庞聪等给出 WRT-2100 型机载气象雷达故障自动测试系统示意图如图 12.3 所示。

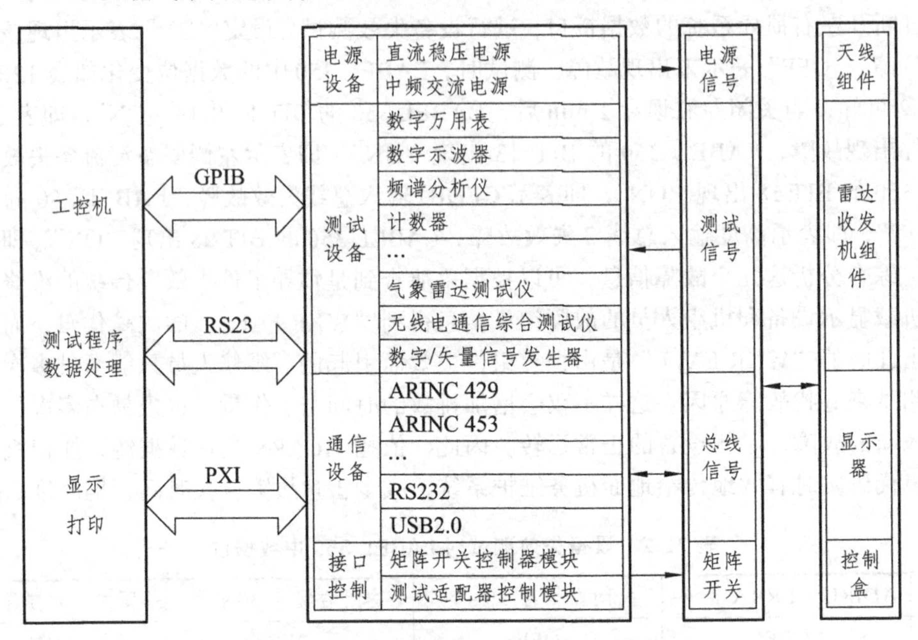

图 12.3　自动测试系统硬件架构示意图

要组建一个雷达自动测试系统，首先要进行软硬件需求分析。

机载气象雷达收发机测试包括了雷达性能测试、风切变性能测试、自动风切变激活测试、控制总线命令测试、BITE 性能测试等五大部分。根据机载气象雷达（WRT-2100）以及雷达天线支架（WMA-701X）厂商所提供手册 34-40-59-CMMIPL-R17 所描述的测试步骤，自动测试硬件需求包括以下五个方面：

（1）供电需求：气象雷达的供电包括了单相 $115\times(1\pm2\%)$ VAC，$400\times(1\pm5\%)$ Hz 的交流电以及供给模拟地址数字信号的 ±12 V、±15 V、±28 V 的直流电。

（2）低频模拟信号测试需求：包括测量介绍低频信号的电压、电流、功率和音频信号输出电压等。

（3）风切变信号测试需求：测量 W/S 信号脉冲频率等参数。使用 RDX-7708 雷达专用测试台对风切变和 RF 信号进行全面测试。

（4）射频信号测试需求：测量不同设置下 MDS 信号功率的范围以及雷达多通道的射频信号输出功率范围、频率大小。

（5）通信接口需求：雷达交互采用的是 RS232 进行通信，波特率为 9 600，8 位数据位，没有设置停止位，采用奇校验。雷达内部使用 ARINC 429 通信，通过设置 ARINC 429 总线特定的标志位对雷达进行控制。除此之外雷达内部还使用了 ARINC 453 进行通信，ARINC 453 总线主要用于传输显示数据给显示屏。

系统软件需求主要包括：

（1）用户管理。在实际的测试开发过程中，既有负责运行的操作工程师，也有负责开发测试脚本和设备底层驱动的开发工程师以及更高权限的管理员，因此需要软件提供多层级的用户权限管理模块。

（2）设备管理。系统软件需要能够快速方便地增添或者删除测试设备，能够有效地管理各个设备，提供界面对设备的各个参数如 GPIB 地址、输出通道、驱动函数库进行配置。为了保证上层开发与总线无关，系统需要利用面向对象的思想，提供一个统一的设备驱动接口，所有设备的驱动程序都要根据统一的接口以动态链接库的形式接入系统中。

（3）运行控制。系统软件提供测试脚本的运行环境，对测试脚本编译解释成字节码运行，在运行过程中可进行调试，提供变量查看、设置断点、代码跳转等调试功能，并且可以切换手动测试和自动测试。所采用的测试脚本语言应语法简洁、运行快速、支持函数功能。

（4）安全性。自动测试系统所涉及的雷达是精密仪器，设计设备驱动函数库时需要着重考虑突然的断电安全保护问题；其次由于资料大多需要保密，需要严格安全认证。

（5）标准化。在民航领域中对设备测试有着严格的标准，雷达自动测试系统必须严格遵守 WRT-2100 厂商提供手册 34-40-59-CMMIPL-R17 所描述的测试步骤，设计要符合规范要求，自动测试报告输出要严格遵守民航领域的通用标准。

自动测试系统硬件架构示意图如图 12.3 所示。系统中核心部件是计算机，负责测试数据处理显示等，采用 1.8 GHz 的研华工控机作为测试用计算机。该型工控机带有三种总线接口，分别是 USB 接口、GPIB 接口以及 PXI 接口。GPIB 接口选择 NI 公司提供的 PCI-GPIB 的 NI-488.2 板卡，PXI 接口选择 NI 公司提供的 PXI-PCI8331（MXI-4）。由于测试硬件平台中大部分测量仪器为带 GPIB 接口的台式仪器，故在总线构成上，以 GPIB 总线为主，PXI 总线和 USB 总线为辅。测量仪器包括：频谱分析仪（安捷伦 Agilent E4404B）、数字万用表（Agilent 34401A）、计数器（Agilent 53132A）、数字示波器（泰克 Tektronix 4054）和角度仪（NAI 75SD1）。高频信号源包括：气象雷达测试仪（RDX-7708）、数字/矢量信号发生器（IFR2051）、无线电通信综合测试仪（罗德与施瓦茨 Rohde & Schwarz CMS-54）、NAV 信号发生器（Jc AIR NAV2000）、GPS 信号发生器（Jc AIR GNS-743A）。模拟信号源包括：函数发生器（NI PXI-6733）。数字信号源包括：ARINC 429 模块（Gefanuc CEI830）、ARINC 453 模块（Gefaunc P-708）、ARINC 422/485 模块（NI PXI-8433）、RS232 模块（NI PXI-8432）和雷达天线驱动 FPGA 模块（NI PXI-7811）。电源包括：可编程直流电源（安捷伦 Agilent 6674A）、可编程交流电源（安捷伦 Agilent 6813B）。开关模块包括：8×32 线矩阵开关（NI PXI-2532）、两块 40 线单刀双掷开关（NI PXI-2570，支持大功率负载）、单刀单掷开关（NI PXI-2564）。测试适配器接口选择的是 NI 的 PXI-1045，PXI-1045 系统带宽为 132MB/S，支持混合 PXI 总线。

自动测试系统软件架构如图 12.4 所示。

自动测试系统软件运行于工控机上，自动控制管理所有测试设备与测试过程。为了降低模块的耦合性，在软件设计上采用了 MVC（model-view-controller）模式，将整个软件平台分为三个层次：用户人机交互界面（UI 层）、核心控制器层、功能模块层，如图 12.4 所示。

用户通过人机交互界面进行操作，系统接收用户的操作，进行预处理，然后传递给核心控制器。核心控制器根据传递来的操作进行判断，调用各个功能模块进行处理。功能模块处

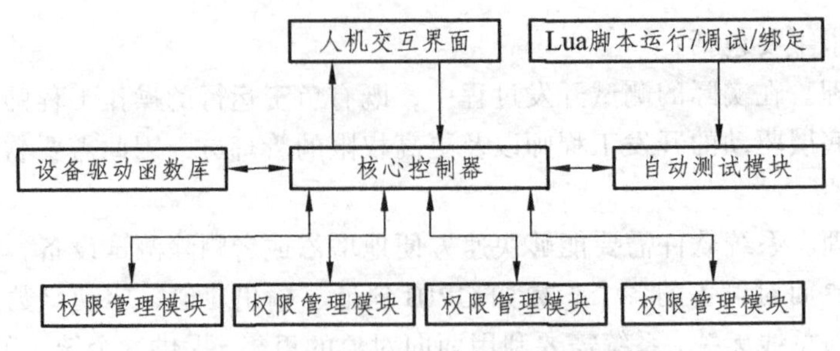

图 12.4　自动测试系统软件架构示意图

理完后将结果数据反馈给核心控制器，最终在 UI 界面上显示。该软件实际开发中选择了 QT 作为界面开发框架。QT 支持跨平台，本身带有一套完整的 API 和框架，包括网络、数据库、多媒体、脚本引擎等，采用事件通知模型，具有较好的安全性，模块化程度较高。考虑到需要大量与底层设备进行交互，软件开发语言选择支持面向对象的 C++作为软件实现语言。测试程序集（TPS）采用一种常用的脚本语言作为自动测试语言，本例子中采用 Lua 脚本语言。和其他脚本语言相比，Lua 内核更加小，运行速度更快，即时编译性能极佳，并且 Lua 与 C++极为契合，本身非常容易被 C++调用，同时反过来也有简易的机制在 Lua 脚本中调用 C++。Lua 本身没有直接支持面向对象，但提供 table 等数据结构对面向对象进行模拟，另外其具有强大的协程来处理多线程的问题。

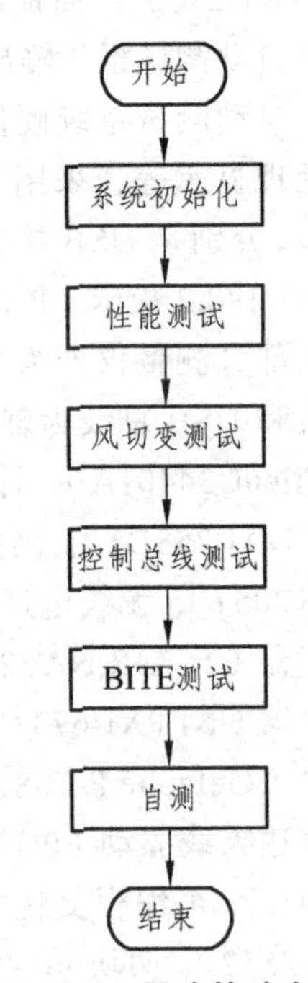

图 12.5　雷达故障自动测试流程

气象雷达有完善的性能监控和检测电路对整个系统进行全面完整安全的性能监控和自检。在实际测试中，主要有两种测试方式，一种是利用气象雷达内部 BIT 配合外部输入信号进行监测，获得系统的性能状态；另一种方式是通过显示器上的自检图形来显示系统性能。

本例通过外部软件，利用 RS232 和 ARINC 429 两种通信方式与雷达内部 BIT 进行交互，做性能测试，同时通过 ARINC 453 通信方式与气象雷达交互，获得图像数据进行检测。雷达自动测试流程如图 12.5 所示，系统初始化后，第一步进行雷达系统性能测试；测试通过再进行第二步风切变性能与风切变激活测试；之后进行第三步控制总线命令测试；然后进行第四步 BITE 测试，然后进行第五步自测，最后完成整个测试过程。

雷达自动测试系统完成初始化后，第一步进行性能测试，具体测试项目及预期标准如下。

1．输入测试

测试方法：系统初始化，设置环境变量，输入 100 V 电压，调用数字万用表 Agilent 34401A 测量输入电流，预期结果：电流 < 0.5 A 为通过。关闭离散开关，测量 fail lamp 两端电压，预期结果：fail lamp 为断开（即错误指示灯不亮）。打开离散开关，测量 fail lamp 两端电压，预期结果：fail lamp 为接通（即错误指示灯亮）。

2. 接收机 I/Q 平衡测试

测试方法：ARINC429 通过 BITE 设置雷达扫描范围 40NM，预期测试结果：RS232 读出范围设置为 40NM。雷达扫描范围设置为 50NM，进入 WX 模式，RS232 设置小时接收平衡，预期测试结果：RS232 读出范围设置为 50NM。

3. 自动增益控制电压测

测试方法：连接示波器 CH1 通道至 UUT 的 A31-T5 端，打开 AUTO_TURNON_INHIBIT 开关，读取当前工作模式，预期测试结果：MODE = WX。使用数字示波器泰克 Tektronix 4054 读取 WX short pulse 电压，预期测试结果：2V < RESULT < 4V。使用数字示波器泰克 Tektronix 4054 读取 WX long pulse 电压，预期测试结果：2V < RESULT < 4V。

4. 雷达功能测试

雷达功能测试方法和预期测试结果见表 12.3。

表 12.3 WRT-2100 雷达功能测试

测试方法	预期测试结果
设置 ATTITUDE BUS 值为 0，将 ATT DISC 开关拨至 OFF，设置俯仰角度为 10°，旋转角度为 10°，由 RS232 读出当前设置	Pitch = (10 ± 0.01)° Roll = (10 ± 0.01)°
关闭数字总线测试，ATT DISC 开关拨至 ON，读取当前俯仰角度以及旋转角度	Pitch = (− 5 ± 0.01)° Roll = (− 5 ± 0.01)°
进入三线模拟高度测试，在三线模式下设置俯仰角度为 − 30°，旋转角度为 − 20°，由 RS232 读出当前设置	Pitch = (− 30 ± 0.01)° Roll = (− 20 ± 0.01)°
打开雷达风切变功能，角度测量仪在三线模式下设置飞行姿态俯仰角 0.0°，旋转角 0.0°，角度测量仪在两线模式无输出	雷达监视器能够读到“Select 3 Wire Pitch & Roll，Set Pitch & Roll to 0.0 degrees”
角度测量仪在三线模式下设置飞行姿态俯仰角 20.0°，旋转角 20.0°，角度测量仪在两线模式输出 4 Hz，峰值为 1 V 的正弦波	雷达监视器能够读到“Select 3 Wire Pitch & Roll, Set Pitch & Roll to 20 degrees”
角度测量仪在三线模式下设置飞行姿态俯仰角 90.0°，旋转角 90.0°，角度测量仪在两线模式输出 4 Hz，峰值为 1 V 的正弦波	雷达监视器能够读到“Select 3 Wire Pitch & Roll, Set Pitch & Roll to 90 degrees”

5. 控制总线输入测试

测试方法：RS232 进入交互模式，读取 RS232 输出，预期测试结果：RS232 读出 “Control Bus 0-3 inactive”。控制总线输入使能测试，打开控制总线输入，判断其返回值是否正确，预期测试结果：读出“Control Bus 0-3 valid”。控制总线输入使能测试，关闭控制总线输入，判断其返回值是否正确，预期测试结果：读出“Control Bus 0-3 invalid”。

6. 引脚输入测试

测试方法：通过矩阵开关设置可编程引脚值，并从 RS232 中 i 读出设定值，设定值包括 07、0B、0D、0E，预期测试结果：RS232 显示如下“Program Pins 07（0B、0D、0E）”。

7. 数据总线测试

测试方法：测试数据总线 Data Bus 1，设置扫描范围为 50 n mile（海里）；预期测试结果：RS232 读出范围设置为 50 n mile。测试数据总线 Data Bus 2，设置扫描范围为 90 n mile，预期测试结果：RS232 读出范围设置为 90 n mile。测试数据总线 Data Bus 2，设置扫描范围为 320 n mile；预期测试结果：RS232 读出范围设置为 320 n mile。

8. 接收机性能测试

接收机性能测试测试方法和预期测试结果见表 12.4。

表 12.4 WRT-2100 雷达接收机测试

测试方法	预期测试结果
将气象雷达设置为自动增益（AGC）模式，通过 RS232 获得当前 MDS 值	Result：MDS > － 114 dBm
将气象雷达设置为自动（AUTO）模式，通过 RS232 获得当前 MDS 值	Result： MDS > － 114 dBm
将气象雷达设置为自动（AUTO）模式，通过 RS232 获得当前 MDS 值，并获得自检图形	Result： MDS is NLT -117 dBm 获得彩色图像中非黑色区域超过 20%

气象雷达可通过自检图形来表示当前的系统性能，自检时系统自动选择 100 n mile 显示距离，此时屏幕上显示 5 圈蓝色的距离标志圈。距离标志圈的间隔均匀，圆度正常则表示当前系统处于正常状态。

风切变性能测试和风切变激活测试。

WXA-2100 气象雷达遵循 ARINC708A 标准，带有风切变的探测功能。气象雷达收发机将密集地发送脉冲信号，在风切变探测模式下，PRF 为 3000，发送 64 个脉冲为一组，发射 64 个脉冲时长 23.1ms ± 0.5 μs，64 个脉冲每个之间间隔为 333.333 μs，64 个脉冲中每个脉冲宽度都为 6 μs。在风切变探测工作模式下，脉冲的 PRF 是随机变化的，以消除外部飞机引起的假的返回回波，脉冲组之间的间隔在 0 至 384 μs 之间变化，以 10 μs 的速率增加。

WXA-2100 气象雷达收发机中内置了一套检测系统 BITE 内含风切变功能测试，可通过 RS232 通信进入检测系统，配合外部输入控制气象雷达内置检测系统进入不同的菜单和状态来完成雷达风切变的性能测试。对风切变的测试包括了风切变性能测试和风切变自动激活测试。其中风切变性能测试中包括了以下内容：限定输入测试、航空器性能输入测试、28 V 直流减档输入测试、GND 减档输入测试、头标志输入测试、空速标志输入测试、风切变性能启动输入测试、风切变音频电平程序输入测试、风切变抑制输入测试、时钟启动输入测试、自动警告测试、模拟高度标志测试、自动开启抑制、离散输入总线启动测试、音频增益测试、音频信息测试、模拟输入测试的设置、模拟高度测试、模拟航向测试、模拟空速测试、数字高度测试、数字航空数据测试、离散输入总线测试、灾害总线测试、双系统公共输出、AIR/GND 自动循环禁止。风切变性能与风切变激活测试结果是否正确，设备是否有故障，通过比对 WRT-2100 雷达厂商提供手册 34-40-59-CMMIPL-R17 所描述的测试步骤和测试标准就可获取。

WXA-2100 气象雷达收发机测试中的关键问题是 ARINC 429 Label 解析和 ARINC 453 数据解析。气象雷达测试中，ARINC 429 的 32Bit 中，1～8 Bit 表示 Label 号，1～8 Bit 为 10111000 表示 Label270，Bit9 和 Bit10 表示源目标识别 SDI 信息。对于 Label 270，其 SDI 含义如表 12.5 所示。Bit11 表示 Scan 位，0 表示正常扫描，1 表示缩小范围扫描。Bit12 表示是否开启抗干扰系统，0 表示不开启，1 表示开启。Bit13 表示稳定选择状态，0 表示解除稳定，1 表示选择天线稳定状态。Bit 14～Bit 16 是雷达工作方式定义，含义如表 12.6 所示。Bit 17～Bit 22 表示设置扫描时的俯仰角，以二进制的形式读取，单位为 0.25°，其中 Bit 23 作为标志位表示其正负值。当 Bit 23 设为 1，Bit 22 到 Bit 17 设为 0 时表示进入自动俯仰控制模式。Bit 24～Bit 29 表示增益控制，以二进制的形式读取，单位为 – 1dB。Bit 30、Bit 31 为符号状态矩阵位（sign status matrix，SSM），表示数据的特性或字的类型，也可以表示发送设备的状态信息，含义如表 12.7 所示。Bit 32 位作为奇偶校验位。

表 12.5　Label 270 源目标识别 SDI 信息

Bit 9	Bit 10	状　态
0	0	正常控制
1	0	右收发机交替扫描
0	1	左收发机交替扫描
1	1	空

表 12.6　Label 270 雷达工作方式定义

Bit 14	Bit 15	Bit 16	工作方式
0	0	0	准　备
1	0	0	气　象
0	1	0	地　图
1	1	0	轮　廓
0	0	1	试　验
1	0	1	风切变＋湍流
0	1	1	气象＋湍流
1	1	1	风切变 Icon

表 12.7 Label 270 符号状态矩阵 SSM 含义

Bit 30	Bit 31	状 态
0	0	有效数据
1	0	无效数据
0	1	测 试
1	1	从动状态

ARINC 429 的 32 Bit 中，1 ~ 8 Bit 表示 Label 号，1 ~ 8 Bit 为 10111001 表示 Label271，Label 271 主要功能是设置气象雷达的扫描范围，亦可通过 Label271 读取到当前气象雷达的扫描范围。当为 Label 271 时，Bit 13 表示风切变功能是否开启，0 表示不开启，1 表示开启风切变预测。Bit 24 ~ Bit 29 表示扫描范围，以二进制形式读取，单位为 5 n mile，需要注意的是 Bit 24 ~ Bit 29 设为 0 时表示的是 320 n mile。

WXA-2100 气象雷达收发机测试中还有另一个关键问题是 ARINC 453 数据解析。气象雷达所接收的目标回波信号在收发机中经过距离滤波和方位滤波等数字处理后，会生成 1 600 位的串行数据字，通过 ARINC 453 高速数据总线显示到显示器上。ARINC 453 的 1 600 位串行气象数据字的信息包括三个部分：前 64 位表示控制信息和状态信息，包括 label、工作方式、距离、天线方位角以及故障状态等信息。数据前 8 位（Bit 1 ~ Bit 8）为 label，当 label 为 00101101，表示气象数据。Bit 9、Bit 10 表示信息接收矩阵，由于气象雷达支持双系统，即双收发机，Bit 9、Bit 10 表示由哪个显示器接收信息，或者均接收信息、均不接收。Bit 11 表示当前主从关系，0 表示主动状态，1 表示从动状态。Bit 14 ~ Bit 18 表示当前状态信息，包括正常、天线稳定极限、扇形扫掠、杂波抑制、气象提醒、湍流提醒 6 种状态。Bit 19 ~ Bit 25 表示故障信息，包括未发现故障、收发机故障、天线故障、控制盒故障、姿态输入故障、收发机校准故障、显示故障、冷却故障。Bit 26 表示稳定状态信息，0 表示解除稳定、1 表示选择天线稳定状态。Bit 27 ~ Bit 29 表示当前工作方式，包括准备、气象、地图、轮廓、试验、湍流、气象 + 湍流。Bit 30 ~ Bit 36 表示当前俯仰角信息，以二进制方式读取，其单位为 0.25°，其中 Bit 36 用于表示俯仰方向，0 时表示上仰，1 时表示下俯。Bit 37 ~ Bit 42 表示增益信息，增益为 0 时表示最大增益。Bit 43 ~ Bit 48 表示扫描距离信息，以二进制方式读取，单位为 5 n mile。Bit 50、Bit 51 表示接收气象数据的状态。Bit 52 ~ Bit 63 表示当前天线方向角信息，Bit 63 为 MSB（最高位），Bit 52 为 LSB（最低位），其角度值如表 12.8 所示。Bit 1 ~ Bit 64 中其他位为保留位。Bit 65 ~ Bit 1 600 的剩余位作为气象数据信息，每三位组成一组，表示回波强度，回波强度表如表 12.9 所示。Bit 65 ~ Bit 1 600 中共有 512 组数据，相邻组数据表示距离相差 1 个单位。根据 1 600 bit 的回波强度可以绘制出该角度下的颜色信息。不同颜色表示不同的回波强度。一个标准的颜色对应回波强度关系如表 12.10 所示。软件通过读取 ARINC 453 数据，其格式进行解析，每次解析 1 600 bit 数据，首先根据天线扫掠角数据获得当前所画线角度，然后从圆心开始进行涂色的操作，即是读取气象数据信息，顺序解析 512 组数据，根据其回波强度到表中查询其应涂颜色，设置该像素点颜色值，即可将半单位圆中该角度线上颜色进行涂色。依次处理完一个周期的 ARINC 453 数据即可得到一个雷达扫描的

表 12.8　ARINC 453 中当前天线方向角度信息

Bit	角度值	Bit	角度值
63	+180°	57	+2.812 5°
62	+90°	56	+1.406 25°
61	+45°	55	+0.703 125°
60	+22.5°	54	+0.351 562 5°
59	+11.25°	53	+0.175 781 25°
58	+5.625°	52	+0.087 890 625°

表 12.9　ARINC 453 中回波强度信息

D2	D1	D0	回波强度
0	0	0	低于 Z2
0	0	1	Z2-Z3
0	1	0	Z3-Z4
0	1	1	Z4-Z5
1	0	0	大于 Z5
1	0	1	保留
1	1	0	中度湍流
1	1	1	强烈湍流

表 12.10　雷达回波强度颜色表

回波强度	WX MODE	MAP	TEST
Z1=10 dBZ	BLK	BLK	BLK
Z2=20 dBZ	GRN	GRN	GRN
Z3=30 dBZ	YEL	GRN	GRN
Z4=40 dBZ	RED	YEL	YEL
Z5=50 dBZ	MAG	YEL	YEL
保留			
中度湍流	MAG	BLK	RED
强烈湍流	MAG	BLK	MAG

过程，根据得到的色彩图像判断当前雷达性能信息。雷达扫描测试得到标准自检图如图 12.5 所示，实测图形通过与标准图形比对，可以确认雷达是否有故障。

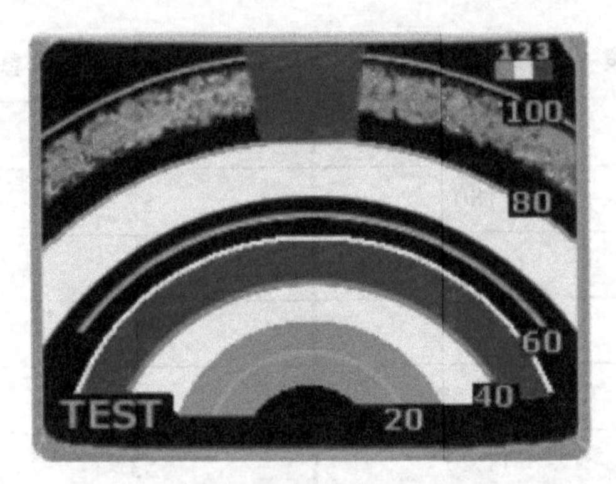

图 12.5 雷达测试自检图

12.5 空管气象雷达故障检测与诊断

风灵 ADWR-X 型气象雷达主要用于空管气象监测，为空中交通管制提供天气状况。风灵 ADWR-X 型气象雷达结构主要包括发射机分系统、接收机分系统、天线与伺服子系统、信号处理与监视分系统、馈线子系统、控制终端（CT）、气象产品生成终端（PT）、用户终端（UT）、电源系统等，如图 12.6 所示。

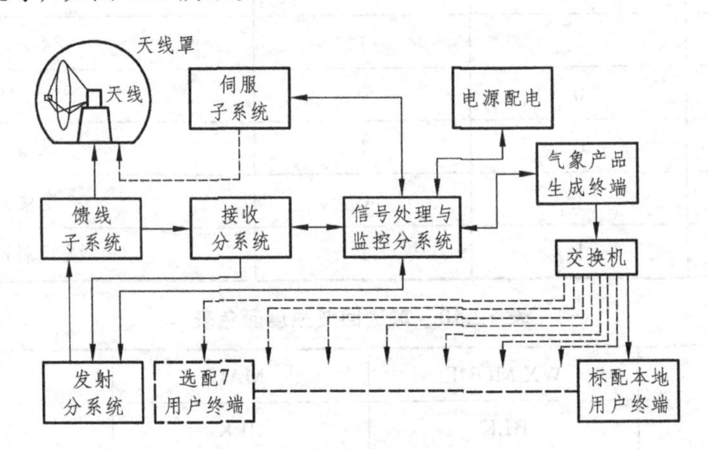

图 12.6 空管气象雷达系统总框图

发射机分系统主要包括雷达发射机及波导部件，如图 12.7 所示。发射机分系统接收来自信号处理器四种定时信号和脉宽选择信号、来自雷达监视系统的遥控指令和外部连锁信号、来自馈线子系统的高频采样输入、来自接收机的 10 mW 的 RF 输入、来自配电盘的三相四线制供电。发射机分系统向雷达监视系统输出发射机状态信息与故障信息，经过馈线子系统输出 75 kW 的高频脉冲信号。雷达发射机 3FS01 是一个高功率微波脉冲放大器，它接收由外部产生的 RF 驱动激励、同步和控制信号。发射机的输入是一个在接收机里产生的频率在 9.3 GHz ~ 9.7 GHz 的选通低功率 RF 驱动信号。发射机的输出是高功率 RF 脉冲，宽度为 0.83 μs ~ 3.4 μs，脉冲重复频率（PRF）为 420 ~ 2 500 Hz，峰值功率在全功率状态下 ≥75 kW，另外还有低功率模式小于 40 kW。发射机由信号处理机发出的定时信号控制。这些信号确定发射机的脉宽和 PRF。发射机还发送模式和故障状态数据，经过数据采集接口送给 CT 状态和控制计算机。波导部件控制并把发射机高功率 RF 经旋转关节送入天线。微波部件也提供用于采样前向/反向功率的监视点，以及提供反射保护的监测点，另外还对接收机在雷达工作或非工作期间提供有效保护。波导部件能够承受不小于 100 kW 的脉冲峰值功率以及不小于 200 W 的平均功率。

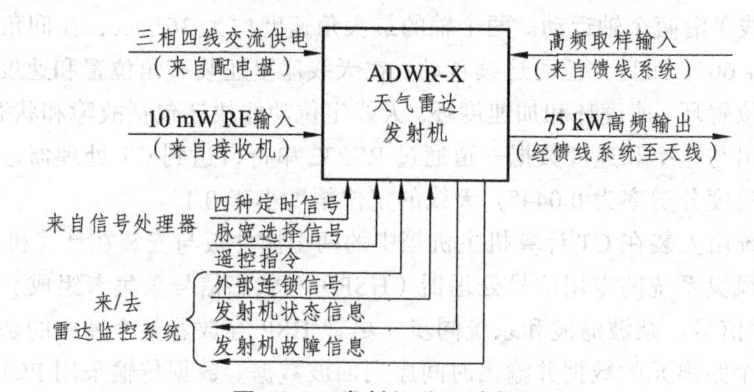

图 12.7　发射机分系统框图

雷达接收通道如图 12.8 所示。天线搜集 RF 回波并将其馈给接收机前端。接收机前端在脉冲发射期间保护接收机，在接收期间放大 RF 回波信号。风灵 ADWR-X 天气雷达接收机采用中频直接采样的方式，是一部数字中频接收机。雷达接收机 4JS 含有用于检测返回的 RF 能量，并将其转换成中频信号，数字中频接收机采用 40M 的数字欠采样提取出 21BITE（有效位）I、Q 数字信号，传送给信号处理系统，在那里滤除地杂波，然后转换成径向基数据。接收机功能还把各个内部监视点的信号采样（以数字格式）传送给信号处理器系统供校正和性能监视以及故障定位。接收机还为发射机提供 RF 激励驱动信号、本机所需要的稳定本振（STALO）、相参中频（SS）信号以及为系统标定所提供的测试信号（CW TEST）。另外，接收机内部还有用于噪声标定的噪声信号源，以及用于发射机功率测量的功率监视器等设备。接收机的噪声系数小于 3.5 dB。

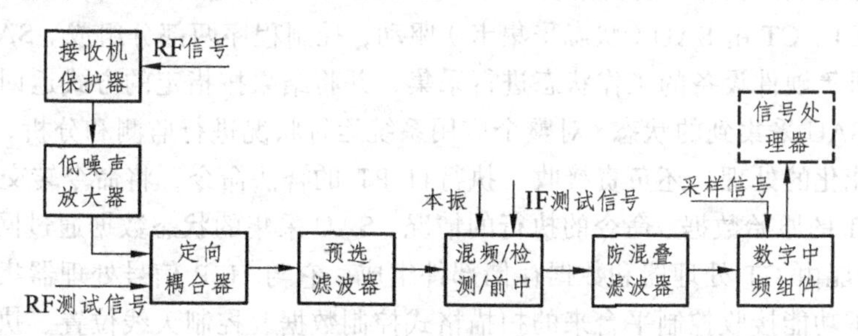

图 12.8　雷达接收通道框图

天线与伺服子系统。天线使用特别设计的馈电喇叭以发出线性水平极化的 RF 能量并将其投射到抛物面反射器。反射器将入射的能量聚焦成接近 0.6°（0.55°）的笔形波束并向大气空间辐射。线性水平极化的 RF 电磁波碰到反射体返回时，经天线聚焦回到馈电喇叭，设计的馈电喇叭可用于接收这种极化的电磁波。所有其他极化形式的电磁波都将被衰减或完全被抑制。这种技术提高了雷达对气象目标的灵敏度，降低了对诸如飞机和飞鸟之类的空中目标的灵敏度。RF 回波经馈源喇叭到环形器/隔离器，它对发射和接收的 RF 能量起双工作用并且将 RF 回波导向接收机前端。

天线轴的方向及雷达波束的方向受天线位置控制功能的控制。由天线座组件和天线座控制单元以及天线座功率放大器构成的该定位系统，是一个由微处理器控制的伺服系统。位于接收机的控制和功率放大电路经 RS232 接口接收来自 CT 处理器的仰角和方位速率数据，此数据被转换成驱动信号发送给天线座 UD2 里的仰角和方位驱动马达，两个马达的作用是使天线座（进而使天线）沿两个轴运动。两个轴的最大角速度均为 36°/sec，在仰角上天线的最大角行程为 $-1° \sim +60°$，而且方位可连续转动。在天线座里还装有角位置和速度传感器，用来闭合伺服系统的位置环、速度环和加速度环。天线定位功能块还包括故障和状态传感器网络。这些传感器的输出与速率和速度数据一道通过 RS232 串行口送到 CT 处理器进行求值计算。天线系统的最小角度分辨率为 0.044°，天线的定位精度小于 0.1°。

信号处理系统由安装在 CT 计算机主机箱中的两个插件板与安装在计算机内 SPT 软件组成，硬件部分由风灵系统的专用信号处理器（HSP）和状态信号采集卡组成。硬件信号处理器 HSP 提供视频信号、杂波滤波和系统同步。尽管 HSP 存放着整个径向的杂波地图数据，HSP 还要处理每个距离元的数据并输出时间序列回波数据。数据传输采用 PCI 总线，数据存储宽度为 32 位，数据的存储深度 16 Kb，可扩展为 32 Kb。信号处理器另外一个主要功能是给发射机、接收机以及信号处理器自身提供同步定时，定时误差≤104 ns，使用 CT 处理器的控制数据和来自接收机中的主时钟的定时信号完成这个任务。另外，信号处理采用 125 m 及其整数倍作为库长，距离平均采用 2、4、8 的均匀平均方式，方位平均数采用 8 ~ 128 个。

软件算法处理程序 SPT 主要作用是对采集到的 I、Q 数据进行前期的信号处理生成径向数据，然后将径向数据传输到 CT；接收来自 CT 的控制命令，控制信号处理器硬件工作；将信号处理状态传输到 CT。SPT 安装在 CT 控制终端的计算机内，HSP 的时间序列数据形成回波功率、反射率、速度和谱宽数据，这些数据被传送给 SPT 处理器，在那里形成 16 位的数据基本格式。SPT 采用四阶椭圆滤波执行强点杂波抑制检查，扩展的距离解模糊可达 32 m/s。SPT 还接收在逐个径向基础上的杂波图数据，送给 HSP 供杂波抑制处理用。SPT 使用来自接收机各个内部监视点的信号采样并计算用于接收机校正所需的参数。

控制终端 CT。CT 由 SAU（状态采集卡）驱动，控制程序两部分组成。SAU 驱动负责对接收机、发射机等硬件设备的工作状态进行采集，并将结果按指定的方式返回给控制程序。控制程序根据 SAU 采集到的状态，对整个应用系统运行状况进行监测和分析，并能够根据监控状况进行智能化的处理；还负责接收、执行自 PT 的合法命令，将命令转交给 SPT；控制程序把来自 SPT 的原始数据、命令的执行的情况、SAU 采集的状态数据通过网络传送给 PT。

CT 处理功能由 CT 处理器和数据存储部件组成，它与 HSP 信号处理器集成在同一台控制计算机内。本功能接收控制平台来的扫描格式控制数据、控制天线位置、执行信号处理和控制状态及命令接口功能。它评估雷达采集系统的性能并格式化基本天气数据以传送给产品终端 PT。提供一个维护终端用于 CT 初始化和测试。存档单元可被连接到 CT 处理器以记录基数据。CT 处理器是雷达系统的神经中枢，借助于 WINDOWS 操作系统进行工作，在正常工作期间它运行 CT 应用程序。CT 状态监控周期为 200 ms，指令执行时间≤20 ms。

状态和命令接口功能是由状态采集组件提供的。位于接收机内的状态采集组件搜集发射机、天线定位电路、微波系统、接收机、电源系统产生的故障报警和状态数据。该数据可能为下列三种形式：

（1）模拟形式；

（2）并行二进制码；

（3）离散的状态位。

所有这些数据以多路复用方式经过 RS232 串行口发送到 CT 控制软件。CT 控制软件也发送串行数据到状态采集组件。这个串行数据包括关于天线位置的电子设备、发射机和备用电子系统的模式命令。

气象产品生成终端 PT。PT 软件负责雷达产品的生成和分发，主要功能为：接收来自 CT 的径向数据流，生成天气雷达一次产品；自动生成二次产品，并分发给用户终端；执行用户的产品请求命令，分发产品给用户终端；执行用户终端的远程控制命令。

PT 接收 CT 来的基数据并把它处理成天气产品。它还支持存储和分发产品。此外，PT 控制 CT 操作模式和整个风灵 ADWR-X 天气雷达的运行状态。它提供产品生成和诊断软件两者必需的计算存储和数据输入资源。PT 经以太网络接收基数据并经以太网发送产品给主用户和其他各个用户。PT 还能把基数据提供给用户终端 UT。

用户终端 UT。UT 软件主要功能为：产品请求，能够通过网络（局域网或 internet 网）向 PT 请求权限范围内允许的各雷达气象产品；回波图绘制显示，能够根据获取的回波和产品数据，绘制相应的图形（能够以动画等多种形式显示）；状态监测，显示从 PT 获取的状态数据，对其进行监测；控制命令请求，能够发送控制命令，对天线和相关的硬件进行控制；本地数据的管理。UT 为气象操作员提供请求天气产品和控制天气产品显示的手段。它接收 PT 来的气象产品和其他有关部门的数据、格式化这些数据并按操作员所选形式显示它们。UT 的工作可分为以下三种功能：通信功能、数据存储与显示、监测与控制功能。

风灵 ADWR-X 型气象雷达系统的主要技术性能指标如表 12.11 和表 12.12。

表 12.11　风灵 ADWR-X 型气象雷达系统技术指标 1

名　称		参　数	备　注
整机	雷达体制	全相参脉冲多普勒雷达	
	波　段	X	
	工作频率	9 300 MHz ~ 9 500 MHz	点频工作
天线与天线罩	天线形式	旋转抛物面	天线：可连续运转 天线罩：特殊接缝工艺，无金属骨架整体罩
	天线直径	4.5 m	
	天线罩直径	7.2 m	
	馈电方式	中心馈电	
	极化方式	水平极化	
	副瓣电平	±10 °C 以内≤ − 29 dB	
		±10 °C 以外≤ − 40 dB	
	双程传输损耗	≤0.3 dB	
	波束宽度	0.55°	
	增　益	50 dB	
	波束偏移	≤0.02°	
	波束展宽	≤0.02°	

续表

名 称		参 数	备 注
天线座与伺服系统	天线扫描方式	PPI，RHI，体扫，定向	可编程控制 可手动控制 可自主检测
方位俯仰	扫描速度	0°～36°/s	
	最大角加（减）速度	15°/s	
	重复精度	0.1°	
	定位精度	0.1°	
	分辨率	0.55°	
	范 围	0°～360°/－2°～＋90°	
发射机	体 制	全相参放大链式	晶体管-速调管
	脉冲功率	75 kW	
	脉冲宽度	0.83 μs，3.4 μs	
	重复频率	420～2 000 Hz	
	发射机改善因子	50 dB	
接收机	体 制	线性数字中频	
	中频频率	60 MHz	
	动态范围	LIN 90 dB	
	噪声系数	≤4 dB	
	镜频抑制比	≥80 dB	中频直接采样
	频综短期稳定度	10^{-11}	
数字信号处理	强度估值	方位、距离积分	
	强度估算精度	≤1 dB	
	速度估值	脉冲对处理/快速傅里叶变换	
	地杂波抑制比	47 dB	
	库 长	125 m 及倍数	
	库 数	1 024	
监测与控制	雷达工作状态监控	BITE	
	雷达故障监测、报警		
	实时在线标定		
气象产品与显示	产品生成、存储与分发		

表12.12 风灵 ADWR-X 型气象雷达系统性能指标 2

<table>
<tr><th>类别</th><th colspan="2">名 称</th><th colspan="3">参 数</th><th>备 注</th></tr>
<tr><td rowspan="15">性能指标</td><td colspan="2" rowspan="2">工作模式</td><td colspan="3">A 降水/恶劣天气</td><td rowspan="2"></td></tr>
<tr><td colspan="3">B 晴空</td></tr>
<tr><td rowspan="5">探测距离</td><td rowspan="5">范 围</td><td colspan="2">强度方式</td><td>0.5 km ~ 300 km</td><td rowspan="5">定量估值精度为 1 dB</td></tr>
<tr><td colspan="2">定量测量方式</td><td>0.5 km ~ 150 km</td></tr>
<tr><td colspan="2">测速方式</td><td>0.5 km ~ 120 km</td></tr>
<tr><td rowspan="2">空 域</td><td>高 度</td><td>21 km</td></tr>
<tr><td>距离半径</td><td>300 km</td></tr>
<tr><td rowspan="2">探测距离</td><td>精 度</td><td colspan="3">≤50 m</td><td rowspan="2"></td></tr>
<tr><td>分辨力</td><td colspan="3">≤125 m</td></tr>
<tr><td rowspan="2">平均径向速度</td><td>范 围</td><td colspan="3">± 24 m/s</td><td rowspan="2">不模糊范围（最大）</td></tr>
<tr><td>精 度</td><td colspan="3">≤1 m/s（rms）</td></tr>
<tr><td rowspan="2">谱 宽</td><td>范 围</td><td colspan="3">16 m/s</td><td rowspan="2">最 大</td></tr>
<tr><td>精 度</td><td colspan="3">1 m/s（rms）</td></tr>
<tr><td colspan="2">线性动态范围</td><td colspan="3">≥90 dB</td><td></td></tr>
<tr><td colspan="2">系统灵敏度</td><td colspan="3">− 10 dBz</td><td>当单个脉冲信噪比大于 6 dB，气象目标在 50 km 处</td></tr>
<tr><td rowspan="2">可靠性</td><td colspan="2">MTBF</td><td colspan="3">≥300 h</td><td rowspan="2">整 机</td></tr>
<tr><td colspan="2">连续工作时间</td><td colspan="3">≥72 h</td></tr>
<tr><td>可维性</td><td colspan="2">MTTR</td><td colspan="3">≤0.5 h</td><td></td></tr>
<tr><td rowspan="5">环境条件</td><td colspan="2" rowspan="2">温度/湿度</td><td>室内部分</td><td colspan="2">+ 10 °C ~ + 35 °C/15% ~ 98%</td><td rowspan="2">可正常工作</td></tr>
<tr><td>室外部分</td><td colspan="2">− 40 °C ~ + 50 °C/20% ~ 80%</td></tr>
<tr><td colspan="2">高度</td><td colspan="3">海拔 3 000 m</td><td>可正常工作</td></tr>
<tr><td colspan="2" rowspan="2">抗风能力</td><td colspan="3">60 m/s</td><td>可工作</td></tr>
<tr><td colspan="3">70 m/s</td><td>不损坏（阵风）</td></tr>
</table>

风灵 ADWR-X 型气象雷达系统常见故障及处理。

1. 雷达用户终端（UT）上的目标地理坐标缺失

故障现象：系统软件故障或人为误操作可能造成地理坐标丢失或需要在原有地图上添加新的地理坐标。

故障解决：地图数据的修改恢复主要有三种方式：

（1）在系统软件上修改：点击软件上的“工具”菜单，选择“地图编辑器”栏，在弹出的对话框中可进行编辑，注意做改动后要点击“更新”完成修改。

（2）在终端配置文件中进行地理坐标的添加与修改。配置文件位于 D:\program files\CDYW\UserTerminate\Web\App_Data\YWUT.mdb 内。打开该文件，在对应的坐标及航线数据库中输入相应的需添加或修改的地理坐标，保存后重新启动应用软件就可显示已添加的坐标信息。

（3）遇特殊情况地图数据丢失需要立即恢复时，可以通过恢复备份的地图文件或复制其他雷达终端的 YWUT.mdb 文件到本终端的相同位置，覆盖该终端上原有文件，以迅速恢复丢失的坐标信息。

2. 产品终端（PT）数据的保存与清理

故障现象：PT 终端弹出数据存满的报警框。

故障分析：PT 的数据保存在 G:\YWSOFT\YWPT-ALPHA\DATA 文件夹里，此类文件经压缩后存放于 H:\bak_data 中。当 H 盘存满后，文件就无法正常压缩，导致 G 盘文件堵塞，需要进行手动清除。

故障解决：清除 H 盘及 G 盘的过期文件。

注：在定期维护中，应对 H 盘中的文件进行清理，除开需要特别保存的数据外，按时间段做清理（建议在月维护时清除一个月以前的数据，而保留最近一个月的数据）。

3. 收集极过热，雷达告警停机

故障现象：收集极过热导致发射机告警，雷达停机。

故障分析：在速调管的收集极（即管子的上端红色区域内部），安装了一个长开的温度控制开关，当收集极的温度上升到 80° 时，开关闭合，发射机发出报警信息而导致雷达停机。

导致收集极过热可能有如下原因：

（1）安装在速调管上的散风机停转。

（2）收集极风道积灰过多，导致风道被堵无法散热。

（3）没有射频激励，导致发射机无功率输出，能量消耗在收集极上。

前两个原因可以通过目测的方法识别。

第 3 种情况可以察看终端显示上有无回波，如果雷达在工作，又没有任何回波（包括地物杂波），这样收集极聚热较快，过一段时间后会出现收集极报警。

故障解决：按如下步骤进行处理：

（1）检查速调管内的风道是否积灰过多。

把风机上的风桶取下，然后再拆掉上面的风机，从顶上往下看，可以看到散热器，散热器叶片上积灰过多的话需要清理。

（2）聚集线圈的风机可能有问题。

可能风机仍然在工作，但转速不够，这时需要修理或更换风机。

（3）检查机柜底部四周的进风孔有无堵塞现象。

4. 灯丝欠流

故障现象：灯丝欠流报警。

故障分析：灯丝电源的交流输入电流，经过监控分机内的电流互感器 TA1 取样后送给监控板上的控制电路。取样信号经过 U1 后变为直流电平，再通过欠流比较电路 N2 判断有无故障。在半灯丝预热期间出现该报警属于正常，其他情况下才需要排查。所以有此故障时首先目测判断低压是否接通、灯丝是否在半灯丝预热期间，在这种情况下接通低压，等几分钟故障会自动消除。

长时间预热而不能自动消除报警时，则要进一步检查灯丝电压。

故障解决：检查灯丝电压是否为直流 6 V，分以下两种情况排查：

（1）如果灯丝电压不是 6VDC，要检查油箱上 Vf1、Vf2 两端的交流电压在低压通的初期和长时间预热后有无变化，如没有变化，检查监控分机内 K3、灯丝电阻等，若 Vf1、Vf2 两端的交流电压有变化，就要考虑灯丝电源可能出现问题。

（2）灯丝电压是 6VDC，仍然有报警。此时检查监控板的相关电路，如 U1 是否有输出、N2 比较电平是否有问题，或后级电路是否有问题等。

5. 灯丝过流

故障现象：灯丝过流报警。

故障分析：速调管热态灯丝电阻一般在 2 Ω，工作电流 3.2 A。当灯丝电流超过 3.6 A 时，需要对速调管进行保护。出厂前工作状态和保护电路均按照 3.4 A 进行保护。设备运行可出现灯丝过流，首先考虑检查供电，如供电正常再检查灯丝电压。

故障解决：

（1）检查 UPS 电源输出的交流供电电压是否正常、稳定。

（2）供电正常时，检查灯丝电压值，判断其是否超过 6.8 V（灯丝电流超过 3.4 A）。

（3）如灯丝电压（或电流）过高，则调整使灯丝电阻板上的 R1 ~ R10 电阻值（或限流电阻）增大，降低油箱接口处灯丝电源输入 Vf1、Vf2 两端的交流电压，从而降低灯丝电压以排除问题。

（4）如灯丝电压（或电流）在正常范围，问题可能出在监控板上的判别电路上，应检查 N2 比较电平或后级电路等。

6. 钛泵欠压

故障现象：钛泵欠压报警。

故障分析与解决：由于钛泵电压正常时，电压在 4 kV 左右，在出现该故障时，首先要判断是否电源故障，可以采用高压测试仪直接测量输出电压，检查输出是否低于 2 500 VDC，若低，则检查电源的输入交流是否正常，检查保险丝有没烧毁等，在输入均正常的情况下就要更换该电源。若没有高压测量仪，不能直接测量。当出现故障时，可以检查监控板 N3 第 5 脚是否有 3 V 电压，可果有，基本可以判定钛泵电源输出正常，问题出在监控板 N3 及后级电路上。

7. 钛泵过流

故障现象：钛泵过流报警。

故障分析：正常情况下，钛泵电流的值很小，在面板指示表上只有几个 μA 或 0，一旦速调管腔体内真空度降低（漏气），钛泵电流就会增大，出现报警。

故障解决：首先要判断是真实报警还是虚警。

（1）出现电流报警，面板电流指示表显示电流超过 40 μA。这种情况常常是因为速调管老化或漏气。

（2）出现报警指示，但电流表指示正常。这种情况一般属于虚警，需要检查监控板钛泵电流监测与比较电路及其后级电路。

8. 电源过流

故障现象：电源过流报警。

故障分析：当监控电路检测到 510 VDC 电源电流超过 3 A 时，串接在 510 VDC 回路中的电流继电器动作，发出过流信号给监控电路，监控电路切断高压，同时发出报警信息。一般情况下，当开关管 IGBT 损坏，或后级出现短路、打火情况下出现该报警。

故障解决：

（1）判断真实报警出现时，通常伴有高压保险丝的烧毁。检查调制器充电回路及开关管 IGBT 是否短路。

（2）如是虚警，则需要检查监控板相关电路。

9. 赋能过流

故障现象：赋能过流报警。

故障分析：当充电控制板检测到赋能电流超过预设门限值时，发出报警信号，监控电路切断高压。赋能取样信号，来自于充电控制板的电流传感器 P1，传感器的型号为 LA-28NP（或 LA-58P），M 端输出。赋能取样信号送到充电控制板上，一方面作为反馈信号，控制赋能电流的最大输出；另一方面作为保护电路输入信号，送到 N17 第 5 脚，与第 4 脚的保护电平比较，当第 5 脚的最大电压超过 4 脚的电平后，发出报警，同时发射机停止发射。另外，赋能控制时间过长也会导致赋能过流，对于风灵 ADWR-X 雷达，窄脉冲的赋能时间最大不能超 148 μs，宽脉冲的赋能时间要小于 240 μs，检查确保赋能控制时间在允许的范围内。

故障解决：

（1）检查开关管 IGBT 是否短路，检查充电控制板上的报警电路。

（2）出现虚警情况下，需要检查监控板相关电路。

10. 开关管 IGBT 过流

故障现象：充电开关管 IGBT 过流。

故障分析：该信号来自于 IGBT 的驱动保护模块 EXB841，当 IGBT 过流时，驱动模块的第 5 脚变为低电平，保护光耦 N6 导通，充电控制板上的 N2（JK 触发器）动作，一方面封闭赋能脉冲电路，另一方面发出报警信号给监控板，监控板的保护控制电路发出停止发射的指令和报警信息。

故障解决：

（1）检查 IGBT 是否损坏，其后级是否有短路、打火现象。

（2）检查 IGBT 的驱动保护电路 EXB841 及其反向隔离二极管等。

（3）无真实告警时，检查监控板的相关电路以排查虚警现象。

11. 反馈过流

故障现象：反馈过流报警。

故障分析：当充电控制板检测到反馈电流超过预设门限时，发出报警信号，监控电路切断高压。反馈取样信号来自于充电控制板的电流传感器 P2，传感器的型号为 LA-28NP，M 端输出。反馈取样信号送到充电控制板上 N3 第 7 脚，与第 6 脚的保护电平比较，当第 7 脚的最大电压超过 6 脚的电平后，N4（JK 触发器）动作，一方面封闭赋能脉冲电路，另一方面发出报警信号给监控板，监控板的保护控制电路发出停止发射的指令和报警信息。

故障解决：

（1）检查后级调制器是否有短路打火现象、IGBT 是否损坏。

（2）检查控制板上的保护电路。

（3）检查监控板的相关电路有无虚警。

12. 门开关故障

故障现象：门开关故障报警。

故障分析：为保护人员安全、防止意外发生，发射机内门和后门都设计有门开关。即当门打开时，发射机禁止加高压，在发射期间打开门，发射机将断开高压供电开关，停止高压供电，同时发出报警信号。

故障解决：

（1）检查发射机内门和后门是否关好，门开关是否可靠闭合。

（2）检查监控板的相关电路有无虚警。

13. 放电棒故障

故障现象：放电棒故障报警。

故障分析与解决：发射机内部装有大容量的电容，电容两端电压较高，停机维修时，可能会由于储存在电容上的能量没有及时释放而危及维修人员的人身安全。为防止意外发生，本雷达发射机设计了放电棒。放电棒开关安装在后门内侧，故障检查的方式同门开关故障。通常情况下尽可能少用放电棒，由于所有的储能元件上都设计有自然泻放通道，只要停机后 10 min 左右，储能元件上的能量就会被消耗殆尽。由于放电棒开关是靠机械接触来完成的，存在一定的可靠性隐患，如果这种故障频繁，可以把该开关直接短接，设备管理人员在维护维修时一定要注意这种情况，同时在检查故障时要有耐心、不急躁。

14. 外锁故障

故障现象：外锁故障报警。

故障分析：为了保护进入天线罩内人员的安全，专门设计了发射机的外锁信号。发射机收到该信号后会禁止加高压，在发射期间收到该信号，发射机将断开高压供电开关，停止高压供电。该信号来自天线罩内的门开关或天线座上的安全开关，经伺服电路编码后传送给 CT 控制软件，由 CT 软件识别后，发送给发射机，发射机响应后再回送给 CT 报警。

故障解决：

（1）判断是否是外来信号，如果是天线传来的信号，伺服电源接通时伺服数控单元面板上会有指示，若指示正常，启动 CT 程序后报警就会消失。

（2）检查监控板的相关电路有无虚警。注：在单独的发射机调试过程中，需要屏蔽该信号。

15. 漏放电故障

故障现象：放电故障报警。

故障分析：SCR 触发板的充电电压取样信号，被送至充电控制板的放电保护电路，当检测到充电前的取样信号大于预设门限值时，比较器输出高电平，一方面控制封闭赋能脉冲电路，另外发出报警信号给监控板，监控板控制电路发出报警信息和停止发射指令。

故障解决：首先检查有没有 SCR 的触发脉冲，或有没有丢失脉冲的现象。着重检查监控板（FS05AP1）上的放电时序和放电触发板（FS05AP2）上的触发脉冲。一般情况下是由电路受到干扰或芯片性能变差导致放电触发脉冲紊乱造成。

16. 反峰过流

故障现象：反峰过流报警。

故障分析：当调制器反峰电流超过 200 mA 时，调制器内的反峰电流继电器工作，发出报警信号，该信号送到充电控制板上的控制保护电路，经 N1、N7 后形成两路信号。一路去封闭赋能时间控制电路，另一路送给监控板的控保电路，控保电路发出停止发射的指令和报警信息。

故障解决：

（1）出现此故障，首先检查调制器内的反峰电路，重点是反峰二极管，另外要检查充电控制板上的 N1、N7 及其外围电路、检查监控板的控保电路等。

（2）如（1）所述电路均正常，且多次出现该故障，问题可能与速调管阴极打火有关，需要仔细分析判断。

17. 数控单元中的电源模块 GB1 没有直流输出

故障现象：电源模块 GB1 没有直流电源输出。

故障分析：电源模块的前级装有电源滤波器，电源模块没输出主要有三种可能，一是 AC/DC 电源模块损坏；二是电源滤波器损坏；三是数字控制单元保险烧毁。可以根据这些情况逐步进行排查。

故障解决：

（1）用万用表测量 GB1-220VAC 和 GB1-220VACRTN 电压，测量值应在 220 × (1 ± 10%)VAC 范围内。如电压正常，更换电源模块；电压不正常则进行下步检查电源滤波器。

（2）用万用表测量电源滤波器的输入和输出电压，测量值应在 220 × (1 ± 10%) VAC 范围内，如输入电压正常，则故障点在电源滤波器本身及其到电源模块的连接上，测一下输出就可判定是电源滤波器损坏还是与电源模块的连接不通；输入电压不正常则需要检查数控单元保险。

（3）用万用表测量保险的输入电压是否为 220 ×（1 ± 10%）VAC，如输入电压正常，需要更换保险管；输入不正常则需要检查 6A02 功率放大单元的输入。

18. 方位或俯仰支路不能准确定位导致天线运行异常

故障现象：方位或俯仰支路不能准确定位，不能扇扫，天线运行不正常。

故障分析：根据系统结构分析此现象可能的原因有：GB1 电源模块损坏、数字板的 D/A 输出不正常、天线座故障。

故障解决：

（1）用万用表测量电源模块 GB1 的 + 5 V、+ 15 V、– 15 V 值，范围不超过 ± 10%。如果电压不正确，需要检查 GB1。

（2）用万用表测量数字板上的 N1-6（方位支路）和 N5-6（俯仰支路），它的最大正速度电压为 + 9.5 V ~ + 10 V；最大负速度电压为 – 9.5 V ~ – 10 V。如果最大速度电压不正常，需要更换数字控制板 AP；如电压正常，则应排查天线座故障。

19. 天线方位或俯仰不响应

故障现象：天线方位或俯仰没有响应。

故障分析：此现象涉及的部件比较多，包括手轮、互锁、数字板、功放、电机等，要逐步检查。

故障解决：

（1）检查方位/俯仰手轮是否啮合。

（2）检查方位手轮开关有无故障。

（3）检查数字板有无驱动命令。

（4）检查功放。

（5）检查电机是否转动。

（6）检查方位/俯仰轴的啮合状态。

（7）检查方位/俯仰互锁开关、微动开关。

20. 天线方位或俯仰支路不运转，功放无输出

故障现象：天线方位支路或俯仰支路不运转，方位或俯仰功率放大器无输出。

故障分析：天线方位或俯仰不运转，除功率放大器本身损坏的情况外，还可能存在：数控单元数字控制板没有命令输出到功放，功率放大单元没有高压电源输入，天线座手轮或者锁定报警等。

故障解决：

（1）用万用表检查 XS6-6（方位）/XS9-6（俯仰）的速度仰命令值，如值不正确，需要进行数控单元维修诊断。

（2）用万用表检查功放输入，即下面的电压读数：

方位：XS7-1 到 XS7-4 测量值应为 220 × (1 ± 10%) VAC；

俯仰：XS10-1 到 XS10-4 测量值应为 220 × (1 ± 10%) VAC。

如果无输入则需检查三相电源及其接线。

（3）检查 6A01 面板上状态指示灯：

方位：A 手轮啮合，A 轴锁定；

俯仰：E 手轮啮合，E 轴锁定和 E 死区限位。如果通过手动操作把状态指示去掉后，方位或者俯仰功放仍然无输出，要考虑更换方位或者俯仰功率放大器。

21. 天线座方位/俯仰运行方向错

故障现象：天线座方位/俯仰运行方向出错。

故障分析：运行方向出错主要检查 AP1 数字板和测速机反馈开路。

故障解决：

（1）检查方位顺时针方向旋转时，模拟电路板 AP1 上的 N1-6（方位 D/A 输出）电压是否为正。

（2）检查俯仰向上方向旋转时，模拟电路板 AP1 的 N5-6（俯仰 D/A 输出）电压是否为正。

（3）在 AP1 板上 N4 的 6 脚处检查来自数字控制单元的模拟命令对天线顺时针方向转动来说是否正确。

（4）在 AP1 板上 N8 的 6 脚处检查来自数字控制单元的模拟命令对天线向上转动来说是否正确。出现以上电压问题时一般需要更换电路板。

（5）用万用表检测数控单元测速机反馈电压，如出现测速机反馈开路，需要更换电机与测速机组。

22. 伺服功放轴流风机不工作

故障现象：伺服放大器前面板或后面板轴流风机不工作。

故障分析：引起风机不工作的故障情况比较单一，主要检查风机本身及其输入电压。

故障解决：

（1）用万用表测量 XT1-4 到 XT1-3 的电压应为 $220 \times (1 \pm 10\%)$ VAC。

（2）检查轴流风机到 XT1-4 和到 XT1-3 的连接线。

（3）如（1）、（2）正常，则需更换风机。

12.6 本章小结

本章介绍了民航机载气象雷达工作原理、BIT 测试和自动化测试以及空管用地面气象雷达系统常见故障诊断与维修方法。以大型民航飞机新型多扫描气象雷达为例，详细分析系统组成结构、系统性能参数、常见故障与 BIT 监测内容、雷达自动化测试内容和故障判定标准。以空管主用地面气象雷达系统为例，详细介绍了组成结构、性能参数、常见故障及其诊断方法、故障维修解决办法。

参考文献

[1] 韩雁飞，卢晓光，徐广有，等. 基于 ACARS 的机载气象雷达实时故障监控方法[J]. 中国民航大学学报，2015，33（4）：1-5 + 15.

[2] 张鸿雁，李言俊，张科. 航空电子通用自动检测系统的设计与实现[J]. 计算机测量与控制，2009，17（2）：255-257.
[3] 李龄，陈圣俭. BIT 技术发展趋势分析[J]. 控制工程，2007，7（14）：68-80.
[4] 赵世伟，孙俊卿，魏国，等. 基于 BIT 的气象雷达系统深度测试平台研究[J]. 航空制造技术，2016（10）：98-101.
[5] 杨小强，黄智刚，张军，等. 基于空地数据链的飞机状态监控系统的实现[J]. 电讯技术，2003（1）：68-72.
[6] 康晨熹. A320 系列飞机气象雷达系统介绍及换季检查[J]. 江苏航空，2013（3）：47-51.
[7] 庞聪. 机载气象雷达自动测试系统设计与实现[D]. 广州：华南理工大学硕士论文，2015.